深圳学派建设丛书（第七辑）

现代中国道德文化适宜性研究：
以社会转型为进路

The Suitability Research on
Modern Chinese Moral Culture:
Taking Social Transformation as the Approach

傅鹤鸣 著

中国社会科学出版社

图书在版编目（CIP）数据

现代中国道德文化适宜性研究：以社会转型为进路 / 傅鹤鸣著 . —北京：中国社会科学出版社，2020.9

（深圳学派建设丛书 . 第七辑）

ISBN 978 - 7 - 5203 - 7137 - 7

Ⅰ.①现⋯　Ⅱ.①傅⋯　Ⅲ.①道德建设—研究—中国　Ⅳ.①B825

中国版本图书馆 CIP 数据核字（2020）第 169190 号

出 版 人	赵剑英
责任编辑	马　明
责任校对	胡新芳
责任印制	王　超

出　　版	中国社会科学出版社
社　　址	北京鼓楼西大街甲 158 号
邮　　编	100720
网　　址	http://www.csspw.cn
发 行 部	010 - 84083685
门 市 部	010 - 84029450
经　　销	新华书店及其他书店
印　　刷	北京明恒达印务有限公司
装　　订	廊坊市广阳区广增装订厂
版　　次	2020 年 9 月第 1 版
印　　次	2020 年 9 月第 1 次印刷
开　　本	710×1000　1/16
印　　张	16.25
字　　数	242 千字
定　　价	95.00 元

凡购买中国社会科学出版社图书，如有质量问题请与本社营销中心联系调换
电话：010 - 84083683
版权所有　侵权必究

《深圳学派建设丛书》
编 委 会

顾　　问：王京生

主　　任：李小甘　吴以环

执行主任：陈金海　吴定海

总序：学派的魅力

王京生[*]

学派的星空

在世界学术思想史上，曾经出现过浩如繁星的学派，它们的光芒都不同程度地照亮人类思想的天空，像米利都学派、弗莱堡学派、法兰克福学派等，其人格精神、道德风范一直为后世所景仰，其学识与思想一直成为后人引以为据的经典。就中国学术史而言，不断崛起的学派连绵而成群山之势，并标志着不同时代的思想所能达到的高度。自晚明至晚清，是中国学术尤为昌盛的时代，而正是在这个时代，学派性的存在也尤为活跃，像陆王学派、吴学、皖学、扬州学派等。但是，学派辈出的时期还应该首推古希腊和春秋战国时期，古希腊出现的主要学派就有米利都学派、毕达哥拉斯学派、埃利亚学派、犬儒学派；而儒家学派、黄老学派、法家学派、墨家学派、稷下学派等，则是春秋战国时期学派鼎盛的表现，百家之中几乎每家就是一个学派。

综观世界学术思想史，学派一般都具有如下特征：

其一，有核心的代表人物，以及围绕着这些核心人物所形成的特定时空的学术思想群体。德国19世纪著名的历史学家兰克既是影响深远的兰克学派的创立者，也是该学派的精神领袖，他在柏林大学长期任教期间培养了大量的杰出学者，形成了声势浩大的学术势力，兰克本人也一度被尊为欧洲史学界的泰斗。

其二，拥有近似的学术精神与信仰，在此基础上形成某种特定的学术风气。清代的吴学、皖学、扬学等乾嘉诸派学术，以考据为

---

[*] 王京生，现任国务院参事。

治学方法，继承古文经学的训诂方法而加以条理发明，用于古籍整理和语言文字研究，以客观求证、科学求真为旨归，这一学术风气也因此成为清代朴学最为基本的精神特征。

其三，由学术精神衍生出相应的学术方法，给人们提供了观照世界的新的视野和新的认知可能。产生于20世纪60年代、代表着一种新型文化研究范式的英国伯明翰学派，对当代文化、边缘文化、青年亚文化的关注，尤其是对影视、广告、报刊等大众文化的有力分析，对意识形态、阶级、种族、性别等关键词的深入阐释，无不为我们认识瞬息万变的世界提供了丰富的分析手段与观照角度。

其四，由上述三点所产生的经典理论文献，体现其核心主张的著作是一个学派所必需的构成因素。作为精神分析学派的创始人，弗洛伊德所写的《梦的解析》等，不仅成为精神分析理论的经典著作，而且影响广泛并波及人文社科研究的众多领域。

其五，学派一般都有一定的依托空间，或是某个地域，或是像大学这样的研究机构，甚至是有着自身学术传统的家族。

学派的历史呈现出交替嬗变的特征，形成了自身发展规律：

其一，学派出现往往暗合了一定时代的历史语境及其"要求"，其学术思想主张因而也具有非常明显的时代性特征。一旦历史条件发生变化，学派的内部分化甚至衰落将不可避免，尽管其思想遗产的影响还会存在相当长的时间。

其二，学派出现与不同学术群体的争论、抗衡及其所形成的思想张力紧密相关，它们之间的"势力"此消彼长，共同勾勒出人类思想史波澜壮阔的画面。某一学派在某一历史时段"得势"，完全可能在另一历史时段"失势"。各领风骚若干年，既是学派本身的宿命，也是人类思想史发展的"大幸"：只有新的学派不断涌现，人类思想才会不断获得更为丰富、多元的发展。

其三，某一学派的形成，其思想主张都不是空穴来风，而有其内在理路。例如，宋明时期陆王心学的出现是对程朱理学的反动，但其思想来源却正是前者；清代乾嘉学派主张朴学，是为了反对陆王心学的空疏无物，但二者之间也建立了内在关联。古希腊思想作为欧洲思想发展的源头，使后来西方思想史的演进，几乎都可看作对它的解释与演绎，"西方哲学史都是对柏拉图思想的演绎"的极端说法，却也说出了部分的真实。

其四，强调内在理路，并不意味着对学派出现的外部条件重要性的否定；恰恰相反，外部条件有时对于学派的出现是至关重要的。政治的开明、社会经济的发展、科学技术的进步、交通的发达、移民的会聚等，都是促成学派产生的重要因素。名噪一时的扬州学派，就直接得益于富甲一方的扬州经济与悠久而发达的文化传统。综观中国学派出现最多的明清时期，无论是程朱理学、陆王心学，还是清代的吴学、皖学、扬州学派、浙东学派，无一例外都是地处江南（尤其是江浙地区）经济、文化、交通异常发达之地，这构成了学术流派得以出现的外部环境。

学派有大小之分，一些大学派又分为许多派别。学派影响越大分支也就越多，使得派中有派，形成一个学派内部、学派之间相互切磋与抗衡的学术群落，这可以说是纷纭繁复的学派现象的一个基本特点。尽管学派有大小之分，但在人类文明进程中发挥的作用却各不相同，有积极作用，也有消极作用。例如，法国百科全书派破除中世纪以来的宗教迷信和教会黑暗势力的统治，成为启蒙主义的前沿阵地与坚强堡垒；罗马俱乐部提出的"增长的极限""零增长"等理论，对后来的可持续发展、协调发展、绿色发展等理论与实践，以及联合国通过的一些决议，都产生了积极影响；而德国人文地理学家弗里德里希·拉采尔所创立的人类地理学理论，宣称国家为了生存必须不断扩充地域、争夺生存空间，后来为法西斯主义所利用，起了相当大的消极作用。

学派的出现与繁荣，预示着一个国家进入思想活跃的文化大发展时期。被司马迁盛赞为"盛处士之游，壮学者之居"的稷下学宫，之所以能成为著名的稷下学派之诞生地、战国时期百家争鸣的主要场所与最负盛名的文化中心，重要原因就是众多学术流派都活跃在稷门之下，各自的理论背景和学术主张尽管各有不同，却相映成趣，从而造就了稷下学派思想多元化的格局。这种"百氏争鸣、九流并列、各尊所闻、各行所知"的包容、宽松、自由的学术气氛，不仅推动了社会文化的进步，而且也引发了后世学者争论不休的话题，中国古代思想在这里得到了极大发展，迎来了中国思想文化史上的黄金时代。而从秦朝的"焚书坑儒"到汉代的"独尊儒术"，百家争鸣局面便不复存在，思想禁锢必然导致学派衰落，国家文化发展也必将受到极大的制约与影响。

深圳的追求

在中国打破思想的禁锢和改革开放30多年这样的历史背景下，随着中国经济的高速发展以及在国际上的和平崛起，中华民族伟大复兴的中国梦正在进行。文化是立国之根本，伟大的复兴需要伟大的文化。树立高度的文化自觉，促进文化大发展大繁荣，加快建设文化强国，中华文化的伟大复兴梦想正在逐步实现。可以预期的是，中国的学术文化走向进一步繁荣的过程中，具有中国特色的学派也将出现在世界学术文化的舞台上。

从20世纪70年代末真理标准问题的大讨论，到人生观、文化观的大讨论，再到90年代以来的人文精神大讨论，以及近年来各种思潮的争论，凡此种种新思想、新文化，已然展现出这个时代在百家争鸣中的思想解放历程。在与日俱新的文化转型中，探索与矫正的交替进行和反复推进，使学风日盛、文化昌明，在很多学科领域都出现了彼此论争和公开对话，促成着各有特色的学术阵营的形成与发展。

一个文化强国的崛起离不开学术文化建设，一座高品位文化城市的打造同样也离不开学术文化的发展。学术文化是一座城市最内在的精神生活，是城市智慧的积淀，是城市理性发展的向导，是文化创造力的基础和源泉。学术是不是昌明和发达，决定了城市的定位、影响力和辐射力，甚至决定了城市的发展走向和后劲。城市因文化而有内涵，文化因学术而有品位，学术文化已成为现代城市智慧、思想和精神高度的标志和"灯塔"。

凡工商发达之处，必文化兴盛之地。深圳作为我国改革开放的"窗口"和"排头兵"，是一个商业极为发达、市场化程度很高的城市，移民社会特征突出、创新包容氛围浓厚、民主平等思想活跃、信息交流的"桥头堡"地位明显，是具有形成学派可能性的地区之一。在创造工业化、城市化、现代化发展奇迹的同时,深圳也创造了文化跨越式发展的奇迹。文化的发展既引领着深圳的改革开放和现代化进程,激励着特区建设者艰苦创业,也丰富了广大市民的生活,提升了城市品位。

如果说之前的城市文化还处于自发性的积累期,那么进入21世纪以来,深圳文化发展则日益进入文化自觉的新阶段:创新文化发展理念,实施"文化立市"战略,推动"文化强市"建设,提升文化软实力,争当全国文化改革发展"领头羊"。自2003年以来,深圳文化发展亮点纷呈、硕果累累:荣获联合国教科文组织"设计之都""全球全民阅读典范城市"称号,原创大型合唱交响乐《人文颂》在联合国教科文组织巴黎总部成功演出,被国际知识界评为"杰出的发展中的知识城市",三次荣获"全国文明城市"称号,四次被评为"全国文化体制改革先进地区","深圳十大观念"影响全国,《走向复兴》《我们的信念》《中国之梦》《迎风飘扬的旗》《命运》等精品走向全国,深圳读书月、市民文化大讲堂、关爱行动、创意十二月等品牌引导市民追求真善美,图书馆之城、钢琴之城、设计之都等"两城一都"高品位文化城市正成为现实。

城市的最终意义在于文化。在特区发展中,"文化"的地位正发生着巨大而悄然的变化。这种变化首先还不在于大批文化设施的兴建、各类文化活动的开展与文化消费市场的繁荣,而在于整个城市文化地理和文化态度的改变,城市发展思路由"经济深圳"向"文化深圳"转变。这一切都源于文化自觉意识的逐渐苏醒与复活。文化自觉意味着文化上的成熟,未来深圳的发展,将因文化自觉意识的强化而获得新的发展路径与可能。

与国内外一些城市比起来,历史文化底蕴不够深厚、文化生态不够完善等仍是深圳文化发展中的弱点,特别是学术文化的滞后。近年来,深圳在学术文化上的反思与追求,从另一个层面构成了文化自觉的逻辑起点与外在表征。显然,文化自觉是学术反思的扩展与深化,从学术反思到文化自觉,再到文化自信、自强,无疑是文化主体意识不断深化乃至确立的过程。大到一个国家和小到一座城市的文化发展皆是如此。

从世界范围看，伦敦、巴黎、纽约等先进城市不仅云集大师级的学术人才，而且有活跃的学术机构、富有影响的学术成果和浓烈的学术氛围，正是学术文化的繁盛才使它们成为世界性文化中心。可以说，学术文化发达与否，是国际化城市不可或缺的指标，并将最终决定一个城市在全球化浪潮中的文化地位。城市发展必须在学术文化层面有所积累和突破，否则就缺少根基，缺少理念层面的影响，缺少自我反省的能力，就不会有强大的辐射力，即使有一定的辐射力，其影响也只是停留于表面。强大的学术文化，将最终确立一种文化类型的主导地位和城市的文化声誉。

近年来，深圳在实施"文化立市"战略、建设"文化强市"过程中鲜明提出：大力倡导和建设创新型、智慧型、力量型城市主流文化，并将其作为城市精神的主轴以及未来文化发展的明确导向和基本定位。其中，智慧型城市文化就是以追求知识和理性为旨归，人文气息浓郁，学术文化繁荣，智慧产出能力较强，学习型、知识型城市建设成效卓著。深圳要建成有国际影响力的智慧之城，提高文化软实力，学术文化建设是其最坚硬的内核。

经过30多年的积累，深圳学术文化建设初具气象，一批重要学科确立，大批学术成果问世，众多学科带头人涌现。在中国特色社会主义理论、经济特区研究、港澳台经济、文化发展、城市化等研究领域产生了一定影响；学术文化氛围已然形成，在国内较早创办以城市命名的"深圳学术年会"，举办了"世界知识城市峰会"等一系列理论研讨会。尤其是《深圳十大观念》等著作的出版，更是对城市人文精神的高度总结和提升，彰显和深化了深圳学术文化和理论创新的价值意义。

而"深圳学派"的鲜明提出，更是寄托了深圳学人的学术理想和学术追求。1996年最早提出"深圳学派"的构想；2010年《深圳市委市政府关于全面提升文化软实力的意见》将"推动'深圳学派'建设"载入官方文件；2012年《关于深入实施文化立市战略建设文化强市的决定》明确提出"积极打造'深圳学派'"；2013年出台实施《"深圳学派"建设推进方案》。一个开风气之先、引领思想潮流的"深圳学派"正在酝酿、构建之中，学术文化的春天正向这座城市走来。

"深圳学派"概念的提出，是中华文化伟大复兴和深圳高质量发展的重要组成部分。竖起这面旗帜，目的是激励深圳学人为自己的学术梦想而努力，昭示这座城市尊重学人、尊重学术创作的成果、尊重所有的文化创意。这是深圳30多年发展文化自觉和文化自信的表现，更是深圳文化流动的结果。因为只有各种文化充分流动碰撞，形成争鸣局面，才能形成丰富的思想土壤，为"深圳学派"的形成创造条件。

深圳学派的宗旨

构建"深圳学派"，表明深圳不甘于成为一般性城市，也不甘于仅在世俗文化层面上造成一点影响，而是要面向未来中华文明复兴的伟大理想，提升对中国文化转型的理论阐释能力。"深圳学派"从名称上看，是地域性的，体现城市个性和地缘特征；从内涵上看，是问题性的，反映深圳在前沿探索中遇到的主要问题；从来源上看，"深圳学派"没有明确的师承关系，易形成兼容并蓄、开放择优的学术风格。因而，"深圳学派"建设的宗旨是"全球视野，民族立场，时代精神，深圳表达"。它浓缩了深圳学术文化建设的时空定位，反映了对学界自身经纬坐标的全面审视和深入理解，体现了城市学术文化建设的总体要求和基本特色。

一是"全球视野"：反映了文化流动、文化选择的内在要求，体现了深圳学术文化的开放、流动、包容特色。它强调要树立世界眼光，尊重学术文化发展内在规律，贯彻学术文化转型、流动与选择辩证统一的内在要求，坚持"走出去"与"请进来"相结合，推动深圳与国内外先进学术文化不断交流、碰撞、融合，保持旺盛活力，构建开放、包容、创新的深圳学术文化。

文化的生命力在于流动，任何兴旺发达的城市和地区一定是流动文化最活跃、最激烈碰撞的地区，而没有流动文化或流动文化很少光顾的地区，一定是落后的地区。文化的流动不断催生着文化的分解和融合，推动着文化新旧形式的转换。在文化探索过程中，唯一需要坚持的就是敞开眼界、兼容并蓄、海纳百川，尊重不同文化的存在和发展，推动多元文化的融合发展。中国近现代史的经验反复证明，闭关锁国的文化是窒息的文化，对外开放的文化才是充满生机活力的文化。学术文化也是如此，只有体现"全球视野"，才能融入全球思想和话语体系。因此，"深圳学派"的研究对象不是局限于一国、一城、一地，而是在全球化背景下，密切关注国际学术前沿问题，并把中国尤其是深圳的改革发展置于人类社会变革和文化变迁的大背景下加以研究，具有宽广的国际视野和鲜明的民族特色，体现开放性甚至是国际化特色，也融合跨学科的交叉和开放。

二是"民族立场"：反映了深圳学术文化的代表性，体现了深圳在国家战略中的重要地位。它强调要从国家和民族未来发展的战略出发，树立深圳维护国家和民族文化主权的高度责任感、使命感、紧迫感。加快发展和繁荣学术文化，尽快使深圳在学术文化领域跻身全球先进城市行列，早日占领学术文化制高点，推动国家民族文化昌盛，助力中华民族早日实现伟大复兴。

任何一个大国的崛起，不仅伴随经济的强盛，而且伴随文化的昌盛。文化昌盛的一个核心就是学术思想的精彩绽放。学术的制高点，是民族尊严的标杆，是国家文化主权的脊梁；只有占领学术制高点，才能有效抵抗文化霸权。当前，中国的和平崛起已成为世界的最热门话题之一，中国已经成为世界第二大经济体，发展速度为世界刮目相看。但我们必须清醒地看到，在学术上，我们还远未进入世界前列，特别是还没有实现与第二大经济体相称的世界文化强国的地位。这样的学术境地不禁使我们扪心自问，如果思想学术得不到世界仰慕，中华民族何以实现伟大复兴？在这个意义上，深圳和全国其他地方一样，学术都是短板，与经济社会发展不相匹配。而深圳作为排头兵，肩负了为国家、为民族文化发展探路的光荣使命，尤感责任重大。深圳的学术立场不能仅限于一隅，而应站在全国、全民族的高度。

三是"时代精神"：反映了深圳学术文化的基本品格，体现了深圳学术发展的主要优势。它强调要发扬深圳一贯的"敢为天下先"的精神，突出创新性，强化学术攻关意识，按照解放思想、实事求是、求真务实、开拓创新的总要求，着眼人类发展重大前沿问题，特别是重大战略问题、复杂问题、疑难问题，着力创造学术文化新成果，以新思想、新观点、新理论、新方法、新体系引领时代学术文化思潮。

党的十八大提出了完整的社会主义核心价值观，这是当今中国时代精神的最权威、最凝练表达，是中华民族走向复兴的兴国之魂，是中国梦的核心和鲜明底色，也应该成为"深圳学派"进行研究和探索的价值准则和奋斗方向。其所熔铸的中华民族生生不息的家国情怀，无数仁人志士为之奋斗的伟大目标和每个中国人对幸福生活的向往，是"深圳学派"的思想之源和动力之源。

创新，是时代精神的集中表现，也是深圳这座先锋城市的第一标志。深圳的文化创新包含了观念创新，利用移民城市的优势，激发思想的力量，产生了一批引领时代发展的深圳观念；手段创新，通过技术手段创新文化发展模式，形成了"文化+科技""文化+金融""文化+旅游""文化+创意"等新型文化业态；内容创新，以"内容为王"提升文化产品和服务的价值，诞生了华强文化科技、腾讯、华侨城等一大批具有强大生命力的文化企业，形成了读书月等一大批文化品牌；制度创新，充分发挥市场的作用，不断创新体制机制，激发全社会的文化创造活力，从根本上提升城市文化的竞争力。"深圳学派"建设也应体现出强烈的时代精神，在学术课题、学术群体、学术资源、学术机制、学术环境方面迸发出崇尚创新、提倡包容、敢于担当的活力。"深圳学派"需要阐述和回答的是中国改革发展的现实问题，要为改革开放的伟大实践立论、立言，对时代发展作出富有特色的理论阐述。它以弘扬和表达时代精神为己任，以理论创新为基本追求，有着明确的文化理念和价值追求，不局限于某一学科领域的考据和论证，而要充分发挥深圳创新文化的客观优势，多视角、多维度、全方位地研究改革发展中的现实问题。

四是"深圳表达"：反映了深圳学术文化的个性和原创性，体现了深圳使命的文化担当。它强调关注现实需要和问题，立足深圳实际，着眼思想解放、提倡学术争鸣，注重学术个性、鼓励学术原创，不追求完美、不避讳瑕疵，敢于并善于用深圳视角研究重大前沿问题，用深圳话语表达原创性学术思想，用深圳体系发表个性化学术理论，构建具有深圳风格和气派的学术文化。

称为"学派"就必然有自己的个性、原创性，成一家之言，勇于创新、大胆超越，切忌人云亦云、没有反响。一般来说，学派的诞生都伴随着论争，在论争中学派的观点才能凸显出来，才能划出自己的阵营和边际，形成独此一家、与众不同的影响。"深圳学派"依托的是改革开放前沿，有着得天独厚的文化环境和文化氛围，因此不是一般地标新立异，也不会跟在别人后面，重复别人的研究课题和学术话语，而是要以改革创新实践中的现实问题研究作为理论创新的立足点，作出特色鲜明的理论表述，发出与众不同的声音，充分展现特区学者的理论勇气和思想活力。当然，"深圳学派"要把深圳的物质文明、精神文明和制度文明作为重要的研究对象，但不等于言必深圳，只囿于深圳的格局。思想无禁区、学术无边界，"深圳学派"应以开放心态面对所有学人，严谨执着，放胆争鸣，穷通真理。

狭义的"深圳学派"属于学术派别，当然要以学术研究为重要内容；而广义的"深圳学派"可看成"文化派别"，体现深圳作为改革开放前沿阵地的地域文化特色，因此除了学术研究，还包含文学、美术、音乐、设计创意等各种流派。从这个意义上说，"深圳学派"尊重所有的学术创作成果，尊重所有的文化创意，不仅是哲学社会科学，还包括自然科学、文学艺术等。

"寄言燕雀莫相唁，自有云霄万里高。"学术文化是文化的核心，决定着文化的质量、厚度和发言权。我们坚信，在建设文化强国、实现文化复兴的进程中，植根于中华文明深厚沃土、立足于特区改革开放伟大实践、融汇于时代潮流的"深圳学派"，一定能早日结出硕果，绽放出盎然生机！

目 录

**第一章 社会转型：现代中国道德文化建设的
时代背景** ……………………………………………（1）
　第一节　社会转型的诠释 ……………………………………（1）
　　一　问题的由来 ……………………………………………（1）
　　二　社会转型的含义 ………………………………………（3）
　　三　社会结构变迁 …………………………………………（4）
　　四　社会形态变革 …………………………………………（8）
　　五　社会转型研究中的几个问题 …………………………（11）
　第二节　现代中国社会转型的历史性考察及其评判 ………（19）
　　一　现代中国社会转型的时间区划 ………………………（20）
　　二　现代中国社会转型的历史回溯 ………………………（23）
　　三　现代中国社会转型的历史比附 ………………………（32）

**第二章 中西比照：现代中国道德文化建设的
历史文化语境** ………………………………………（38）
　第一节　同构与对峙：中西方社会关系构造之比较 ………（38）
　　一　一体同构：传统中国社会的构造方式 ………………（38）
　　二　分殊对峙：西方社会的构造方式 ……………………（45）
　第二节　伦理与理性：中西方社会特质之比较 ……………（50）
　　一　传统中国社会属伦理社会 ……………………………（50）
　　二　西方社会属理性社会 …………………………………（61）
　第三节　初级与次级：中西方社会道德文化
　　　　　特质之比较 ………………………………………（77）

  一 儒家伦理与新教伦理之对比——以韦伯为例……………（77）
  二 传统中国社会伦理属"初级化"伦理 …………………（83）
  三 西方伦理属"次级化"伦理………………………………（93）

第三章 西方社会的双重伦理困境：现代中国道德文化建设的"借镜"………………………………………（96）

 第一节 伦理相对主义困境………………………………………（98）
  一 伦理相对主义困境释义……………………………………（98）
  二 宗教伦理对伦理相对主义困境的"克服"：
    以汉斯·昆为例……………………………………………（102）
  三 政治伦理对伦理相对主义困境的"克服"：
    以罗尔斯为例………………………………………………（110）
  四 法律伦理对伦理相对主义困境的"克服"：
    以德沃金为例………………………………………………（114）
  五 伦理相对主义：人类共同伦理生活的获致……………（116）
 第二节 伦理理性主义困境………………………………………（118）
  一 西方理性主义文化传统……………………………………（118）
  二 西方伦理理性主义的根本缺陷……………………………（122）

第四章 道德文化的适宜性：现代中国道德文化建设的核心命题………………………………………………（127）

 第一节 现代中国道德文化建设中的伦理现代性问题………………………………………………………（127）
  一 何谓现代性……………………………………………（128）
  二 伦理现代性问题………………………………………（130）
  三 伦理现代性的根源……………………………………（132）
 第二节 重构现代中国道德文化的适宜性……………………（137）
  一 何谓道德文化的"适宜性"问题………………………（137）
  二 重建道德文化适宜性的可能路径……………………（141）

第五章　市场经济：现代中国道德文化建设的经济向度 (153)

第一节　道德文化的经济向度考察 (153)
一　从"斯密难题"的反题说起 (153)
二　西方道德文化历史演进中的经济向度考察 (161)
三　中国道德文化历史演进中的经济向度考察 (167)

第二节　现代中国道德文化经济向度的重构 (171)
一　市场经济——现代中国道德文化的经济样式 (172)
二　产权清晰——现代中国道德文化经济向度的逻辑起点 (176)
三　效率优先，兼顾公平——现代中国道德文化经济向度中的分配正义 (182)

第六章　多元主体：现代中国道德文化建设的主体构建 (190)

第一节　道德文化的道德主体问题 (190)
一　解读道德文化的道德主体：以亚里士多德伦理思想为例证 (190)
二　现代中国道德文化中的道德主体问题 (194)

第二节　法律伦理：制度伦理的构建 (199)
一　"制度伦理"概念释义 (199)
二　法律伦理：现代中国制度伦理构建的核心 (203)

第三节　权利伦理：德性伦理的复兴 (218)
一　德性伦理何以要复兴 (218)
二　权利伦理：德性伦理复兴的价值指向 (222)

参考文献 (232)

第一章

社会转型：现代中国道德文化建设的时代背景

社会转型必然引发社会经济、政治、文化等子系统的转型，由此，道德文化转型也就自然而然了。现代中国正处于由传统社会向现代社会转型的关键时期，这是我们思考现代中国道德文化建设的历史前提。从大的历史观来看，中国历史上至少出现过两次根本性的社会转型（其实不止两次，但史学界一致公认的有两次），一次是春秋战国时期，另一次则为清末。第一次社会转型由"天子与君王共治型社会"转向"皇权独享"的"中华帝制型社会"。第二次转型则由"中华帝制型社会"转向"民主共和型社会"。每次社会转型都必然引发孔子当年所感慨的"礼崩乐坏、周文疲惫"式的系统性"道德文化不适宜性"，并由此催生新的社会伦理道德观念以及伦理道德秩序。因此，透彻地研判现代中国正在经历的社会变迁过程，关乎全面认识社会出现的系统性"道德文化不适宜性"，以及如何系统性重建"道德文化的适宜性"的必要性与可能性等重大问题。

第一节 社会转型的诠释

一 问题的由来

"原田每每，舍其旧而新是谋。"[①] 正是中国的现实道德文化问

---

① 《左传·僖公二十八年》。

题和对其未来可能之前途的强烈关注，迫使笔者着手思考本书的重大问题。

现代中国正在进行走向现代化的历史变革，如何从人类历史与中国历史的双重视野来把捉住现代中国这一历史性变革的内在逻辑与可能之向度，这是摆在活在该历史阶段中所有中国人的必然性命题，也是系统性重建现代中国道德文化适宜性的历史维度。

现代新儒家唐君毅先生在文化哲学著作《人文精神之重建》中提出了三个命题：人当是人；中国人当是中国人；现时代中国人当是现时代中国人。① 唐先生从人的角度探究现时代中国人"应当如何"的问题，即现代中国人该如何在传统与现代中进行承接和转换，有生活根基地而不是概念式地赶上时代的步伐与节奏。唐君毅先生对现代中国人"应当如何"问题的思考为我们探究现代中国道德文化建设的"应当如何"问题提供了一致性的致思方向。现代中国正在转型，如何在传统与现代、本土与外来中开辟一条道德文化重建的现代化坦途，这是现代中国的历史命题。

美国学者布莱克认为：人类历史经历过三次革命性事件，它们分别是：人类社会的出现、人类文明社会的诞生以及现代文明的成长。这三次历史性革命事件都被理解为人类走向现代化这一统一过程中的不同阶段与环节。② 尽管布莱克的概括不一定正确，但他的理论方向却是对的，即指出了走向现代化是人类的历史必然。现代中国正处于这一"历史必然"的关键时期，如何成功地从传统中创造性"突围"，将决定10多亿中国人未来生活之可能样式，也将决定中国这一古老东方文明中的核心——道德文化——未来之命运。

生活在这一大转折时期且从事着道德理论研究工作的笔者（尽管才疏学浅）近年来一直在思考这一课题。正如哈贝马斯所说："为了从理论工作中得到一些东西，人们首先必须做一些为理论而

---

① 参见唐君毅《人文精神之重建》，广西师范大学出版社2005年版。
② 参见［美］布莱克《现代化的动力：一个比较史的研究》，景跃进等译，浙江人民出版社1989年版。

理论的工作。"① 看来，为了能够从理论工作中获得某种收获，对现代中国社会转型进行一些理论研究是必要的。

笔者的理论旨趣是伦理学，但确实感觉到我国目前伦理学理论研究现状与现代中国人的伦理实际都与这个特别令人振奋的时代产生了时代差。今日之中国，正经历着几千年来未有之大变局。社会正以"随风潜入夜，润物细无声"的全方位摄取、全方位辐射的方式，由传统社会向现代社会转进。现代社会的重要特征之一便是权利与义务的对应和平衡关系，而传统伦理资源对于此种伦理诉求倍感力不从心，由此导致人们道德生活世界和伦理观念世界处于两不着边的困境之中：一方面，能够适应于现代社会的普遍的道德规范尚未建立；另一方面，盈满自信的传统伦理已连根拔起，遭遇边缘化的命运。仔细打量，人们不难发现，自"大变局"以来，中国人的道德精神生活就一直处于分裂状态。如何确立"伦理的自信"，当今中国伦理道德建设"如何是路，如何不是路"，便成为紧迫的实践性课题。要破解此课题，必须对现代中国正在发生的一切有着清明的认识与把握，否则我们的理论思考最终逃脱不了概念王国的命运。

现代中国正在发生的一切用一个词概括就是：社会转型。具体就道德文化而言，现代中国社会转型引发了道德文化系统性的不适宜性。因此，如何理解和把握现代中国社会转型的含义、特征以及未来，是现代中国进行任何社会理论建构的现实性前提，以构建系统性的"道德文化适宜性"为统率性命题的现代中国道德文化建设也概莫能外。

二 社会转型的含义

对社会转型进行界定，这是一个棘手的问题。20世纪90年代初，中国社会学界对于"社会转型"与"转型社会"的概念还不甚了解。② 正如尼采说的，"只有非历史的东西才可定义"。黑格尔也

---

① ［德］哈贝马斯、哈勒:《作为未来的过去——与著名哲学家哈贝马斯对话》，章国锋译，浙江人民出版社2001年版，第101页。

② 郑杭生等:《转型中的中国社会和中国社会的转型》，首都师范大学出版社1996年版，前言第2页。

说道:"一般人在日常生活中,不知不觉间曾经运用并应用来帮助他生活的东西,恰好就是他所不真知的。"① 由此不难发现,尽管我们生活在社会转型时期,且社会转型是当下国人最为常见的一个术语,但其确切的含义犹如普罗透斯似的脸依然让人难以捉摸。

事实上,"转型"是社会学对化学、生物学概念的转借,源于化学领域的"构型"以及生物学中的"进化"等词,其含义在于通过改变分子结构的空间排列组合方式而让其具有新的、不同于以往的结构与功能,或者意指"某一基因型的细胞,从周围介质中吸收来自另一基因型的细胞的脱氧核糖核酸(DNA),而使其基因型和表现型发生相应的变化"②。"转型"在化学领域的主要含义指分子结构与功能的改变,在生物学领域则主要指物种的变迁、生物的演化。西方社会学家借用此概念来描述社会的变迁以及发展轨迹。

社会转型,从一般意义上说,指人类社会发展史中出现的根本性、整体性的社会变革与转换,而不是局部的、非根本性的社会变化与改变。它包括采猎社会向农业社会的转型、农业社会向工业社会的转型,每次社会转型都意味着社会制度、社会结构、社会形态和社会体制的整体转换与变迁。一句话,就是包括道德文化在内的整个文化③的解构和重构过程。就特定语境来说,社会转型是指社会由传统向现代转换的过程,也是近代以来民族国家社会整体发生的一次性质、结构、制度、形态、观念等全方位的根本性变革。

三 社会结构变迁

理解社会转型的视角纷纭复杂,马克思提出了社会有机体理论。在马克思看来,社会就是一个动态的有机体,是人与人、人与自然打交道的产物。因此,我们有必要从系统论角度来考察社会转型中的社会结构变迁问题。

---

① [德]黑格尔:《哲学史讲演录》第1卷,贺麟等译,商务印书馆1959年版,第52页。
② 《新知识词典》,南京大学出版社1987年版,第263页。
③ 对于什么是文化,这是一个非常难以回答,也是一下子回答不了的问题。笔者赞同梁漱溟先生对文化的界定。梁漱溟认为,文化就是人们的"活法"(即生活方法),不同的文化意味着人们不同的"活法"。所以,从这个意义上说,社会转型就意味着包含道德文化在内的文化转型,即意味着人们要换一种"活法"。

任何一个稳定的社会都必须由政治、经济、文化等子系统组成，并且子系统之间必须能实现功能耦合。

经济子系统提供该社会赖以存在的物质基础与需求。马克思以唯物史观的视野科学地指出："应当确定一切人类生存的第一个前提，也就是一切历史的第一个前提，这个前提是：人们为了能够'创造历史'，必须能够生活。但是为了生活，首先就需要吃喝住穿以及其他一些东西……人们单是为了能够生活就必须每日每时去完成它，现在和几千年前都一样。"①

政治子系统透过强制性公权力的运用，给社会提供必要的规范与秩序。人是群体动物，必须过群体生活，而要过群体生活，则必须走出"丛林法则"。这就要求在人之上存在着公共权力。政治就是这样产生的，它是一种比强者更强的力量。亚里士多德讲"人天生是政治动物"，中国古人讲"政治者，众人之事也"，其实都是一个道理，即一个完整、稳定的社会需要政治的存在。正因为政治子系统的存在，人才可能结成社会，过真正意义上的社会生活。所以，有法学家甚至这样说道，"恶法比无法更令人值得向往"。尽管该说法有失偏颇，但确实包含真理性的成分。

文化子系统揭示出人这种存在物与其他存在物，特别是动物之间的本质差异。动物界可能也有稳定的经济来源和不为人所知的必要的秩序，但我们一般不承认它们的存在还是一种文化的存在，因为它们是消极地与自然打交道。人在此方面与动物划出了本质的界限。马克思讲道，"人猿相揖别，只几个石头磨过"，说的就是人的文化意义上的主体自觉。当然，一方面，正如马克思指出的那样，"人作为自然的、肉体的、感性的、对象性的存在物，同动植物一样，是受动的、受制约的和受限制的存在物"②；另一方面，人们同样要看到，人是一种自觉的存在物，正是这种自觉决定了人是一种具有文化属性的存在物，同时也决定了社会是一种具有文化属性的存在物。总而言之，在马克思这里，"自由的有意识的活动恰恰就

---

① 《马克思恩格斯选集》第1卷，人民出版社1995年版，第78—79页。
② ［德］马克思：《1844年经济学哲学手稿》，人民出版社2000年版，第105页。

是人的类特性"①。

　　社会结构就是以政治、经济、文化为主要社会子系统在相互作用的过程中达到的一种稳定的功能耦合。比如传统中国社会，尽管也存在着朝代之间的差异，但总体上看，传统中国社会的经济是农业经济、自给自足的自然经济、小农经济，其经济活动的自发性、分散性和不足性等特点非常明显，因此对一些涉及巨大财力的公共性事务，如开挖运河、修筑长城、抵御外敌等，必须依靠强有力的公共权力来实现，即必须通过中央集权的方式来实现。所以，中国古代社会的政治是与当时的经济现状耦合的大一统的强权政治。同时，与之相应的文化体系则为儒家文化。儒家文化讲求家国不分、私人领域与公共生活领域合一的伦理文化，"以伦理组织社会"就是这种文化的写照。② 儒家文化作为一种家国一体的伦理文化，其核心内涵就是学界已达成的共识，即"三纲五常"。儒家文化主要通过"三纲五常"将国家经济生活、政治生活以及老百姓的日常生活伦理化，从而实现它与中国古代的经济、政治完全耦合。中国古代社会之所以延续了近两千年，其深层次原因就是社会结构中政治、经济、文化等子系统之间达到了高度的相互匹配，功能互补。换言之，中国古代社会结构是一种超稳定性的社会结构。

　　社会结构变迁是指社会政治、经济、文化等子系统发生了根本性变化，其相互之间功能无法在原有的基础上实现互补与耦合，从而导致整个社会处于转型过程中。从一般意义上说，任何系统都是相对的，它必然要发生变化。原因在于：首先，任何社会结构都不是一种绝对的"定在"，它都或多或少地在进行局部改变。当社会结构还能为这些局部变化提供足够的成长空间时，社会整体结构就处于稳定状态。当这些局部性的结构变化积累到一定程度时，全局性、根本性的社会结构的变化就成了必然。其次，在稳定的社会结构中，当各个子系统发挥正面积极作用的同时，事实上它们也在积累负面作用，这就是功能的异化。正如抗生素在消灭病菌的同时，也在培养抗药性的新的病菌一样。再次，社会结构是生活于其中的

---

① ［德］马克思：《1844年经济学哲学手稿》，人民出版社2000年版，第57页。
② 参见梁漱溟《中国文化要义》，学林出版社2000年版，第15—39页。

人为了能够正常有效生活而搭建起来的一个"桶"或"蓄水池"，以容纳大家的社会生活。在刚搭建"桶"或"蓄水池"时，它能够容纳相当丰富的社会生活。随着社会生活的日益丰富，原来搭建的这个"桶"或"蓄水池"便逐渐地装满了，这时我们只有两个选择，要么"桶"或"蓄水池"崩塌，要么再造新的更大容量的"桶"或"蓄水池"。我们可以这样说，社会生活与社会结构之间是内容与形式的关系，内容常变、易变，而社会结构则相当稳定。不断变化的社会生活必然要推动社会结构的改变，没有千古不易的社会结构。最后，没有孤立的社会结构，任何社会结构都要受到某种环境或未来因素的影响。现代中国社会转型就明显受到西方社会的强烈影响，甚至是决定性影响（后面将专门论述，这里从略）。

所以，社会结构变迁其实是指整个社会系统中的政治、经济、文化等子系统都在进行根本性变革，打破了系统各部分之间已有的均势状态，实现不了社会结构中各个部分之间的彼此协调与功能互补机能，从而给整个社会体系带来系统性紊乱、无序、失范的一种特定历史阶段。

当然，社会结构的变迁不可能一蹴而就，通常都要经历一些必然环节与必要阶段。吕乃基先生把社会结构变迁过程描述成三部曲："第一阶段，在社会结构之桶中出现越来越多无法耦合的功能，它们在社会中游荡，破坏社会的稳定。第二阶段，这些游荡的社会功能彼此耦合起来，形成潜结构……第三阶段，潜结构成为显结构，原有结构被取代。自然，在这三个阶段之间并无界限，特别是前两个阶段间常常会有交叉和重叠。"①

不同国家与社会，由于国情、民情等不同，其社会结构变迁的方式也存在差异。有的国家与社会，由于原来的社会结构较松散，稳定性不强，其社会结构的变迁往往只需要通过正常方式就可以完成，即相对温和的、渐进的方式就可以完成，比如英国由农业社会向工业社会的结构转型。有的国家与社会，由于原来的社会结构极其稳定，其社会结构的变迁则除了正常的方式，即温和的、渐进的

---

① 吕乃基：《科技革命与中国社会转型》，中国社会科学出版社2004年版，第46—47页。

方式进行变革外，往往还可能在整个社会结构变迁的某个阶段或某个局部与领域，需要伴随着比较激进的方式如社会革命①来参与，比如中国由传统社会向现代社会的结构转换。由于社会结构的变迁是一个比较长的历史阶段，因而采用社会革命这种激进方式进行社会结构变迁不可能贯穿始终，只能是阶段性的，否则整个社会将为此付出的代价与成本就过于高昂。

既然社会转型意味着社会结构的根本性变迁，因此，作为社会结构核心要素的道德文化也必然通过克服转型期的系统性"不适宜性"而进行系统性的道德文化重建工作。

四　社会形态变革

道德文化既是社会系统之一部分，更是社会关系之体现。所以，现代中国道德文化建设既可以从系统论的角度来考察，又可以从社会关系的角度来考察。由此，在考察了社会转型中社会结构变迁之后，有必要考察社会转型中社会形态的变革。可以简单地说，社会结构分析是从系统论的角度对社会内在构成成分进行的一种理论分析，而社会形态研究则是从各种社会关系的角度对社会进行的整体把握与理解。

社会形态是指与生产力发展阶段相适应、由相应的经济基础和上层建筑共同构成的社会整体。因此，科学分析社会形态，必须把握"生产力""经济基础"和"上层建筑"三个核心概念，其中"生产力"是社会形态的最终决定性力量，"经济基础"是社会赖以存在的物质基础，"上层建筑"是社会得以不断巩固与发展的政治思想条件。社会转型带来的社会形态变革，指的是社会生产力发生了根本性发展，从而带来相应的社会经济基础与上层建筑的根本性转变。

同一社会形态由于可以包容相当大的现实生产力，所以任何现实存在的社会形态都是复杂的。可见，构成一定社会经济、政治、思想文化等社会关系不可能是单一的，而是多样的。除了占支配地

---

① 这里的社会革命不同于阶级斗争与阶级革命，主要是指社会性质的根本性变革。

位的生产力、经济基础和上层建筑等社会关系外，还存在次要的、不占支配地位的各种社会关系。比如对于资本主义社会，列宁指出："世界上没有而且也不会有'纯粹的'资本主义，而总是有封建主义、小市民意识或其他某种东西掺杂其间。"社会形态的分类就是透过纷繁复杂的各种社会现象，舍弃掉现实社会关系中的种种"杂质"，用"化约"的方式，把典型的社会关系抽象出来，揭示出内在的共同本质。当然，抽象的、一般的社会形态并不存在，社会形态总是具体的、历史的。但具体的、历史的社会形态可以根据社会性质的差异而有不同的类型。正如列宁所指出的："一分析物质的社会关系，立即就有可能看出重复性和常规性，就有可能把各国制度概括为一个基本概念，即社会形态。"①

社会形态的发展是一个自然历史过程。马克思在《资本论》序言中指出："社会经济形态的发展是一种自然历史过程。不管个人在主观上怎样超脱各种关系，他在社会意义上总是这些关系的产物。同其他任何观点比起来，我的观点是更不能要个人对这些关系负责的。"②首先，社会形态和自然界一样，是客观的，不是人们主观可以创设的。其次，社会形态是不断变动、不断发展的过程，任何社会形态都不具有永恒性。在谈到资本主义社会时，马克思指出，处于这种社会状态之下，"甚至在统治阶级中间也已经流露出一种模糊的感觉：现在的社会不是坚实的结晶体，而是一个能够变化并且经常处于变化过程中的有机体"③。最后，社会形态在发展变化中绝不是杂乱无章、偶然事件的简单堆积，而是有其内在的逻辑与规律。马克思指出："历史进程是受内在的一般规律支配的……在表面上是偶然性起作用的地方，这种偶然性始终是受内部的隐藏着的规律支配的，而问题只在于发现这些规律。"④

在《1857—1858年经济学手稿》中，马克思提出了三大社会形态理论。马克思认为："人的依赖关系（起初完全是自然发生的），

---

① 《列宁选集》第1卷，人民出版社1995年版，第8页。
② 《马克思恩格斯全集》第23卷，人民出版社2002年版，第12页。
③ 同上。
④ 《马克思恩格斯全集》第4卷，人民出版社2002年版，第243页。

是最初的社会形态，在这种形态下，人的生产能力只是在狭窄的范围内和孤立的地点上发展着。以物的依赖性为基础的人的独立性，是第二大社会形态，在这种形态下，才形成普遍的社会物质交换、全面的关系、多方面的需求以及全面的能力体系。建立在个人全面发展和他们共同的社会生产能力成为他们的社会财富这一基础上的自由个性，是第三阶段。"① 据此可以得出结论：马克思以唯物史观的立场对三大社会形态理论的经典描述，充分说明并展示出社会形态历史变革的轨迹与发展规律。

以马克思的社会形态学说来研究社会转型，本质上就是历史研究中坚持唯物史观的重要体现。原因在于：马克思社会形态学说是马克思依据唯物史观的基本立场和方法研究人类社会历史进程而做出的科学总结。严格来说，马克思的社会形态学说其实就是人类社会历史发展的学说。从另一角度看，正因为有了马克思社会形态学说，唯物史观才成为被人类历史所证实了的科学真理。因此，研究社会转型，离开马克思社会形态学说都意味着对唯物史观的背离。马克思之所以用"社会形态"来命名，根本原因在于马克思始终坚持用社会形态学说来研究历史，并把人类社会历史进程整体性看作社会形态变迁的过程；正是社会形态的整体性变迁，才使人类社会历史进程呈现出阶段性特征。不难看出，不破译社会形态的变革过程就无法破解人类社会历史的进程，也无法洞悉人类社会历史的规律，更谈不上理解和把握人类社会历史的正确走向。其实，分析社会形态问题的本质重要性，恩格斯早在一百多年前就果断地指出了。在他看来，"必须重新研究全部历史，必须详细研究各种社会形态存在的条件，然后设法从这些条件中找出相应的政治、司法、美学、哲学、宗教等等的观点。在这方面，到现在为止只做出了很少的一点工作，因为只有很少的人认真地这样做过"②。在恩格斯这里，把研究全部历史同研究社会形态联系起来，这关系到是否坚持唯物史观的基本立场和基本原则的根本问题。今天，重读恩格斯上面这段话，对于如何开展转型中国道德文化重建仍然闪耀着真理的

---

① 《马克思恩格斯全集》第46卷，人民出版社2002年版，第104页。
② 《马克思恩格斯选集》第4卷，人民出版社1995年版，第692页。

光芒。

　　研究社会转型问题时，要警惕非社会形态化的研究动态。该研究动态意在将历史上的社会形态排除在社会转型研究视野之外，其本质在于否定唯物史观，消解马克思的社会形态学说。社会转型研究的非社会形态化在社会学界由来已久。惯常做法是：用诸如"传统社会"等中性的、宽泛的概念把中国历史上不同社会形态给"泛化""空心化"掉。事实上，这是偷梁换柱的做法，即以"传统社会"来置换对中国历史上不同社会形态的研究，因而理所当然地将社会形态变革剔除在社会转型研究对象之外。一旦忽视这一点，我们的道德文化重建工作将在价值取向上出现混乱，甚至引发"方向性危机"。

五　社会转型研究中的几个问题

　　经过对社会转型问题相关文献的解读，笔者认为，人们在研究社会转型问题时应该注意和把握如下一些问题。

　　首要问题是，人类历史上存在几次社会转型？是一次，还是两次，抑或是多次？

　　通观现代中国研究社会转型问题的文献，大家几乎一致性地把人类历史（不管西方还是东方，抑或是中国）上出现的社会转型理所当然地理解为一次，化约地说就是从传统社会向现代社会的转换。

　　在陆学艺和景天魁两位先生看来，社会转型"是指中国社会从传统社会向现代社会、从农业社会向工业社会、从封闭性社会向开放性社会的社会变迁和发展"[①]。

　　刘祖云先生把社会转型当作特定的社会发展过程，并指出其包含三个方面：其一，指从传统型社会向现代型社会转变的过程；其二，指传统因素与现代因素此消彼长的不断演化过程；其三，指社会的整体性发展变迁过程。

　　在陆学艺、刘祖云等人的观点基础上，吴忠民先生有所扩充。

[①] 陆学艺主编：《转型中的中国社会》，黑龙江人民出版社1994年版，第26页。

在吴先生看来，社会转型是指由传统社会向现代社会的整体性转化和结构性变动。它主要包括五个方面：其一，由农业社会向工业社会的现代转化；其二，由乡村社会向城市社会的现代转化；其三，由封闭半封闭社会向开放社会的转化；其四，由分化不明显的社会向高度分化的社会转化；其五，由宗教准宗教社会向世俗社会的转化。

郑杭生指出："社会转型，意指社会从传统型向现代型的转变，或者说由传统社会向现代社会转型的过程，就是从农业的、乡村的、封闭的半封闭的传统社会，向工业的、城镇的、开放的现代型社会的转型，着重强调的是社会结构的转型。在这个意义上，它和社会现代化是重合的，几乎是同义的。"①

金耀基先生认为，转型期的社会有以下几个明显特征：其一，异质性，即传统因素与现代因素杂然并存且本性相异；其二，形式主义，即应然与实然相互脱节，且不相吻合；其三，重叠性，转型社会是功能的专化与普化、结构分化与不分化相互重叠②。

在李培林先生这里，"社会转型是一种整体性的发展，是一种特殊的结构性变动，而且还是一个数量关系的分析概念"。在李先生看来，社会转型的主体是社会结构，真正决定一个国家是否实现现代化的关键要素在于社会结构的转型，因此社会结构基本要素的变迁是社会进行转型的重要标志③。

不用再举例了。如果读者稍微花点时间与精力看看相关的文献资料，前面所做的判断以及得出的结论是站得住脚的。从前面对社会转型相关问题的理解看，人类社会发生的社会转型应该有三次，分别是：远古社会向传统社会的转型；传统社会向现代社会的转型；现代社会向自由人的联合体的转型。

本书以中国为例来阐释这三次社会转型。笔者基本赞同日本学

---

① 参见郑杭生等《当代中国社会结构和社会关系研究》，首都师范大学出版社1997年版。
② 参见金耀基《从传统到现代》，中国人民大学出版社1999年版。
③ 参见李培林《另一只看不见的手：社会结构转型》，社会科学文献出版社2005年版。

者滋贺秀三在《中国家族法原理》中的说法。滋贺秀三先生认为：从社会变迁之角度，中国在其漫长的历史中，从全局来说经历了前后两次社会体制之根本性变革，以这两次变革作为分期点，全部中国史可分为如下几个时代。第一次变革是由古来用语意义上的封建制（不是马克思所指的封建制）向郡县制的统一中华帝国的建立的发展历程，该次变革发轫于先秦，至西汉汉武帝始成。第二次变革，简而言之，就是中国近代化（包括今日之尚未完成的现代化）之过程，其时期可以说从鸦片战争直到现时点的中国（尚未结束）。正如以上所做的划分那样，将传统中国锁在两次社会大转型之中是能自洽的，滋贺秀三先生称之为"帝制时代"。① 对滋贺秀三描述的中国社会的第一次社会转型，笔者表示完全赞同。孔子当年面对"周文疲惫""礼崩乐坏"的现实窘况，其实就是对那次社会转型（相对于古代社会向传统社会转型）的生动描述。然而，对于滋贺秀三描述的中国社会的第二次转型，他只看到了问题的一个方面。其实，现代中国的现代化主题应该包括两个：一是滋贺秀三所揭示出来的，那就是"中华帝制时代"向现代社会的转换；二是现代中国社会转型其实是第二次与第三次社会转型的并存，即既要向现代社会转换，又要为第三次社会转型进行必要的准备。可以这样说，现代中国社会转型有着极其的复杂性与艰巨性。

中国历史上发生的社会转型，大致证明了马克思三大社会形态理论的正确性及其对人类社会发展变化提供的巨大解释力。马克思论述的"人对人的依赖关系"向"人对物的依赖关系"转换其实就包含了第一次和第二次社会转型，"人对物的依赖关系"向"人的全面发展"转换其实就是第三次社会转型。其实，马克思的全部学说就是一种对人类社会走势的总体把握，具体又体现在对资本主义社会现实的批判和未来的可能出路的阐释上。笔者赞同任平先生在为《现代化原点结构：冲突与转型》一书代序言中所做的判断：马克思全部学说归结到一点就是对"资本现代性的批判"②，而对资本

---

① ［日］滋贺秀三：《中国家族法原理》，李建国等译，法律出版社2003年版，序第2页。
② 夏东民：《现代化原点结构：冲突与转型》，中国社会科学出版社2008年版，序言第1页。

现代性的批判其实就是为实现社会第三次转型提供理论指导与说明,即为人类社会从"人对物的依赖关系"向"人的全面发展"转换提供理论解释与行动方向。

其次,研究社会转型问题中的"范式"借镜问题。

社会转型表现在社会结构、社会形态等方面的变迁与变革及其呈现出来的复杂性,如何把握和理解其中的各种变化与未来可能的趋势,这时托马斯·库恩提出的"范式"概念可以为我们提供一种借镜作用。

在《科学革命的结构》一书中,托马斯·库恩提出了"范式"概念。库恩认为,科学发展是分历史阶段的,每一个科学发展的历史阶段都有各自特殊的内在结构,而体现这种结构的模型即"范式"(Paradigm)。"范式"一般都通过一个具体的科学理论作为范例,表示一个科学发展历史阶段的模式。比如,古代科学以亚里士多德的物理学为范式,中世纪科学以托勒密天文学为范例,近代科学以伽利略的动力学为范例,现代科学以爱因斯坦的相对论为范例。据此,库恩从范式理论中得出如下结论:科学发展总是需要经历革命性的变化,这种变化是范式的彻底打破和转型,两种范式之间是本质的区别而不是量上的自然过渡,这一点与矛盾的发展演化进程是一致的。

库恩在《科学革命的结构》中提出的"范式"理论,为我们研究社会转型提供了一个另类的理解通道。社会的发展变化与科学的发展变化具有同理性,即都有其发展的阶段性。社会发展的每一阶段都有其特殊的内在结构和形态,体现这一特殊的社会内在结构与形态同样可以称为"社会范式"。社会转型研究,就是要透过社会历史的时间性与空间性,找到类似于科学发展阶段中的不同"社会范式",以此作为研究社会总体变迁的"基点"。因此,能否找到或归纳出社会发展阶段中的不同"范式",并对其中的"范式"转换有着自觉的理解与把握,就成为社会转型研究的关键环节与核心命题。前面介绍的马克思三大社会形态理论就是对"社会范式"的经典论述。因此,如何理解和把握马克思三大社会形态理论是我们认识、分析社会转型问题的总钥匙。

以现代中国正在进行的社会转型为例。现代中国社会转型其实就是正在进行"社会范式"转换，具体来说表现为从"人的依赖关系"范式向"物的依赖性"范式和"个人全面发展"范式的同时全面转换。当然，现代中国社会转型表现出独特的复杂性，它不是一个单一的"社会范式"向另一个单一的"社会范式"转换，而是向另两个"社会范式"的全面双重转换。

最后，谈谈社会转型与历史观之间的关系问题。

论及社会转型问题，必然牵涉到历史观，因为人们对历史的看法与主张说到底就是对整个社会历史变迁过程的理解和解释。人们对整个社会历史变迁过程的理解与解释，对于历史研究来说，客观主义是一个根本不可能的标准与要求。历史研究者进行历史研究时，不可能像自然科学研究者那样不受文化背景、价值观念和政治立场的实质性影响，因此，绝不仅仅是单纯的历史记录者，而且是解释者和创造者。克罗齐说过："一切真历史都是现代史。"①克罗齐的判断是对的，他充分说明了人们对历史的理解与判断不是一个纯粹的理智活动，而是构成当下人们生活的一部分。

当然，尽管人们的历史观必然带有自己的主观建构成分，但历史并不意味着像胡适所说的那样，是一个"任人打扮的小姑娘"，因为"历史研究的基本条件是时间性。这时间性既指时间的连续，也指时间的断裂。史学家从现在和将来出发来研究过去，他联系着人类的过去、现在和将来。在此意义上，他的工作体现了时间基本的连续性。但另一方面，史学家研究的是一个真正的他者，一个与他隔着或长或短时间间距的他者。他与它是无法同一的，同一了就没有研究的必要"②。所以，历史研究其实就是伽达默尔所说的"问答"过程，即研究者与研究对象之间的"问答"过程。

因此，如果人们想对社会转型问题进行正确的理解与把握，这就需要人们有正确的历史观，对历史上发生的种种变化进行正确的阐释。可以这样说，没有正确的历史观，就不可能有正确的社会转

---

① [意]克罗齐：《历史学的理论与实际》，傅任敢译，商务印书馆1997年版，第2页。
② 张汝伦：《现代中国思想研究》，上海人民出版社2001年版，自序第3页。

型观。

　　社会转型绝不简单地意味着社会的进步。著名哲学家罗素论述道："宇宙进步的规律是不存在的，只有一种上下波动，最后由于能量的扩散而出现逐渐向下的趋势。这至少是科学现在认为非常可能的事情，而且在我们幻灭了的这一代人中，它是不难接受的。就我们现在的知识来看，从进化论中根本不可能正确地推导出乐观主义哲学来。"对进化论的批判是吉登斯社会变迁理论的一个核心内容。他多次声称要与进化论彻底决裂，并说道："猎犬号的航行标志着将西方人带向与形形色色的异域文化发生接触的征程。西方人将这些文化分门别类，都归入一个无所不包的图式之中，西方在这个图式之中自然是位于发展的顶峰。进化论图式今天尚无摆脱这种种族中心主义的迹象。在西方的社会科学中，你上哪儿能找到一种分析图式，将传统印度或古代中国看作是一个最高的发展阶段？抑或就此而言，把现代印度或现代中国视为最先进的社会？"①

　　尽管社会确实有个演化过程，但演化并不等同于演进，不等于进步。社会转型只是社会结构与社会形态的整体性改变，而社会结构与社会形态的整体性变化并不意味着进步，正如水由固态变成液态、气态，人由受精卵变成小孩也并不意味着进步一样。因此，本人反对社会线性进步历史观。确切地说，社会进步论虽然不是本土产物，它来自西方，但对当今中国产生了比西方更大的影响。

　　事实上，黑格尔真正称得上是第一位在哲学上最完整、最精确地把人类历史描写为一个"进步"过程的哲学家。马克思赞扬道："黑格尔第一次——这是他的巨大的功绩——把整个自然的、历史的和精神的世界描写为一个过程，即把它描写为处于不断的运动、变化、转变和发展中，并企图揭示这种运动和发展的内在联系。"② 社会学之父孔德第一次提出把人类历史分为神学、玄学、实证三个阶段的社会进化论。达尔文1859年发表了《物种起源》，并以崭新的生物进化论极大地推动了先前的社会进化论。1857年和1864年，

---

①［英］吉登斯：《社会的构成》，李康等译，生活·读书·新知三联书店1998年版，第354页。

② 《马克思恩格斯选集》第3卷，人民出版社1972年版，第63页。

斯宾塞先后发表了《论进步》和《生物学原理》，将生物进化论彻底引入社会进化论，主张人类社会与生物界一样"物竞天择，适者生存"。1877年，摩尔根在著作《古代社会》一书中提出以"技术"为衡量标准的社会进化三阶段理论，明确将人类社会分为野蛮、蒙昧、文明三个逐步进步的阶段。

综观上述西方各种版本的进步论或社会进化论，我们可以总结出两个共同性的东西。一是社会变迁过程中的"时间直线性"。其实，在大部分人类文化形态中，人们对时间的认知大体以对自然昼夜季节的周期变换为根据，更多地表现为循环式时间观。建立在直线型时间观之上的社会进步论，事实上抽干了人类社会历史的丰富形态，并将其归纳到一条时间直线上，通过线性时间观念完成对历史的人为抽象和把握。二是世界大同的世界主义或整体主义。社会进步论基于一种不分种族的整体"人类"概念，认为整个人类社会都将必然地且普遍地经历这种"进步"。换言之，人类无论地理、历史、文化和种族都秉承同样的理性，同样的善、恶、美、丑标准，同样的物质、文化、精神需求，都将经历同样的"历史规律"，并导向一种世界主义或整体主义。

以上这些社会进步论所体现出来的共同性，归结到一点就是主张人类社会变迁方面的"西方文化中心主义"，因为前面所述的社会进化论均是以欧洲当时的"文明"标准去衡量其他社会的。所以，社会进步论本质上就是一种西方中心的世界主义，正如斯特劳斯所描绘的西方"种族中心主义"。[1]

自一百多年前严复翻译的《天演论》将社会进化论传入我国的那一天起，社会进化论立刻就成为一代代中国人主导的社会历史观和思维定式。正如胡适所说："《天演论》出版之后，不上几年，便风行到全国，竟做了中学生的读物了。读这书的人，很少能了解赫胥黎在科学史和思想史上的贡献。他们能了解的只是那（优胜劣汰）的公式在国际政治上的意义。在中国屡次战败之后，在庚子、辛丑大耻辱之后，这个'优胜劣汰'的公式确是当头棒喝，给了无

---

[1] 参见河清《破解进步论——为中国文化正名》，云南人民出版社2004年版，第98—138页。

数人一种绝大的刺激。几年之中,这种思想像野火一样,燃烧着许多少年人的心和血。'天演'、'物竞'、'淘汰'、'天择'等等术语都渐渐成了报纸文章的熟语,渐渐成了一种爱国志士的'口头禅'。"① 于是,现代中国社会转型与包括道德文化重建等在内的现代化事业(乃至所有非西方国家的社会转型或现代化课题)基本上是在社会进步论语境下的一个西方式的命题。中国等落后国家与西方发达国家之间存在的只有"差距"而不是"差别",其社会转型的使命就是缩小这些"差距",实现与西方意义上的"同一"。一旦我们接受这种社会进步观,整个人类的变迁道路就是一条唯一的道路,社会转型问题也就可以换算成如何"西化"、怎样"西化"的问题。

然而,我们是否有足够的理由相信这一点呢?至少到目前为止,人类有限的经验还没有充分证明这一点。因为这种"以极为简单的公式化的过去断定未来,这种做法的准确性不会超过蹩脚的气象预报,但却有天命般不容置疑的架势。这种立论的绝对性,隐含着极端的排他性。一旦与权力结合,必然导致对别的生活方式的限制与控制,这已为20世纪血腥的历史所证实"②。相反,我们倒有充分的理由与信心认为,人类社会的存在与变迁还存在更多的、新的可能性。人类社会的历史已经充分证明了西方模式下社会进步观点的荒谬性,正在进行的人类社会变迁过程也在一步步地驱散以上迷雾。现代中国走有别于西方的、有中国特色的发展道路也是对该社会进步论的实践性否定。

明了以上社会转型中的问题之后,我们可以对现代中国道德文化建设中的相应问题进行针对性的思考,具体包括如下方面。

其一,既然人类经历的社会转型不是一次性的,中国历史上发生的社会转型也有多次,其必然结果就是人类历史上出现道德文化的系统性"不适宜性"以及系统性道德文化"重建"工作不是现代社会的独特现象,而是每一次社会转型都必然引发的"伴生物"。比如我国春秋战国时期,孔子所感慨的"周文疲惫、礼崩乐坏",

---

① 《胡适自传》,黄山书社1986年版,第46—47页。
② 张汝伦:《现代中国思想研究》,上海人民出版社2001年版,第85页。

其实就是周天下道德文化的系统性"不适宜性",孔子创立儒家学说就是进行道德文化的系统性重建工作。当前,我国的道德文化重建工作由于处于一个新的、与孔子当年不同的社会转型时期,所以具有历史相似性与可比性。

其二,由于社会转型是一种"范式变革",所以现代中国道德文化建设绝不是枝节性的"修修补补",而是从价值取向与价值引领等方面进行整体性的"解构与重构"。具体地说,就是从以往"人对人的依赖、人对物的依赖"等"范式"伦理道德关系中解放出来,并使之变成自由人之间新的"范式"伦理道德关系。

其三,社会转型并不意味着线性历史进步观,特别是并不意味着是以"西方文化中心主义"主导下的线性历史进步观。因此,现代中国道德文化建设绝不意味着"邯郸学步",走道德文化"西化"之路,而是应该走出一条全球视野下的最切己的"在地化"道路。就文化现象而言,当年以儒家文化为核心的传统中华文化,在面对古印度佛教文化的全面挑战时,我们的先人既不是被"西化"① 了,也没有故步自封,而是创造性地开创出了禅宗文化。

第二节 现代中国社会转型的历史性考察及其评判

要系统性重构现代中国"道德文化的适宜性",除了对社会转型有一般性的理解外,我们必须系统性理解与把握发生在现代中国的社会转型现象。因为现代中国道德文化重建毕竟是发生在特殊的历史情境之中的。

其实,世间万物都是流变的,无法恒常。爱菲斯的赫拉克利特创立了一种变的哲学。他把存在的东西比作一条河,声称人不能两次踏进同一条河。赫拉克利特用简明扼要的话语阐释了他对运动变化的理解。他说道:"一切皆流,无物常住。"在赫拉克利特的思想

---

① 这里讲的"西化"属古来用语,因为当年中国人所讲的西方,其实就是古印度一带。

中，万事万物没有绝对静止不变的东西，一切都处在运动变化之中。恩格斯对他这个思想给予了极高评价，认为"这个原始的、素朴的但实质上正确的世界观是古希腊哲学的世界观，而且是由赫拉克利特第一次明白地表述出的：一切都存在，同时又不存在，因为一切都在流动，都在不断地变化，不断地产生和消灭"。

因此，社会变迁是一个必然性的过程。但是，在社会变迁的这个必然性过程中，总有那么一些特殊的时期。在这些特殊的时期，社会变化是如此巨大和强烈，以至于这些变化不仅深刻地影响到生活其中的每个人的存在方式与交往方式，更为重要的是，在经历了这些变化之后，属于这个社会的结构、制度、形态和整个文明样式都发生了根本性的转向。我们将这些社会大变革的特殊时期称为社会转型。

现代中国道德文化重建问题就是处于这样的特殊历史时期，即社会转型时期。

一 现代中国社会转型的时间区划

给现代中国道德文化重建所遭遇到的社会转型进行时间区划，实质上是对现代中国社会道德实践进行历史定位，也就是从历史的长期发展过程中来理解和把握现代中国正在进行的伟大复兴事业。唯其如此，现代中国在面临复杂的历史形势与任务时，我们才可能从各种暂时性、局部性、细节性的具体历史阶段与事物中超拔出来，站在整个人类历史和中国历史的总体进程中，创造性地理解和把握现代中国道德文化重建所面临的可能历史前提和有待完成的历史性任务，从而为包括现代中国道德文化转型在内的整个中国社会转型提供一种具有实践品格的理论坐标。

现代中国道德文化重建所遭遇的社会转型，其时间起点在学界有不同的看法。

一部分学者将现代中国道德文化重建所遭遇的社会转型的时间起点界定为1978年。

杜凡在《转型社会的公正研究》中将现代中国社会的转型时间起点定为1978年，并把这一转型过程分为如下四个阶段："第一阶段，改革动员起步阶段。该阶段从1978年12月中共十一届三中全会，到1984年10月中共十二届三中全会召开为止。这一阶段改革的重点在农村，改革的重心是推行家庭联产承包责任制……这一阶段，在坚持计划经济的前提下，通过放权让利与市场调节的引入以及商品经济关系的发展，从经济利益上刺激经济主体的劳动积极性，逐渐打破平均主义……第二阶段，价格改革阶段。该阶段从1984年10月开始到1992年12月基本结束……改革的重点由农村转向城市，目的在于在有计划商品经济思想的指导下，逐步形成国家调节市场，市场引导企业的新的经济运行机制……第三阶段，初步建立市场经济体制阶段。该阶段从1992年初邓小平发表'南方谈话'开始，到2002年10月十六大召开结束。这一阶段的目标与任务是在社会主义市场经济理论指导下，初步建立社会主义市场经济体制……第四阶段，分配调整阶段。该阶段从2002年党的十六大召开开始，迄今尚未结束。"①

刘崇顺先生认为："1978年12月18日召开的党的十一届三中全会，标志着以邓小平为核心的党的第二代领导集体的形成，实现了建国以来党和国家历史上具有深远意义的伟大转折。全会以其创新的思维、正确的路线，开创了中国特色社会主义建设的历史新时期，成为我国改革开放的开端和社会转型的历史起点。"②

王传鸯等人则认为："现代中国的经济和社会转型，是特指1978年中国共产党十一届三中全会开创的中国现代化建设新时期。新时期经济社会转型不是社会制度转型而是社会结构转型。这一社会转型的最鲜明特点是改革开放；基本启动力量是市场经济；基本坐标是如何使社会主义制度的优越性得以更充分发挥和中国如何以强有力的经济、政治、文化实力跻身世界强国之林；根本价值取向是实现由传统社会向现代社会的嬗变。"③

---

① 杜凡：《转型社会的公正研究》，博士学位论文，首都师范大学，2008年，第61—62页。
② 刘崇顺：《社会转型的历史起点》，《武汉学刊》2008年第4期。
③ 王传鸯、王永贵、王曼：《转型期社会学若干问题研究》，国家行政学院出版社1998年版，第10页。

另外，有些学者将现代中国道德文化重建所遭遇的社会转型的时间起点定格在清末。

尹伊君先生认为："中国社会的第三次转型始于清末，而迁延至今，未成。与历次社会转型不同的是，这次，我们不得不面对一个强大的异质文明——西方文明，而且这次转型在很大程度上就是这个异质文明外力逼迫的结果。因此，这次社会转型比历次转型都要深刻、复杂得多，它对整个社会组织及其成员的影响和震动也要全面、彻底得多。"①

吕乃基先生也基本持这样的观点。他说道："当前，中国社会处于转型时期，这一点自改革开放以来更为明显。从更远地说，中国社会的转型始于1840年，从那时起，中国就踏上了复杂而艰难的转型之路。从1840年至今经历一个半世纪，中国和世界的形势都发生了巨大的变化。为把握现代中国的状况，必须把中国放在世界发展的轨道上，由经济、政治和文化全方位进行比较。"②

贺善侃先生在《现代中国转型期社会形态研究》一书中这样论述道："从广阔的历史背景来考察，中国社会自1840年鸦片战争以来，一直处于从传统社会向现代社会转变的过程中，中国近代历史的整个进程就是中国社会的转型过程。到目前为止，这一转型过程大致经历了3个阶段：1840年—1949年为第一阶段；1949年—1978年为第二阶段；1978年至今为第三阶段。"③

根据对社会转型的概念式把握和理解，笔者赞同现代中国道德文化重建所遭遇的社会转型的历史起点为1840年。自那时起，中国一直处于社会转型历史进程中，至今尚未完成。中国社会自1840年以来发生的一切变化基本上都可以归结为这样一个主题：由传统向现代。但同时须指出的是：在这唯一的"由传统向现代"的历史主题中，中国确实在这一历史主题下进行过对具体时代主题的转换。正是由于具体时代主题的转换，人们对现代中国社会转型的时

---

① 尹伊君：《社会变迁的法律解释》，商务印书馆2003年版，代序第4页。
② 吕乃基：《科技革命与中国社会转型》，中国社会科学出版社2004年版，第291页。
③ 贺善侃：《现代中国转型期社会形态研究》，学林出版社2003年版，第28页。

间区划在理解上存在差异。

大体而言，1840年至今，现代中国在"由传统向现代"这一历史主题下，可以分解为两个具体的时代主题："救国"与"强国"或"存在"与"发展"。1949年之前，中国人民所进行的所有历史努力，基本上可以概括为"救国"或"存在"两个词；1949年之后，则可以概括为"强国"或"发展"两个词。从1840年开始"师夷长技以制夷"的洋务运动，到学习西方制度的"百日维新"，到后来的新文化运动，再到中国旧民主主义革命和新民主主义革命，它们的主题都是"救国"，都是"保国保种"，以求国家民族之存续。从一定意义上讲，它们的区别只是在于"如何救国、怎样救国、能否救国、救没有救国"等上。

1949年新中国的成立，宣告了一个旧时代的结束，也宣告了一个新时代的到来。从时代主题的角度看，1949年新中国的诞生，使中国人实现"救国"的主题，一个独立的国家历经磨难终于昂首屹立在世界的东方。之后，"强国"就成为新时代的主题。可以这样说，新中国进行的社会主义事业的探索与实践历程，就是一个如何"强国"的历史，具体而言就是表现为如何建设、怎样建设社会主义这一课题。1978年开启的中国改革开放事业，是这一历史进程中最为华丽、最为波澜壮阔的一页。

二 现代中国社会转型的历史回溯

确立了现代中国道德文化重建所遭遇的社会转型的历史起点后，我们有必要进一步考察其发展历程。

自1992年李培林发表了《另一只看不见的手：社会结构转型》一文[①]以来，国内学术界对社会转型问题的研究迅速兴起，方兴未艾。大家从不同的角度、视野与领域对社会转型进行了深入持久的理论探究与学术研讨，取得了广泛的研究成果，从理论上为现代中国社会转型提供了历史自觉。特别是学者们对现代中国社会转型的内涵及其特质的实践性关注，更为我们认识和引领现代中国转型中

---

① 李培林：《另一只看不见的手：社会结构转型》，《中国社会科学》1992年第5期。

面临的种种问题提供了思考问题的理论坐标。

必须声明的是，以往的研究成果并不意味着对该领域研究的精确描述。回味一下恩格斯和亚里士多德讲过的话是有必要的。恩格斯说过，"我宁愿把历史比作信手画成的螺线，它的弯曲绝不是很精确的。历史从看不见的一点徐徐开始自己的行程，缓慢盘旋移动；但是，它的圈子越转越大，飞行越来越迅速、越来越灵活，最后，简直像耀眼的彗星一样，从一个星球飞向另一个星球，不时擦过它的旧路程，又不时穿过旧路程。而且，每转一圈就更加接近于无限。谁能预见到终点？"① 亚里士多德在论述社会科学的性质时多次并且不断地说过，"不能期待一切理论都同样确定，正如不能期待一切技艺的制品都同样确定。政治学考察高尚与公正的行为。这些行为包含着许多差异与不确定性……所以，当讨论这类题材并且从如此不确定的前提出发来谈论它们时，我们只能大致地、粗略地说明真……对每一个论断也应该这样领会。因为一个有教养的人的特点，就是在每种事物中只寻求那种题材的本性所容有的确切性。只要求一个数学家提出一个大致的说法，与要求一位修辞学家做出严格的证明同样不合理"②。

回溯现代中国道德文化重建所遭遇的社会转型之历史路程，必须与现代化这一主题联系起来，因为道德文化重建所欲求的文化现代化，其实就蕴含在现代中国社会的整体现代化之中。要研究现代化问题，我们有必要对西方社会由传统进入现代的历程和形成的相关理论进行简单梳理。因为社会转型概念本身就出自西方现代化理论，是西方现代化理论历史发展的产物。

西方学者将西方近代以来所发生的社会结构、人们的生产方式、存在方式与生活方式、社会心理结构、价值观念、社会政治经济文化等方面的历史性变迁，表述为现代化历史进程。这些学者包括马克思、孔德、斯宾塞、涂尔干、腾尼斯、韦伯、帕森斯等。马克思认为，现代社会的历史起点可以追溯到16世纪。他论述道："虽然

---

① 《马克思恩格斯全集》第41卷，人民出版社1982年版，第32页。
② [古希腊]亚里士多德：《尼各马可伦理学》，廖申白译，商务印书馆2003年版，第7页。

在 14 和 15 世纪，地中海沿岸的某些城市已经稀疏地出现了资本主义生产的萌芽，但是资本主义时代是从 16 世纪开始的。在这个时代到来的地方，农奴制早已废除，中世纪的顶点——主权城市也早已衰落。"①

当然，西方国家走出传统社会转入现代社会与现代中国对比有其特定的内涵与特征。化约地说，近代西方社会转型有两个特性：一是属内生型转型；二是掠夺性转型。内生型转型的含义主要指西方社会由传统向现代迈进的原动力不是外在的，没有受到任何外在的压迫，而是西方社会自身"水到渠成"的历史过程，是西方社会农业文明发展的必然结果。掠夺性转型则指西方社会转型不但没有受到外力的压迫，相反却是依靠野蛮压迫外来社会、民族而实现自己的社会转型。比如，"地理大发现"既带来西方社会转型期需要的巨大市场，又拉开了西方向现代社会转型的序幕。"美洲的发现，绕过非洲的航行，给新兴的资产阶级开辟了新的活动场所。"② 同时，"地理大发现"也导致西方社会进行殖民主义扩张，为新兴资产阶级积累了大量的财富与资本，加速了由传统社会向现代社会转型的速度。马克思对此论述道："殖民地为迅速产生的工厂手工业保证了销售市场，保证了通过对市场的垄断而加速的积累。在欧洲以外直接靠掠夺、奴役和杀人越货而夺得的财富，源源流入宗主国，在这里转化为资本。"③ 就具体国家而言，英国在 18 世纪率先完成了由传统社会向现代社会的转型，法国、德国、美国以及西欧等国家随之在 18 世纪末至 19 世纪中叶前完成了社会转型，进入了现代社会。

中国自 1840 年国门打开之日起，就无可奈何地走上了由传统向现代转型之路，这也是不可抗拒的"历史命运"。但与当年西方社会的转型之路不同，现代中国社会转型走的是外生型和"二元型"之路。这种现代中国道德文化重建所遭遇的外生型和"二元型"的社会转型之路，相当程度上决定了现代中国道德文化重建之路既不

---

① 《马克思恩格斯全集》第 46 卷，人民出版社 1982 年版，第 485 页。
② 《马克思恩格斯全集》第 1 卷，人民出版社 1982 年版，第 252 页。
③ 《马克思恩格斯全集》第 2 卷，人民出版社 1982 年版，第 258 页。

能"照搬照抄",走西方之路;也不能完全无视西方道德文化的影响与作用,走一条完全排斥西方的"纯而又纯"的中国道路。其必由之路是走中西方道德文化的会通之路。

之所以将现代中国社会转型界定为外生型,原因就在于:1840年之后,中国遭遇到空前的西方武装侵略和文化观念的巨大挑战,面临着何去何从的艰难抉择。人们不得不思考这样一个时代课题:面对西方文明对中华文明全面挑战的时代形势,如何适时改革中国的社会结构?如何进行制度革新和观念变革?如何实现本土元素与西方元素、传统因素与现代因素在时代变革中走向融合,进而推动传统中国走向现代中国?梁启超在《论不变法之害》一文中为此大声疾呼:"大地既通,万国蒸蒸,日趋于上,大势相迫,非可阙制,变亦变,不变亦变。变而变者,变之权操诸己,可以保国,可以保种,可以保教;不变而变者,变之权让诸人,束缚之,驰聚之。"

可以这样说,中国是完全消极、被动地被纳入与外部世界联系之中的。刚开始,面临西方列强的军事侵略,中国试图在不变动原有制度的基础上进行全面抵抗,结果却遭受到更大耻辱与失败,进一步暴露了中国传统社会在西方现代化潮流面前的落后与不合时宜。为应对西方势力在中国急剧增长与扩张的态势,当时清政府试图在保存中国基本制度与文化的前提下进行现代化的变革运动。"中学为体,西学为用"就是最好的说明,即被迫进行器物的现代化,但社会基础并不想随之改变。随着洋务运动的彻底失败,当时国人又试图从器物变革向制度变革转进(即戊戌变法),然而这一历史性"转进"却有可能动摇中国社会的根基。于是,抱残守缺的当时中国官僚集团对此进行了全面反抗与围剿,最终扼杀了这次变革。戊戌变法的彻底失败破灭了中国试图走当年日本道路的希望,后来爆发了辛亥革命,并在亚洲创立了第一个基本以美国制度为样板的中华民国。

基于现代中国道德文化重建所遭遇的是"外生型"社会转型,所以道德文化重建开始时总是处于一种被动、怀旧乃至"不情愿"的状态。清末时有许多遗老遗少对旧式道德文化与伦理价值一直难以割舍,甚至不少人还为之"殉道"。这与西方文艺复兴和启蒙运动时期，人们对"自由、民主、博爱"等新的价值伦理的压倒性欢迎形成差异性对比。

此外，清末以来现代中国道德文化重建所遭遇的社会转型属"二元型"。须声明的是，这里讲的"二元型"社会，不是时下一般意义上的由于城市与农村差异而导致的"二元型"社会，而是特指传统因素与现代因素、传统中国社会因素与现代西方社会因素交叉并存而导致的"二元型"社会。

可以这样说，正因为现代中国社会转型是被"逼"的，且走的是一条以西方文明为标准来改造、重构中国社会的转型之路，所以，从表层上看，中国原有的社会结构、经济基础、政治、意识形态、人们生活方式与生活观念等元素的连续性在强大的西方文明面前戛然中断了，其实不然。传统中国社会的各种元素尽管在制度层面以及治理者主观愿望上似乎"隐退"了，但实际上它们以一种历史惯性或潜在的方式继续存在着，并在相当程度上影响现代中国社会转型。正因如此，才导致中国社会出现了"二元社会"这一特殊社会变迁图景。与此同时，西方文明所展示给国人的图景并没有如愿地在中国很好地实现。这与东汉末年中华文明第一次面对西方文明（那时的西方指古印度）的情况有历史相似性。中华文明在那次面对西方文明并接受其全面挑战时，中国人花了几百年才真正实现了本土文明与外来文明的全面融合，结出了丰硕成果，达致了不同文明之间的真正"双赢"，实现儒释道的合流。禅宗的产生正是这一"双赢"的最好证明。

当然，那次面对西方文明的全面挑战有几点须特别说明的：一是面对的只是纯文化意义上的异质文明；二是当年中华文明属强势文明，西方文明对于当时的国人来说只是"转化与吸收"的问题，即当时的"中西之争"不是本土文化与本土文明的"西化问题"，而是本土文化与本土文明如何"化西"的问题。所以，那次文明对话过程实际上是在肯定自我文化与文明的基础上如何进行自我丰富、自我发展的问题，是"百尺竿头，更进一步"的问题。文明与文化对话的话语权完全掌握在自己手中，因而表现出文明与文化对话中足够的自信与足够的主动。

这次不同。在强大的西方文化与文明面前，一方面，传统中国固有的问题被"空化""虚化"，即本土文化与文明在相当程度上丧失了主体性，丧失了不同文化与不同文明之间对话的话语权，因而越来越被边缘化；另一方面，西方的文化与文明又一直没办法在我国落地生根。长期的"中西之争"与"古今之变"，就是这一图景的有力说明。

在中国社会转型发生之初，魏源鲜明地提出"师夷之长技以制夷"的主张，寻求向西方系统学习技术。改良派先驱冯桂芬也提出，"以伦常名教为本，辅以诸国富强之术"。甲午战败后，张之洞提出"以旧学为体，新学为用"的口号，主张学习西方的技术。与魏源和张之洞不同的是，严复则认为中西事理最不同莫大于"中之人好古而忽今，西之人力今以胜古"①，所以断无可合者。不难看出，严复把"古今"之争与"中西"之争事实上看成一回事，而且好古与尚今、中学与西学二者之间是不可调和的。中国固有的制度和文化与西方资本主义制度和文化是冰火不容的，是根本对立的，因此二者之间不存在共通与对话的可能和必要。严复还说："中学有中学之体用，西学有西学之体用。分之则并立，合之则两亡。"②

19世纪末的戊戌维新时期，围绕着中国社会转型与变迁问题所发生的"中西古今"之争主要表现在如下领域：夷夏之辨与中西之优劣；变法还是守旧；重今还是重古；西学还是中学等。自西方侵略者用鸦片和炮舰打开我国国门并客观上迫使中国不得不进行社会转型之后，中西方的全方位对比就不可避免地摆到国人面前。面对三千年未有之大变局，维新派为了阐明在此社会转型历史进程中向西方学习的必要，把传统中国与西方列强国家进行了较全面的对比，指出中西的差别至为明显，且中国在诸多方面都落后于西方，因此，向西方学习、向西方看齐属历史必然。当时，与"中西夷夏"之争紧密关联的是"古今新旧"之辨。守旧派极力反对资本主义，主张"好古"。维新派则认为"开新者兴，守旧者灭，开新者

---

① 《严复集》，中华书局1994年版，第1页。
② 同上书，第168页。

强，守旧者弱"①，西方资本主义是数千年前所未有的，在当前时局下，"非变通旧法，无以为治"，不积极主动进行社会整体转型必然导致国家民族的分裂与危亡。在此情形下，"古今中西"之争所表现出来的核心问题就转化为变法与反变法之间的斗争。总体看来，在戊戌变法的"古今中西"这场论争中，维新派一方面高举西方资产阶级的民权、自由、平等、博爱等新思想；另一方面，手持西方近代自然科学知识的武器，对中国传统社会进行了全面批判与变革，主张用西方元素对中国进行整体性改造，即在西方观念指导下进行整体社会转型。

20世纪初，资产阶级民主革命逐步兴起，革命民主派与改良派围绕"中国向何处去"的社会转型问题展开了激烈的思想交锋，并将中国社会转型问题简单地表述为政治性主题，即改造旧中国之社会（或中国社会转型之完成）是通过自上而下的和平改良还是实行暴力革命来完成？中国社会之转型是建立君主立宪制国家还是实现资产阶级民主共和制？改良派反对暴力革命，主张"君权变法"，革命派则持反对意见，指出革命才是中国唯一之出路。革命派与改良派之间的分歧，是百日维新失败后在新的历史时期发生"古今中西"之争的突出表现。在革命派与改良派之间，另一个论争的重要问题是变革旧中国之社会，是建立资产阶级民主共和国还是建立君主立宪制？改良派主张保留皇帝，实施君主立宪制，认为人类社会是沿着"三世"的历史进化轨道前进的，"凡君主专制、立宪、民主三法，必当一一循序行之。若紊其序，则必大乱"②。革命派则主张采取比君主立宪制度更先进、更完备的民主共和制，要求推翻旧帝制，建立民主共和国。总之，辛亥革命时期的这场"古今中西"之争，是百日维新以来当时的国人对传统元素与现代元素、中国元素与西方元素如何取舍进行的又一次论争。

五四运动开启了中西文化大论战。胡适、陈序经等人主张"全盘西化"，也就是"全盘资本主义化"。胡适论述道："我们必须承认我们自己百事不如人，不但物质机械不如人，不但政治制度不如

---

① 《梁启超集》，中国社会科学出版社1995年版，第46页。
② 《康有为全集》第6集，姜义华等编校，中国人民大学出版社2007年版。

人，并且道德不如人，知识不如人，文学不如人，音乐不如人，艺术不如人，身体不如人……"① 梁漱溟、张君劢的文化观以及1935年"十教授"提出的"中国本位文化论"等都强调继承中国儒家传统，认为在中国文化中存在一个合理的内核，这个内核在我们向西方学习并进行整个社会转型过程中无论如何都是无须替代的。他们主张中国社会转型应在保留传统中国核心元素、基本内核的前提下开展。这其实是变相的"中体西用"论。

与转型中国的其他政治人物相比，孙中山对西方制度文化的认识要深入全面得多。一方面，他13岁起便开始接受西方教育，且在海外生活达36年之多，熟知欧美的风土人情和西方文化制度的利弊得失；另一方面，他创造性地理解西方文化，如提出的三民主义、五权宪法等就是例证。这种人生经历使得他与西方及西方文化有着一种割不断的联系，也使得西方文化成为其革命理论的主要思想来源。可以这样说，西方文化是孙中山革命理论和建国方略的主要思想来源。然而，必须指出的是，即使对于西方文化，孙中山历来主张积极学习，要求"对欧洲文明采取开放态度"，但是对于全盘照搬西方文化，他则坚决反对。孙中山先生认为，"中国几千年以来社会上的民情风土习惯，和欧美的大不相同。中国的社会既然是和欧美的不同，所以管理社会的政治自然也是和欧美不同，不能完全仿效欧美"。在他看来，中西社会风土人情等各方面差异很大，彼此各不相同，因此，中国在赶超英美、完成社会转型过程中，完全效仿西方是没有出路的，只有根据中国社会实际，顺应时代发展潮流，然后社会才能有所改良，国家才能有所进步，即"我们能够照自己的社会情形，迎合世界潮流做法，社会才可以改良，国家才可以进步"。孙中山事实上提出这样一个关键性问题：本土文化如何"西化"以及西方文化如何"中化""本土化"。换言之，如何在此中国社会转型时期将"西化"与"中化"问题变成社会转型这同一过程的两个方面，即变成传统中国社会因素与现代西方社会因素之间的双向互动过程，这是历史进程中的中国能否完成现代化、实现

---

① 欧阳哲生：《胡适论哲学》，安徽教育出版社2006年版，第53页。

社会全面转型的关键所在。遗憾的是,孙中山先生的早逝使得他并没有很好地完成这一历史命题。

在中国,马克思主义的广泛传播是从十月革命后开始的。毛泽东有句大家耳熟能详的话:"十月革命一声炮响,给我们送来了马克思列宁主义。"对中国共产党人而言,马克思主义是从西方传来的真理。因此,马克思主义在中国的"出场"又一次充分展示了中国元素与西方元素在中国社会转型过程中如何取舍的历史性课题。

近年来,学术界关于马克思在中国传播发展的研究,比较多地停留在对马克思主义与中国历史文化传统的互通性上,这的确是马克思主义在中国出场的重要文化语境。但如果置于西方现代化的历史图景和晚清以来中华民族奋力自强、超越自身传统以期走向现代这一轰轰烈烈的历史过程,马克思主义在中国就会变成一个概念王国里的游戏。

在《论人民民主专政》一文中,毛泽东说道:"自从1840年鸦片战争失败那时起,先进的中国人,经过千辛万苦,向西方国家寻找真理。""那时,求进步的中国人,只要是西方的新道理,什么书也看。""我自己在青年时期,学的也是这些东西。"① 可以这样说,从鸦片战争到20世纪初期,为实现民族和国家的复兴,中国是决心向先进的西方资本主义国家学习的。不幸的是,"帝国主义的侵略打破了中国人学西方的迷梦。很奇怪,为什么先生老是侵略学生呢?"② 毛泽东指出,中国人曾经是努力学习西方的,但最终失败了。"在一个很长的时期内,即从1840年的鸦片战争到1919年的五四运动的前夜,共计七十多年中,中国人没有什么思想武器可以抗御帝国主义。旧的顽固的封建主义的思想武器打了败仗了,抵不住,宣告破产了。不得已,中国人被迫从帝国主义的老家即西方资产阶级革命时代的武器库中学来了进化论、天赋人权论和资产阶级共和国等项思想武器和政治方案,组织过政党,举行过革命,以为可以外御列强,内建民国。但是这些东西也和封建主义的思想武器

---

① 《毛泽东选集》第4卷,人民出版社1991年版,第1468—1470页。
② 同上书,第1470—1471页。

一样，软弱得很，又是抵不住，败下阵来，宣告破产了。"①

事实上，从社会转型角度看，马克思主义传入中国，中国救亡图存的历史困境才第一次获得正确的努力方向，解决了国人历史定位危机。在《共产党宣言》中，马克思说过："资产阶级在它已经取得了统治的地方把一切封建的、宗法的和田园诗般的关系都破坏了。它无情地斩断了把人们束缚于天然尊长的形形色色的封建羁绊，它使人和人之间除了赤裸裸的利害关系，除了冷酷无情的'现金交易'，就再也没有任何别的联系了。它把宗教虔诚，骑士热忱，小市民伤感这些情感的神圣发作，淹没在利己主义打算的冰水之中。"马克思对早期资本主义的批判引起当时中国知识精英的强烈共鸣，因为中国传统文化观念所憎恶的恰好也是资本主义社会的本性。马克思主义与中国最初就是在这里实现了历史性交汇。

走向现代中国的中国人为什么最终会选择马克思主义作为改变中国命运的不二法门呢？这与马克思主义的自身特质有关。马克思主义认为社会主义（包括共产主义）不是一个纯粹的理想，而是一个立足现实社会又超越现实社会的、需要在实践中长期发展的运动过程，是通过鲜活的实践努力推动的结果。这与当时中国谋求现代化、实现社会转型的整个社会期待不谋而合。

可以这样说，现代中国道德文化重建完成之时，其实也就是现代中国"二元型"社会转型变成"一元型"社会之日。至此，包含道德文化元素在内的西方元素与中国本土的元素也就实现了真正融合，从而将长时期困扰我国道德文化建设中的"西化"与"化西"两个难题得以历史性解决。

三 现代中国社会转型的历史比附

明了了现代中国道德文化重建所遭遇的社会转型的时间区划与发展历程后，有必要对现代中国社会转型进行适度概括与阐释。

现代中国转型应有内涵与主旨是"传统中国如何现代化"的问题，即"传统中国要不要现代化"不是问题，问题的关键在于"如

---

① 《毛泽东选集》第4卷，人民出版社1991年版，第1513—1514页。

何现代化"?

在世界现代化浪潮的冲击下,在东西方的碰撞、互动过程中,中国先后尝试了不同的现代化努力,但结果却总是不尽如人意。"百年的变革始终在抄袭外国和回归传统之间摇摆,时断时续,杂乱无章,在理论和实践上都没有找到中国特色的发展模式。"① 新中国成立后,中国才开始在真正意义上自觉探索自己的现代化发展道路,并最终在改革开放的伟大变革中找到适合自己国情的中国特色的现代化发展之路(也有学者称之为中国模式,此说法目前学术界还在争论中)。

简单回顾一下世界现代化的历史进程对于我们理解"传统中国如何现代化"这一宏大课题大有益处。

武汉大学孙来斌、薛金华两位教授在《世界现代化语境下的中国模式》一文中,根据学术界的有关成果,结合自己的观点,将世界现代化进程大体分为以下历史阶段:(1)16—17 世纪,西欧资本主义现代化准备时期。英国作为这一时期的代表,开始了从传统社会进入现代社会的准备。圈地运动、商业革命、海外扩张、政治革命等,拉开了英国现代化的历史序幕。马克思、恩格斯这样评价商业革命和海外扩张的历史作用:"美洲的发现、绕过非洲的航行,给新兴的资产阶级开辟了新天地,东印度和中国的市场、美洲的殖民化、对殖民地的贸易、交换手段和一般商品的增加,使商业、航海业和工业空前高涨,因而使正在崩溃的封建社会内部的革命因素迅速发展。"②(2)18 世纪中后期,以欧美资本主义先发现代化为标志的第一次现代化浪潮。工业革命是世界现代化发展的最大分水岭,标志着西欧资本主义对封建主义的决定性胜利,引导人类社会从农耕文明进入工业文明时代。英国率先通过工业革命实现现代化的腾飞。在英国的影响和带动下,法国、德国、美国等欧美国家先后走上现代化道路。这类现代化道路被称为内源的现代化或先发现代化,其动力主要来自社会自身力量产生的内部创新,外来影响居于次要地位。(3)19 世纪中后期,以东方资本主义后发现代化为

---

① 罗荣渠:《现代化新论》(增订版),商务印书馆 2004 年版,第 35 页。
② 《马克思恩格斯选集》第 1 卷,人民出版社 1995 年版,第 273 页。

标志的第二次现代化浪潮。在西方资本主义现代化浪潮的推动下，日本、俄国等东方国家通过社会革新追求现代化发展。日本的明治维新、俄国的农奴制改革成为标志性事件，日本成为东方各国甚至非西方世界最早成功实现现代化的特例。这类现代化道路，被称为外源的或后发的现代化。它一般是在外来的异质文明的冲击下激发而来，由于外部因素的作用超过内部因素，各种社会矛盾和冲突在短时间内释放，易造成现代化的"断裂"现象。① （4）20世纪初期，以苏联社会主义后发现代化为标志的第三次现代化浪潮。1917年十月革命的胜利，标志着苏俄以特殊的方式跨越了资本主义发达阶段，走上一条社会主义的现代化发展之路。处于资本主义包围之中的苏联，在短短几十年的时间内就从落后的农业国发展成为比较先进的工业大国，创造了世界现代化史上的一大奇迹。原西德《世界报》刊文指出："西方几乎花了二百年的时光才能做到的事情……在俄国几十年不长的时间里用残酷的方法、坚定的意志实现了，总而言之，这是现代史中的最伟大的经济和社会改革。"② 十月革命开创的社会主义现代化道路，打破了所谓"现代化就是西方化或者资本主义现代化"的思维定式。（5）"二战"结束到现在，以现代化模式多样化为特征的第四次现代化浪潮。"二战"改变了战前旧的世界政治经济格局，民族独立和民族解放运动成为战后世界政治经济发展的主要潮流。到20世纪50年代中期，一大批亚洲、非洲、拉美的原殖民地国家成功摆脱殖民统治，纷纷宣告独立。如何尽快改变落后面貌，加快经济发展步伐，是这些国家面临的共同任务。觉醒的发展意识和强烈的发展要求，成为这些国家现代化的主动力，并由此推动拉美模式、东亚模式、中国模式等多种现代化模式的形成。

放在世界现代化视域中，我们可以这样言说中国的现代化。

首先，中国的现代化属后发追赶型模式。

同其他发展中国家一样，中国作为现代化的后来者，其现代化

---

① 罗荣渠：《现代化新论》（增订版），商务印书馆2004年版，第131—132页。
② ［苏］罗·亚·麦德维杰夫：《让历史来审判》，赵洵等译，人民出版社1981年版，第955页。

是一种外源的、后发的现代化模式。与欧美资本主义先发现代化国家相比，中国有效启动的现代化进程落后一二百年。因此，尽快改变其落后面貌，以期缩短与发达国家之间的发展差距，是中国现代化进程中的当务之急。

其次，中国的现代化是一种自主型模式。

面对汹涌澎湃的现代化浪潮，究竟应该采取什么态度，选择何种现代化模式？这是后发国家不得不面对和回答的问题。拉美国家在这方面的经验教训具有典型意义。在19世纪初的独立战争结束以后，拉美国家就开始探索自己的现代化之路。但是，无论其现代化之路如何演变，它们始终没有改变其对外依赖的局面。可以说，拉美的现代化之路集中体现了几乎所有后发国家都无法摆脱的两难选择：依附与自主。[①] 面对这种情况，一些有识之士纷纷进行理论反思。其中，一些依附论学者将理论批判的矛头直指西方思想界为落后国家提供的现代化理论样板，将其斥之为最强烈的、最野蛮的干预之一：认为发达国家的现代化是以牺牲不发达国家的政治经济独立和发展为代价的，而不发达则成为发达的代价。以弗兰克为代表的激进依附论提出，不发达国家要想改变其不发达的状况，就必须与发达国家"脱钩"（割断关联），否则不可能获得真正的发展。[②] "依附"带来了所谓现代化，但是失去了自主，因而这种现代化至多只能是依附性的现代化，而不是真正的现代化；"脱钩"虽然带来了自主，但实际上走向自我封闭，在现代化浪潮下，它也不会给发展中国家带来真正的现代化。"依附"或者"脱钩"，除了这两条道路，难道真的别无选择？"中国的事情要按照中国的情况来办，要依靠中国人自己的力量来办。独立自主，自力更生，无论过去、现在和将来，都是我们的立足点。"[③] 这是中国人自1840年直至今日通过付出巨大的代价而取得的、适合中国国情的现代化之路。

---

① 周穗明等：《现代化：历史、理论与反思》，中国广播电视出版社2002年版，第111—112页。

② 孙来斌、颜鹏飞：《依附论的历史演变及现代意蕴》，《马克思主义研究》2005年第4期。

③ 《邓小平文选》第3卷，人民出版社1993年版，第3页。

再次，中国的现代化是一种和平模式。

中国的历史经验和现实经验告诉世人，中国选择的必定是一条和平的现代化之路，这也与中国优秀传统文化具有的深厚底蕴一脉相承。上下五千年的中华文明一直崇尚"和为贵"，这一理念逐渐成为中国处理内政外交的哲学思想和行为准则。历史上的"丝绸之路""郑和下西洋"，就是中国古代和平外交的典范。从鸦片战争到新中国成立的百余年间，中华民族饱受战乱之苦，"己所不欲，勿施于人"，更强化了我们在现代化征程中对和平的向往和追求。

最后，专门谈谈作为一种社会主义样式的新中国的现代化。

"二战"以后，发展中国家纷纷开始探索自己的现代化道路。但是，其中的大多数在资本主义经济全球化的影响下被纳入资本主义世界体系，走上资本主义后发现代化道路。从这些国家的经济社会发展情况来看，除少数国家成为新兴工业化国家以外，大多数国家并没有迈入现代化发展的正轨，甚至仍然徘徊在落后的边缘，与发达国家的差距越拉越大。如何走出一条真正的自主发展之路，仍是这些国家的人民苦苦探索的重大难题。与大多数发展中国家不同，中国选择的是一条社会主义现代化道路。正因如此，中国现代化模式同一些后发现代化国家选择的新自由主义模式存在根本区别。事实上，以绝对自由化、全面私有化、完全市场化等主张著称的新自由主义在全球泛滥，给许多后发现代化国家带来深重灾难。也正因如此，中国现代化模式同某些人鼓吹的民主社会主义模式存在本质区别。人们只要注意这些本质区别，就不会"把虚假的表面现象当作实质或某种重要的东西"①。

概言之，中国现代化模式的特质，相应地决定着其道德文化重建的一些特质。简单地说，"后发追赶型"现代化模式，决定了我国道德文化重建时间的紧迫性与任务的艰巨性；"自主型"现代化模式，决定了我国道德文化重建要走"以我为主"的道路，而不是成为西方道德文化的"附庸"；"和平型"现代化模式，决定了我国道德文化重建不会走西方走过的"文化霸权"之路；"社会主义样

---

① 《列宁全集》第32卷，人民出版社1985年版，第45页。

式"的现代化模式，决定了我国道德文化重建是一项前人从未做过的伟大事业，它不可能在既有的理论与观念中寻找到解答，而只能在历史实践的展开中逐步得以完成。

第二章

中西比照：现代中国道德文化建设的历史文化语境

不同的社会有不同的道德文化传统，这是任何道德文化传统存在的自然之理。因此，构建现代中国道德文化，以破解出现的系统性"道德文化的适宜性"难题，我们有必要对传统中国社会生活与西方社会生活中的道德文化传统及其特色进行梳理与考察，以求获致某种借镜作用。要明了东西方社会不同的道德文化传统，其先在性的问题则在于对东西方社会及其生活有深度的理解与把握，因为毕竟社会及其社会生活自身才是道德文化传统赖以存在与生成的现实基础。

第一节 同构与对峙：中西方社会关系构造之比较

一 一体同构：传统中国社会的构造方式

梁漱溟当年提出只有"认识老中国"，才能"建设新中国"。"认识老中国，建设新中国"是解决中国诸问题之必由之路，今日欲进行现代中国道德文化建设亦不能出其右，一旦对老中国有了透彻的认识，则于百余年来一直缠绕中国道德文化建设问题不休者，将必恍然有悟，灼然有见，而其今后道德文化建设上"如何是路，如何不是路"，才会有深切之体认，唯其如此，才可能走上一条正确之路。在今天探究东西方道德文化差异时，梁漱溟先生的论断依然具有前置性、基础性意义。

有什么样的社会关系就有什么样的道德伦理关系及其相应的道德文化传统。东西方社会道德文化传统之所以迥异,其缘由就在于东西方社会关系构造方式之特殊性。因此,认识传统中国社会与西方社会关系构造方式之不同,是洞悉东西方社会道德文化差异的可能路径。

要洞悉传统中国关系构造方式之特殊性,其前提基础在于对传统中国社会有清晰之理解。

传统中国社会从时间上讲,其时间跨度怎样?这是我们必须首先弄清楚的问题。关于传统中国的时间区划,海内外史学界人士曾广为讨论,可谓众说纷纭,莫衷一是。笔者赞同并采用日本学者滋贺秀三在《中国家族法原理》中的说法。滋贺秀三先生认为:从社会变迁之角度,中国在其漫长的历史中,从全局来说经历了前后两次社会体制之根本性变革,以这两次变革作为分期点,全部中国史可分为如下几个时代。第一次变革是由古来用语意义上的封建制(不是马克思所指的封建制)向郡县制的统一中华帝国的建立的发展历程,该次变革发轫于先秦,至西汉汉武帝始成。第二次变革,简而言之,就是中国近代化(包括今日之尚未完成的现代化)之过程,其时期可以说从鸦片战争直到现时点的中国(尚未结束)。于是,正如以上所做的划分,将传统中国锁在两次社会大转型之中是能自洽的,滋贺秀三先生称之为"帝制时代"。因此,笔者界定的传统中国是指发轫于春秋战国时期,起自于大一统的秦王朝,最终结束于1840年。

其次,从社会史上讲,传统中国社会属社会史的哪一阶段?这也是有待回答的问题。换言之,界定传统中国为两次社会大转型之间的中国,只是解决了一个纯粹时间中的历时性问题。时下人皆知,从历史的历时性中求求历史的共时性是须臾也离不开研究方法的,对东西方社会的解读,其本身就预制了将传统中国作为一整体型构,断不是从历史推进的角度盘剥传统中国之增损。此种考究问题方法,非本人所草创,只是借用社会学家马克斯·韦伯在《论经济与社会中的法律》中理念型构之方法。这对于解决历史的历时性与共时性之矛盾,此方法被证明是恰当的。作为一理念型构之传统中国究竟是什么样子，可谓千人千说，犹如一张"普洛透斯似的脸"，令人无法把捉。

　　本人认同梁漱溟先生对传统中国社会的判断。梁漱溟在论述传统中国社会时谈到了将英国人甄克斯《社会通诠》翻译介绍到中国来的严复。严复赞同甄克斯的社会发展三段论，认为社会发展经由图腾社会到宗法社会，再到军国社会。然而，严复也强烈感到中国社会难以划入任何一个历史阶段，无奈只能将中国社会视为宗法社会和军国社会之间的一个特殊形态。20世纪二三十年代对中国社会性质和阶段问题的争论十分激烈，但并没有对中国社会做出一致性结论。犹如梁漱溟所言："论者既不易判定其为什么社会，则谲诡其词，强为生解，如云'变质的封建社会'、'半封建'、'前资本主义时代'、'封建制度不存在而封建势力犹存'……种种不一而足。"① 编辑《中国社会史论战》的王礼锡认为，从秦代到鸦片战争前这段中华历史，是中国社会形态演进史中的一个谜。它既是理解把握中国历史的关键，又以两千多年不变而令人困惑。郭沫若以及一些苏联学者则接受马克思论述的"亚细亚生产方式"，将中国与印度一并看作"东方社会"。毫不夸张地说，从19世纪末到20世纪二三十年代，该问题一直为中国众多历史学家、思想家以及广大知识分子所集中关注。根本原因在于，它关乎中国社会革命与改造的性质、途径和方法等重大问题。梁漱溟在回顾20世纪二三十年代发生的中国社会史论战时，就鲜明指出认清中国社会性质的极端重要性。他说："盖当国民党军北伐之后，革命理论发生争执，要追问中国社会是什么社会，方可论定中国革命应该是什么革命。因为照马克思派的讲法，若是封建社会便当行资产阶级革命；若是资本社会便当行无产阶级革命。从乎前者，则资产阶级为革命主力；从乎后者，则资产阶级为革命对象。一出一入之间，可以变成相反的主张。又非徒作历史学问研究，而是要应用于现前实际，关系真是太大。"② 正是认识到中国社会的性质是"非徒作历史学问研究，而是要应用于现前实际，关系真是太大"。职是之故，以"建设新中

---

① 《梁漱溟全集》第3卷，山东人民出版社2005年版，第19页。
② 同上书，第18页。

国"为目标的梁先生穷尽几十年之研究，以图认清与阐明传统中国社会之性质。

梁漱溟认为要明了传统中国社会性质，必须从传统中国道德文化之基础——社会伦理关系的构造——分析入手。

梁漱溟认为，传统中国社会是以家国伦理同构为表征的伦理本位社会。为此，传统中国以伦理为本位而形成的社会关系，是整个社会性质的基础，也是了解个人、社会与国家及其相互关系之基础。

总体来看，传统中国道德文化中的一切社会关系都不属对峙性、间接性、客观性的关系，而是通过血缘或地缘而被直接化、脉络化、主观化。

梁漱溟在分析传统中国道德文化之社会关系时，讲到传统中国的社会关系实属"此一人与彼一人之间的情谊关系"。此种"此一人与彼一人之间的情谊关系"，实际上是将人与人之间的伦理道德等关系直接化，乃至"二人化"。

传统中国道德文化中的社会关系是一种直接性关系这一命题是谢遐龄先生提出来的。谢先生以韦伯对理性社会的分析为依托，认为判断一个社会是伦理的社会还是理性的社会，第一个根据就是看其社会关系是直接的还是间接的。西方的社会关系表现为一种间接的关系，原因在于它是一种中介性关系。同时，西方社会关系又是一种客观的关系，人们的交往关系依规章制度来，不需要太多情感的投入。中介性关系获得普遍形态后被抽象出来成为一种独立的社会存在，凌驾于一切人之上。传统中国的社会关系则表现为一种直接的、主观的关系，与西方理性社会刚好相反。

有必要考察一下传统中国社会关系是如何演化而成的。梁漱溟论述道，传统中国将一切社会关系一概都家庭化，并以家庭中的父子、兄弟和夫妇关系为基干来架构整个社会关系。具体来说，以父子关系架构出君臣、上下、官民、长幼等关系，以兄弟关系架构出平辈的亲族、邻里乡党、朋友同事等关系，以夫妇关系架构出社会的男女关系。由此可见，中国传统道德文化将社会关系"二人化"，归根结底是将一切社会关系"家庭化"。

将传统道德文化中的社会关系"家庭化",决定了中国传统社会"家国同构"的性质,也决定了个人、家庭、社会与国家等伦理关系"一体化"。梁漱溟指出:"旧日中国之政治构造,比国君为大宗子,称地方官为父母,视一国如家庭。"所以,"孝者所以事君,弟者所以事长,慈者所以使众",两三千年未曾改变。由此导致君臣官民彼此间只知道一体化的伦理义务,而不知道国民与国家属不同的团体关系。可以这样说,传统中国伦理中的社会关系正是通过将"人与人"的关系"二人化"来完成整个"家国同构"社会建制的。将道德文化中的社会关系"家庭化",其实就是将包含伦理道德关系在内的所有社会关系都"国家化",即将个人与家庭、个人与社会、个人与国家等伦理道德等关系按同一逻辑进行一致性同构。

传统中国社会将所有的社会关系(含人与人的关系、个人与家庭的关系、个人与社会的关系、个人与国家的关系等)都"直接化""家庭化"与"二人化",一方面,必然导致各种介于个人与国家、私人领域与公共领域之间的中介性组织和领域的消解;另一方面,也造就了"家国一体、家国同构"社会的彻底完成。因此,在传统中国社会,要么不存在介于个人与国家之间的社会中介组织,要么即使存在,一些社会中介组织也"家庭化"了,只是社会关系"家庭化""二人化"的再版而已,变成拟制兄弟之关系与拟制兄弟之情谊,它们不可能获得与个人、国家相对应的独立地位与资格。与此同时,这种社会关系也意味着公共关系"私域化"。换言之,"公"与"私"在传统中国社会没有截然分野,"私"其实就是"公","公"也就是"私"。比如,公职人员父母去世回家守孝三年一事,既是私事,又是公事。

为明了以上真意,我们可以举传统中国社会法律为例予以说明。中国传统社会法律表征为:是一个由"私了"到"公断"的连续体的过程。中国学者林端先生把这一连续体分为八个层次,以逼近分析中国人在传统社会的法律行为。

1. 如法律般的个人行动:个人依主观视法律者来行动或回避;
2. 如法律般的社会运动:"行为规范"、活生生的法律;

3. 两造冲突的直接解决：忽视、避免、逃避、抗议、怒斥、协调、自力救济等；

4. 由一个社会团体认识的第三者出面"调处"：如邻里中的乡长、耆老出面调处"私了"；

5. 由一个两造不认识的第三者（人或团体）调解：如由半官方的调解委员会调解；

6. 由非官方的团体加以判决：如家长、族长依家法、族规加以判决；

7. 由国家的法庭要求两造和解；

8. 由国家的法庭加以判决：依国家法规判决，即"公断"。①

如果就法律程序的形式成分而言，这是一个由低向高的过程。但就社会关系中出现的矛盾纠纷之解决而言，其实就是传统中国社会将所有的社会关系都直接化、"二人化"的生动写照。因为在传统中国，"私了"与"公断"因循的是家国同构的原理。所以，从某种意义上说，在传统中国社会，"私了"其实就是最低级的"公断"，"公断"则是"私了"的高级化。

传统中国社会将所有的社会关系（包含其核心的伦理道德关系）"直接化""家庭化"与"二人化"，除了导致各种介于个人与国家、私人领域与公共领域之间的中介性组织和领域的消解，造就"家国一体、家国同构"社会的彻底完成外，它还造成社会（组织）对个人以及国家对社会（组织）的双重吞没。即个人对社会（组织）、对国家不是具体相对性之独立对应关系，而是被"直接化""家庭化"与"二人化"了。换言之，在传统中国，个人与社会（组织）之间的所有关系转化为个人与个人之间的关系，国家与社会（组织）之间的所有关系转化为国家与个人之间的关系。由此，依据传统中国儒家文化，个人对社会（组织）、社会（组织）对国家，只是伦理、义务实体而非具有独立政经、权利实体。这实际上意味社会（组织）对个人在伦理意义上的吞没以及国家对社会（组织）在伦理意义上的吞没。在这种"个人家庭化""国家家庭化"

---

① 参见林端《儒家伦理与法律文化》，中国政法大学出版社2002年版。

的双向转换中，除家庭之外的任何存在于国家与个人之间的社会力量都无法获得生长的外部环境与条件。所以，传统中国社会的特质是熔个体与社会、社会与国家于一炉。

无独有偶，费孝通对传统中国社会的分析也是从道德文化的基础——社会关系——入手的。

费孝通先生认为，"从基层上看去，中国社会是乡土性的"①，直接靠农业谋生之人是黏着在土地上的。中国农民聚村而居，中国乡土社区的单位是村落，可从三家村起到几千户的大村，不一而足。人口流动率小，社区间的往来必然疏少，乡土社会的生活是富于地方性的，生活隔离，各自保持着孤立的社会圈子，于是孕育了生于斯、长于斯之乡土情怀，常态的生活是终老是乡。"生活上被土地所囿住的乡民，平素接触的是生而与俱的人物，正像我们的父母兄弟一般，并不是由于我们选择得来的关系，而是无须选择，甚至先我而在的一个生活环境。"②在费孝通这里，这种熟人社会造就了传统中国道德文化的社会基础为"家国同构"性质的地缘性社会。

除此之外，传统中国道德文化的社会基础之所以为"家国同构"性质的地缘性社会，更主要的基础在于传统中国社会的血缘关系。费孝通说道："西洋的社会有些像我们在田里捆柴，几根稻草束成一把，几把束成一捆，几捆束成一挑。每一根柴在整个挑里都是属于一定的捆、扎、把。每一根柴也可以找到同把、同扎、同捆的柴，分扎得清楚不会乱的。在社会，这些单位就是团体。团体是有一定界限的，谁是团体里的人，谁是团体外的人，不能模糊，一定得分清楚……我们不妨称之为团体格局。"③ 接着，他又论述道："我们的社会结构本身和西洋的格局不相同的，我们的格局不是一捆一捆扎清楚的柴，而是好像把一块石头丢在水面上所发生的一圈圈推出去的波纹。每个人都是他社会影响所推出去的圈子的中心。"④ 对于这种结构，费孝通把它叫作"差序格局"。在他看来，

---

① 费孝通：《乡土中国　生育制度》，北京大学出版社1998年版，第7页。
② 同上书，第9—10页。
③ 同上书，第25页。
④ 同上书，第26页。

"我们社会中最重要的亲属关系就是这种丢石头形成同心圆波纹的性质。亲属关系是根据生育和婚姻事实所发生的社会关系。从生育和婚姻所结成的网络,可以一直推出去包括无穷的人,过去的、现在的和未来的。我们俗话里有'一表三千里',就是这个意思……在我们乡土社会里,不但亲属关系如此,地缘关系也是如此……"①

事实上,在费孝通这里,传统中国社会正是通过地缘关系和血缘关系的扩充,来完成包含道德文化在内的"家国同构"这一社会建制的。

就伦理道德等社会关系而言,可以这样说,"家"与"国"的概念,在传统中国人眼中,家与国划分之界限并非十分清楚,"普天之下,莫非王土,率土之滨,莫非王臣"②,是之谓也。古人即使没有将家、国完全混同,至少认为二者可以相通。中华帝国家国一体,家国同构大体是说得通的,家可以看作国之缩影。须提示的是,此处的家应做扩展性理解,实包括家庭、家族、宗族。"古人惯以忠、孝相提,君父并举,视国政为家政的扩大"③,也就不足为怪了。

一言以蔽之,传统中国社会最大的特色在于,个人与社会、国家之间的伦理道德等关系在实质意义上无间隔地"同构"。

二 分殊对峙:西方社会的构造方式

谈到西方道德文化的社会基础——社会性质问题,我们必须回到它的源头——古希腊。可以这样说,古希腊在伦理道德等社会关系的构造上自始就表现出个人与社会分立的方向(这里的社会,事实上可扩充至国家,以下均可做如是解)。古希腊社会中,个人与社会具有较高的独立性。在希腊城邦社会,城邦既是国家又是社会。在这个城邦社会中,获得公民资格的个人不论财产多寡和地位高低,都可以平等参与城邦生活。希腊人不是从依附意义的个人之

---

① 费孝通:《乡土中国 生育制度》,北京大学出版社1998年版,第26页。
② 《诗·北山》。
③ 梁治平:《寻求自然秩序中的和谐》,中国政法大学出版社2002年版,第8页。

间的关系来考察个人与城邦事务，而是注重从独立性的个人与独立性的社会之间的关系、独立性的个人与独立性的国家（城邦）之间的关系来考察个人事务与城邦事务。

这里以亚里士多德的相关论述为例说明。之所以以亚里士多德的思想作为考察对象，因为伦理学作为一门独立的学科是在他这里获得最终定性的。同时，亚里士多德是古希腊哲学的集大成者，举世公认的历史上第一位百科全书式的思想家。恩格斯称亚里士多德是古代的黑格尔，马克思称他为古希腊诸多哲学家中最博学的人。

亚里士多德提出的"人天生是一个政治动物"的著名命题就是论述个人与社会关系的经典表述。亚里士多德认为："就其本性而言，人是一个政治动物"；"人是政治生物，天性趋于与他人一同生活"；"人是为成为公民而生的"。实际上，其中心思想是：人是一种社会性的存在物，由此导致的一切伦理道德关系也应该是社会性的。

为此，在西方道德文化中，就如何看待与处理个人和城邦的关系问题上，亚里士多德认为，人们之所以倾向于过城邦生活，根本原因在于任何个人都不是自足的，只有过城邦生活，人类才能获得完全的自给自足。亚里士多德视城邦为一种"至高而广涵的社会团体"，城邦是在满足个人需要的生活过程中自然长成的，在城邦团体内，"人类的生活可以获得完全的自给自足"。这种自足性不仅仅指经济上的自足，同时还包括道德的需要，即人必须加入城邦，过一种城邦生活，还因为城邦作为一种道德共同体是实现人类本性的必然要求。一方面，人类有合群的天性；另一方面，一切社会团体都以善业为目的，在于培养公民高尚的行为，成就有文化的道德君子。也就是说，良善生活仅在城邦生活中是可能的。任何公民都应成为城邦的一部分，为城邦所公有，而不应设想公民可私有其本身的任何可能。亚里士多德指出，城邦虽在发生程序上后于个人和家庭，但在本性上却先于个人和家庭。因为就本性而言，全体必然先于部分，否则整体不存在了，个体也就失去存在的意义。

然而，在如何理解与看待个人与城邦的关系问题上，亚里士多德并不是彻底的整体主义者。他明确反对柏拉图过分的整体主义

（柏拉图强调有机的统一，强调各部分皆须从属于整体），而是同时强调个体与城邦具有同等的重要性与独立性。他认为，整体中各部分之间必须合作，且各部分能依本性而行动的话，整体的和谐才能得以促成。这样，部分不但可以保持相对的独立性，而且还因部分之间的合作得以正常发挥功能。因此，在亚氏思想的浸染下，在古希腊成为"个人权利"的东西，并不是指公民作为独立的个体所拥有的权利，而是指公民作为城邦一员有权参与城邦生活的机会（具体论述可参阅亚里士多德的《政治学》著作）。

如果说在亚里士多德这里，就伦理道德生活而言，个人与城邦社会之间还存在"亦此亦彼"关系的话，即个人与社会分殊还没有完全展开。那么，到了近代以来，随着西方社会历史的充分展开，"个人与社会分殊"的特征就完全展示出来，几乎转换成"二元式"的"非此即彼"的关系。这里以现代西方社会学理论来论证。

在社会学的奠基者那里，涂尔干（迪尔凯姆）首创了实证社会学的"社会学主义"传统，将社会事实设定为社会学的研究对象，并强调社会至上。他说道："一切行为方式，不论它是固定的还是不固定的，凡是能从外部给予个人以约束的，或者换一句话说，普遍存在于该社会各处并具有其固有存在的，不管其在个人身上表现如何，都叫做社会事实。"① 涂尔干明确揭示了社会事实的客观性、强制性与先在性，以及对比于个人的独立性等特征。在涂尔干这里："社会制度绝大部分是由前人定好而留给我们的，我们丝毫也没有参与它的建立……对于整个集体行为来说，具体到每个个体的参与是微不足道的。"② 涂尔干反对个体主义还原论，主张："集体表象所表现的是集体对作用于它的各种物的思想反映，集体的组成不同于个体……为了理解社会对自身和其周围世界的表象方式，我们必须考察的是社会的性质，而不是个人的性质。"③ 总而言之，在涂尔干这里，无论是对社会学研究对象的整体把握，还是对社会问

---

① ［法］埃米尔·迪尔凯姆：《社会学方法的准则》，狄玉明译，商务印书馆1997年版，第34页。
② 同上书，第9页。
③ 同上书，第13页。

题的具体研究，比如社会团结、宗教生活等问题，他自始至终都贯彻了社会至上的原则与方法。个人在他那里无疑居集体与社会之次的位置。

然而，韦伯的主张则与之相异，认为社会学理论研究的出发点与核心不是社会而是个人及其行动。他说："社会学应该称之为一门想解释性的理解社会行为，并且通过这种办法在社会行为的过程和影响上说明其原因的科学。"① 社会学研究的是人的行为，因为每个人都赋予了行动一定的"意义"，行动者将行动和行动的主观意义联系起来，因而个人的行动及其意义是可以理解的。韦伯并没有完全拒绝使用国家、民族等集体性概念，但他始终认为，使用这些集体性概念并不意味着它们具有实在论的意义。也就是说，它们并不构成行动的主题，也正是在这个方面上，韦伯表现出一种方法论上的个人主义。②

不管是强调个人本位还是社会本位，其实都是殊途同归，共享同一个前提，那就是在道德文化上共同主张个人与社会关系的二元论。换言之，在西方社会，个人与团体、个人与社会都获得了各自的独立性，由此才谈得上"个人与团体相对而立"，并必然性地导致个人与团体之间的伦理道德等关系总的呈现出"间接化""对象化"之特质。在伦理道德等关系上，西方道德文化讲求的是个人与团体之间的分立与别异，就像梁漱溟所描述的那样，"犹乎左之与右。左以见右，右以见左"③。它不像传统中国道德文化那样，个人与团体之间讲融合。这样，在传统中国道德文化中，一切团体在社会中都通过血缘、地缘关系而被"脉络化"了（具体论述可参阅林端所著《儒家伦理与法律文化》一书，中国政法大学出版社2002年版），即个人与团体一起丧失独立性，并使个人与团体（乃至国家）之间的"对立性"关系变成前面所述的个人与个人之间的"直接性"关系。

---

① ［德］马克斯·韦伯：《经济与社会》，林荣远译，商务印书馆1998年版，第40页。
② 贾春增：《外国社会学史》，中国人民大学出版社2000年版，第107页。
③ 《梁漱溟全集》第3卷，山东人民出版社2005年版，第79页。

西方道德文化自古希腊始直至今日一直彰显个人与社会分立性质，其原因肯定诸多，但根源则在于西方道德文化的基础在于"集团式"的社会生活。

为此，梁漱溟敏锐地指出：在严肃的集团生活中，个人受到团体的直接统治干涉；个人离开团体，则无法显现。正是西方人富于过一种集团生活，反倒使个人人格茁壮成长。近代以来，西方个人主义和自由主义的兴盛，在梁先生看来，"全是从其集团生活过强干涉的反动而来。西方人始终过的是集团生活，不过从前的集团是宗教教会，后来的集团是民族国家。在从前每一个人都是某一教会里的一个人，如同现在都是属某一国的一个人一样。所谓个人实从团体反映而见；所谓个人主义实对团体主义（或社会主义）而言"①。在阐述西方个人主义的发展过程时，梁漱溟认为，个人主义"实在是对于其中世纪社会人生之反动。所谓从'宗教改革'以至'人权宣言'是一贯相通的，无非'我'之觉醒，直接间接皆个人主义自由职业之抬头。个人主义，自由主义，是近代文化之主潮；从思想到实际生活，从生活的这一面到生活的那一面，始而蓬勃，继而弥漫，终则改变了一切。它不是别的，它是过强的集团生活下激起的反抗，见出一种离心倾向，而要求其解放者。所以果能从这一点，向上追寻，向下观望，则前后变化无不在目；而社会演进上中西之殊途，对照着就可看出了"②。梁先生认为，西方人自始过集团生活，在过去是因为团体过于强大，个人分量则太轻；到了近代，个人在团体中的地位越来越高，分量逐步加重，竟然成就了个人本位的社会。而到了晚近，西方社会发现个人分量的抬高妨碍了社会，个人主义流弊越来越多，于是又寻求团体最高主义，企图追求社会本位的社会。自中古到近代，自近代到晚近，它一直在团体与个人、个人与团体，一高一低和一轻一重之间，不断转换。梁漱溟指出，西方社会尽管变化不居，但却一直在个人与社会之间跳动。在西方，团体和个人俨然两个实体，至于家庭，则几若虚位。③

---

① 《梁漱溟全集》第 2 卷，山东人民出版社 2005 年版，第 167 页。
② 《梁漱溟全集》第 3 卷，山东人民出版社 2005 年版，第 50 页。
③ 同上书，第 50—53 页。

第二节 伦理与理性：中西方社会特质之比较

一 传统中国社会属伦理社会

梁漱溟认为，传统中国"以伦理组织社会"①，属伦理社会。其实，就一般性而言，有人就必然组成社会，有社会就必然有伦理道德等社会规范，即有伦理。为什么中国社会独为伦理本位的社会？这是因为传统中国社会构造逻辑其实是家庭关系的拟制化，将家庭成员的伦理关系拟制为全部社会关系的伦理基础，在儒家"一多相融"的文化精神浸染下，将整个社会的伦理（含国家制度伦理、政治伦理、经济伦理、文化伦理、各社会组织与团体伦理等）都在家庭伦理的基地上成长与发育。所以，梁漱溟先生讲的"以伦理组织社会"，其含义是用家庭伦理来架构社会伦理和国家伦理。要言之，社会伦理和国家伦理本质上是家庭伦理的放大，而家庭伦理则是社会伦理和国家伦理的缩小。

梁漱溟在分析中国社会时指出，西方社会在社会结构上，有个人、团体、阶级和国家等关系，表现为一种立体；在对社会秩序的维持方面，则有宗教、法律和国家武力的支持。反观传统中国社会，结构上是一个平面社会，其社会构造围绕"此一人与彼一人之情谊关系"来展开，结果是社会秩序基本靠道德礼仪来维护，于无形中消解一切对峙性社会关系。

谢遐龄先生基于对理性社会关系特性的思考，主张中国传统社会既不属于理性社会，也谈不上是封建社会。谢先生指出："中国社会不是理性主义社会的第一判据是，人与人之间的关系是直接性的或非间接性的、无中介的。关于这一点，笔者在论证中国历史上没有 Feudal system（通常译作'封建制度'，这里用英文书写，意在与西周封建制区别）社会阶段时，已经指出，'古代中国社会中，

---

① 《梁漱溟全集》第 3 卷，山东人民出版社 2005 年版，第 79 页。

诸侯先与人结成关系，再与土地发生关系；西欧封建制却是与土地的关系先于与农奴的关系。在这个意义上，古代中国未曾有过西欧的封建制'。"①

当然，就结构而言，任何社会都包括伦理关系体系、伦理规范体系和伦理观念体系三个层次。因而，传统中国作为伦理社会则可分为家庭伦理的社会关系、礼法一体的伦理规范体系和人情脉脉的伦理思想观念。

首先，以家庭伦理为基地的社会关系（社会关系"家庭化"）构成传统中国伦理社会的基础与骨架。

传统中国道德文化中，是将家庭伦理关系延伸到社会各行业、领域、群体、组织、机构，直至国家生活中（指公权力领域）。即将全部社会关系一概"家庭化"，且直接表现为家庭成员之间的伦理情谊关系。家庭成员间的伦理情谊关系主要表现为一种义务关系，由此出发使整个社会成员间之关系连接成一条条义务链条之网。在这样一种"义务链条之网"中，整个社会亦呈平面化、扁平化。没有西方社会所有的个人、团体、阶级，甚至也无真正意义上的国家，当然也不存在个人与团体对峙之关系。所以，终极地讲，个人与国家之关系"家庭化"，是传统中国社会将家庭伦理关系扩充的最后逻辑点。"家国一体""家国同构"的本质就是把家庭关系与国家关系"同构于一体"。换句话说，是把属于公共领域（或空间）中的国家与个人、组织之社会伦理等关系转化为私人领域（空间）中的以自然血缘为基础的个人与个人之间的伦理关系。

由此，在传统中国社会中，君臣关系是比照父子关系而建立起来的。对于百姓乃至文武百官来说，君主是家长，自己则为臣民。这样的社会关系架构必然无法产生如西方意义上的公共空间，或者说公共空间私人化（即家庭化）。因而，梁漱溟指出，中国人无公德观念。他的这一论断既对，又不对。说他对，是因为传统中国社会确实没有独立性的公共领域与公共空间，因而没有相应的伦理道德规范当属自然。说他不对，是因为任何社会都客观上存在公共领

---

① 谢遐龄：《中国社会是伦理社会》，《社会学研究》1996 年第 6 期。

域与公共空间，只不过由于传统中国社会"家国同构"的特殊性，私德公德化，将处理家庭关系的私德普遍化，使之成为处理一切社会关系的准则。从另一角度言，也可以说是将一切公德"私德化"。

我们可以推出，传统中国道德文化中，其社会伦理等关系必然具有这样两个特性。

其一，社会伦理等关系的直接性。它是一种无中介的社会伦理关系。在传统中国道德文化中，一切社会伦理关系都可通过血缘与地缘而拟制化（其实，地缘也是血缘的再拟制化）。

在梁漱溟看来，中国一切伦理关系都是从家庭关系中直接引申出来的。比如，从父子关系中可以直接引申出君臣上下、官民师徒等关系；从兄弟关系中可以直接引申出朋友同事、邻里乡党等关系。因而，传统中国社会与西方社会刚好相反，把本来属于公共领域的中介性、间接性关系都转换成直接性私人化和家庭化的关系。在他看来，中国传统社会并无严格意义上的公共领域。所谓的家国同体，其实就是把"国"化为帝王的"家"，即"普天之下，莫非王土，率土之滨，莫非王臣"。与之应运而生的则是将私德直接兑换成公德，家庭伦理原则也就是公共伦理原则。正如孟子所言："仁之实，事亲是也；义之实，从兄是也；智之实，知斯二者弗去是也；礼之实，节文斯二者是也。"（《孟子·离娄章句上》）事亲从兄的家庭伦理，实际上是处理社会各种关系的伦理原则，由此进一步转为传统中国社会普遍的公共伦理。

由此亦可看到，传统中国的伦理关系与西方的伦理关系有本质的不同。传统中国社会的伦理关系，最本质的特性在于它的直接性。在梁先生看来，中国伦理本位社会就是将所有的社会关系都以家庭中之父子兄弟关系为原本而对一对关系进行复制。因此，在他看来，伦理关系在传统中国就是"此一人与彼一人之间的情谊关系"。在《中国文化要义》一书中，梁先生反复提及传统中国社会的伦理关系属"此一人对彼一人"的直接性质。他说道："假如说集团社会是立体的，则伦理社会便是平面的。伦理为此一人与彼一人（明非集团）相互之间情谊（明非权力）关系。方伦理社会形成，彼此情谊关系扬露之时，则集团既趋于分解，而权力亦渐隐此其势，固不发生阶级对立。"①

其二，传统中国社会伦理关系这种直接性所导致的主观性。事实上，传统中国社会伦理关系的直接性质表明了这一伦理关系的主观性。相反，西方制度化的伦理关系则表现为一种冷静的理性色彩。

对中国社会的伦理关系，梁漱溟分析得很透彻。比如，称地方官为父母官，称师傅为"师父"，并据此引申出一系列伦理原则，如"父当慈子当孝""君待臣以礼，则臣事君以忠""老吾老及人之老，幼吾幼及人之幼""一日为师，终身为父"等。他指出："吾人亲切相关之情，几乎天伦骨肉，以至于一切相与之人，随其相与之深浅久暂，而莫不自然有其情分。因情而有义……伦理之'理'，盖即此情与义上见之。更为表示彼此亲切，加重其情与义，则于师恒于'师父'，而有'徒子徒孙'之说；于官恒曰'父母官'，而有'子民'之说；于乡邻朋友，则互以叔伯兄弟相呼。举整个社会各种关系而一概家庭化之，务使其情益重。"② 在《中国社会构造问题》一文中，梁漱溟指出："中国既没团体，也反映不出个人，所有的就是家庭；而从家庭生活在社会上位置的重要，便产生中国的伦理。什么叫伦理？伦理的意思就是说：人生下来便与人发生了关系（至少有父母，再许有兄弟姐妹），一辈子都有他相关系的人，一辈子都在与人相关系中生活。在相关系中便发生了情，由情便有了义，有情有义，便有伦理。"③

若仅在家庭等私人领域以伦理情谊原则来处理彼此的相互关系，的确能让人充分感受到生活的温情。然而，问题在于，如将公共领域中的伦理关系也"家庭化"，并用家庭伦理情谊作为整个社会的伦理原则，使整个社会的伦理关系始终停留于主观范围，无法抽象出如谢遐龄先生所说的"具有普遍性形态""并凌驾于任何个人之上"的客观关系，正如中国社会历史上虽然历代封建王朝治理者都希望确立起如孔子"正名"所倡导的君臣父子上下之序，但在实际

---

① 《梁漱溟全集》第3卷，山东人民出版社2005年版，第189页。
② 同上书，第87页。
③ 《梁漱溟全集》第5卷，山东人民出版社2005年版，第854页。

生活中又不认为君臣上下的关系是绝对和不可超越的。如孟子就不把商纣视为君王，因而他说道："贼仁者谓之贼，贼义者谓之残，残贼之人，谓之一夫。闻诛一夫纣矣，未闻弑君也。"(《十三经注疏·孟子注疏》)

因此，在中国道德文化传统中，人们不需要对抽象的、客观的职责负责，只需要对感性的、主观的个人负责。大家工作配合的程度不取决于客观的职责规范，而是取决于彼此之间关系的好坏。假如上下级之间关系不好，不仅下级可能会对上级敷衍怠工，上级同样有可能对下级穿小鞋。上述这些情形，使得传统中国社会尽管最早建立起完备的官僚行政机构，但是其实际运行和效果并没有达到标准科层制的水平与要求。同事之间关系的好坏相当重要，换言之，同事之间更多讲究的是面对面的交往和大量的感情投入。即使职务规定的客观性行为，也都要通过良好的主观性感情关系才能得到有效执行。

在谢遐龄先生看来，以上现象充分表明，在传统中国社会，客观性的"普遍物"（不管是法律还是生活中的伦理道德规范以及工作的规章制度）并不能视为至高无上的法则。抽象的、客观性的普遍物不但没有凌驾于个人之上，反而沦落为人们手中的工具，因而也就不称其为抽象的"普遍物"。谢先生指出："实际上，在中国社会中法律之类从来未曾发展到独立存在的'普遍物'的程度。因而从来未有过'法律高于一切'的情况，因此也就没有'在法律面前人人平等'。"①

根据中西社会的性质及其社会伦理关系的对比可见，传统中国社会是伦理社会，其在社会伦理关系方面与西方的根本性差异在于社会伦理关系的非间接性或非中介性。谢遐龄指出："这就意味着'法'不会抽象化（或曰'异化'）为普遍物，成为凌驾于'人'之上、在交往时位于'人'与'人'之间的'中介物'。"②

涂尔干、腾尼斯都表达过一个观点：从传统向现代的社会转型，

---

① 谢遐龄：《中国社会是伦理社会》，《社会学研究》1996年第6期。
② 同上。

社会群体表现为由同质性群体向异质性群体的过渡。在涂尔干看来，在社会分工程度低的阶段，群体中彼此关系的维系更多依赖共同的信仰和价值；在社会分工充分发展的现代社会，同质性个体基于承负不同专业功能的需要而逐步分化为异质性的个体。这些独立自主的异质个体之间，出于大家的差异反而越来越趋向于相互补充和相互依赖，因而他们之间的联结纽带不再是强调价值同一性的集体意识，而是发展出以异质互补为基础的横向的、自愿的契约关系。

随着商品经济的快速发展，人员的社会流动越来越大，社会分工越来越细、越来越高，因而社会群体必然由同质性迅速向异质性方向转化。社会生活变了，但传统伦理文化并没有随之消失，而是继续以一种惯性在现代生活领域发挥作用。加上现代社会所需要的公共意识尚在树立过程中，导致即使有了现代组织和现代制度，但与之匹配的现代公共空间却迟迟未能完全确立。换言之，在商品经济社会中，公共空间里通行的伦理原则并没有获得同步成长。如何才能改变传统社会公共空间私人化倾向，真正还公共生活以本来的意义？由以上分析来看，关键取决于能否获得一个客观性的中介，以及如何获得客观性"中介"。在这一意义上说，梁漱溟先生对中国社会伦理关系结构和本性的冷静分析，确实为人们提供了一种极具价值的实践进路。

其次，相对于以家庭伦理为基地的社会伦理关系，维系这种社会伦理关系的制度手段就不可能靠或主要不靠冰冷冷的、刚性的、客观的伦理道德等规范（突出的如西方法律制度），而只能是依赖充满人情味的、柔性的、情境式的礼法制度。

瞿同祖先生在《中国法律和中国社会》一书中仔细考量了儒法合流、以礼入法之过程。两千年的传统中国社会，尽管礼法之间有增损之互动，然而作为一整体礼法制度则是一以贯之的，这是能说得通的。以家庭伦理为基地的社会伦理关系之特质，在传统中国社会伦理关系中，将原本更多指涉自然血亲中的礼与更多指涉公共生活领域中的法相互贯通、熔为一炉就再自然不过了。其实，在传统中国道德文化中，礼与法是一回事，属同一枚硬币的两面，脱礼说法与脱法说礼均无从捕捉传统中国社会道德文化之全貌。"儒法之争，礼法并举"，其实没有多大的现实意义。礼法已纯然为一体，"出礼入法，法出于礼"，在国人心目中是自然不过的了。

礼法之别名其实在传统中国道德文化中只具有符号之意义，没有实质之区别，法文化即礼文化，亦即礼法文化。之所以保留礼法别名，实际上只是标示着规范意义上强制力的大小、程度上的差别，而不是存在划分之既定标准。礼法制度能较好地说明传统中国伦理社会、家国同构诸特质。礼法制度最合乎传统中国社会道德文化之精神。孟德斯鸠说："从最广泛的意义来说，法是由事物的性质产生出来的必然关系。"① 传统中国社会的礼法制度就是对此种"必然关系"之反映。

传统中国社会的道德文化，讲究以家庭伦常为中心组织社会，"所讲在贵贱、尊卑、长幼、亲疏有别"②。如何型构与此有别的"必然关系"的社会伦理道德规范便成为"制度"之内容。名位不同，礼亦异数，社会伦理道德规范亦异数，便符合传统中国社会的构造逻辑。所以，为适应"贵贱、尊卑、长幼、亲疏有别"之社会伦理关系，便要有差别性的社会伦理道德规范，而严格意义上的无差别的社会道德规范则是要排斥的。别异的礼正具备诸种属性，而同一性的西式意义的制度性的规范便无从产生。礼法制度究其实质就是按家庭血缘关系区别对待，与西方社会伦理道德等制度性规范中所倡导的同样的事物同样对待迥异其趣。

梁漱溟先生也指出，中国社会何以以礼俗代法律，缘由就在于此。这正体现了传统中国道德文化中的制度性伦理道德规范的独特性。例如，对父子关系来说，传统中国社会一直以来重视的并不是如何从法律上保证父子各自的权益，而是从道德上强调父慈子孝的伦理关系。在弟子问孔子"何为孝"时，孔子答："生，事之以礼；死，葬之以礼。"（《论语》）这种礼俗化的社会秩序与社会的制度性规范系统，根源上和"家国同构"的社会架构以及社会伦理关系

---

① [法]孟德斯鸠：《论法的精神》（上），张雁深译，商务印书馆2002年版，第1页。
② 《瞿同祖法学论著集》，中国政法大学出版社2004年版，第361页。

"家庭化"正相关。

最后，在伦理思想观念方面，与传统礼法制度相对应的是：人情的维护、人际关系的和谐远比事情的对错来得重要。这表现为人们对待伦理道德等矛盾纠纷所采取的态度和解决办法两方面。

一方面，在传统中国道德文化中，人们基于对"家庭化"社会伦理关系的一体认同，在面对伦理道德等矛盾纠纷时追求社会伦理道德生活的"无讼"，以维护在自然血亲基础上产生的各种人情便成为必然选择。

任何社会，人们必然进行一定范围内的交往，亦必然发生各种各样之伦理道德关系，有人身、财产等诸如此类的关系。人们进行交往和发生社会伦理关系是结成社会所不可避免的，由此产生各种伦理道德上的纠纷和诉讼当属正常，我们对此并不会觉得奇怪，但值得注意的是传统中国人对于这类现象所持有的态度与观念。

可以这样说，传统中国人一直都秉承着孔圣人"听讼，吾犹人也。必也使无讼乎"①之遗训。因此，在伦理社会之传统中国，"一说起'讼师'，大家就会联想到'挑拨是非'之类的恶行"②。在传统中国人看来，面对伦理道德问题时，事情的对与错不是要紧的东西，要紧的是不要伤害大家之间的感情。争讼本身就是不好的，是有悖礼义、不识大体、不明大义之体现，以争为胜、以讼为能者必定是小人悍民。一个负责地方秩序的父母官，不到万不得已是不折狱的，诉讼意味着化热乎乎的感情为冷冰冰的法条，是不足取的。在传统中国道德文化中，人与人之间讲求的是全人格的互动而非非人格之互动。

另一方面，在人情大于对错的社会伦理观念主导下，民间有争执，告官往往就成为不得已的最后手段。即便如此，公刑罚虽确立，其功用主要为民间的调解而设。康熙皇帝"圣谕十六条"，大力鼓吹的仍是"和乡党以息争讼""明礼让以厚风俗""息诬告以全良善"等教条。在"皇权不下县"的传统中国，绝大多数民间争执全赖于有助于保住人情面子的调解手段来解决，提倡"洁身自好

---

① 《论语·颜渊》。
② 费孝通：《乡土中国 生育制度》，北京大学出版社1998年版，第55页。

者终身不入公门"①的伦理价值观念。

因此，当人们有了伦理道德上的争执一定要解决时，既然视公门为畏途，不愿涉讼，那么大多数纠纷通过调解在法庭外解决便成为必然。宗族成员间的冲突，首先投告家长、族长，由他们调停，做出解决。俗话说，清官难断家务事，家长、族长了解族中情况，由他们调处事情容易得到解决，至于家族外的纠纷则通常由邻里、地方绅士调停解决。

调解制度在传统中国道德文化中之所以重要，并非偶然，它与前面论及的"无讼"伦理观念关联在一起。"讼则终凶"的想法深植人心，在伦理社会的影响下，大家本着大事化小，小事化无，不要动不动对簿公堂，伤了和气，破了面子，那是比争执本身来得更为重要，为大众所不耻。调解制度是一个既解决争执又保全面子的两全之法，自然在国人心中比对簿公堂具有"优先性"。樊浩先生说道："概括地说，中国传统伦理实体建构的内在原理就是：血缘本位—人情逻辑—礼治秩序—情理法三位一体。"②在他看来，中国传统伦理的核心内容无非"人情"而已。梁漱溟认为，传统中国社会强调伦理情谊，确实一言中的。在传统中国人的观念中，社会伦理关系与社会伦理规范的良性展开都有赖于伦理情谊的挥发通畅，一旦人伦情感阻塞，社会伦理关系与社会伦理规范也就必然混乱。

然而，构成传统中国伦理社会的"家庭伦理的社会关系、礼法一体的规范体系和人情脉脉的伦理观念"不是绝对不同的三个东西，而是一体三面。其一，作为家庭伦理的社会关系是会变化的，它既可以演变为伦理关系，又可以演变为社会规范与社会秩序。家庭伦理关系可以"定在"（黑格尔语）为礼法一体的社会规范体系与秩序。家庭伦理的社会关系是内容，礼法一体的规范体系则为形式。其二，礼法一体的规范体系反过来进一步规定并固化着以家庭伦理为基点的社会伦理关系。可以这样说，家庭伦理的社会关系、礼法一体的规范体系是一种表里合一的关系。其三，有什么样的社会存在就有什么样的观念体系，因而人情脉脉的伦理思想观念必然

---

① 《瞿同祖法学论著集》，中国政法大学出版社2004年版，第407页。
② 樊浩：《人伦传统与伦理实体的建构》，《中国人民大学学报》1996年第3期。

产生于并反映着家庭伦理的社会伦理关系和礼法一体的规范体系。

人类是在观念的引导下前进的。更准确些说,作为人们的"实践意识"必然进入社会过程,并进行再造。在观念的引导意义上,黑格尔把人类社会当作绝对精神的外化,确实有相当合理性。实际上,在黑格尔那里,"伦理实体"就是"伦理精神",同时也是"绝对精神"的体现。如此一来,作为"伦理实体"表现形态的以家庭伦理为基点的社会伦理关系和礼法一体的规范体系在黑格尔这里就成了绝对精神的外化,是观念的结果。正是在这个意义上,在传统中国道德文化中,人情脉脉的伦理思想观念必然"导引、规范、重构"家庭伦理的社会伦理关系、礼法一体的规范体系。

除了从社会伦理关系、社会规范体系以及人们的伦理思想观念来洞悉传统中国社会属伦理社会外,还可以从哲学层面来做一点立论。

传统中国之所以属伦理社会,其根源性的问题应该从哲学界面来寻求,仅停留在社会学、人类学的层面还不够,对本体论的探求才能抓到传统中国道德文化的总根。有了此总根,然后才能如剥笋般地明了传统中国社会之伦理特质。

在传统中国道德生活世界中,人间世界之外是没有西方社会所谓的超验世界的。天道人道其实只是一个道,天地宇宙人心也只有一个理,其完整的哲学形态便是耳熟能详的中国哲学史上著名的"天人合一论"。"天人合一论"犹如庄子所言:"天地与我并生,而万物与我为一。"[①] 明人王守仁说得更为透彻:"夫物理不外于吾心,外吾心而求物理,无物理矣;遗物理而求吾心,吾心又何物邪?心之体,性也,性即理也。……理岂外于吾心邪?"[②] 在传统中国哲人眼中,"天人合一"不是一个"天"与一个"人"相合而成为一,而是原本"天"与"人"就不分,所谓"天人本无二,何必言合"。天人原本一体,相融相通,"天人"是本源性的东西,是起统摄作用的"一"。此种"一"不是消除了差别的"一",不是零和式非此即彼的游戏,而是采用"一多相融""理一分殊"哲学态

---

① 《庄子·齐物论》。
② 《阳明全书》卷二,"答顾东桥书"。

度即普遍主义下的特殊主义。这既符合"大一统"社会，又符合"纲常名教"，是一种既此又彼、亦此亦彼的观念。

可见，传统中国人的哲学观念属一元论。一元论强调放诸四海皆准的本质，承认一切个体间的伦常差异，但又将其差异相融（不是消灭）在一致性的共同基础之上，强调的是普遍的"共相"。一与多不是对立的，而是相隔的。著名现代新儒家代表人物唐君毅先生写道："所谓中国之儒家思想之不离二与多以言一，即不在诸个体事物之外说一；而常只于事物之相互间之作用、功能、德性之感应贯通处说一，或自事物之兼具似相反又相成之二不同作用、功能、德性或原理处说一。由是儒家思想，即自始无意消融个体之多，于一太一或自然之中，以执一而废百。换言之，即个体之存在，乃为吾人所直下肯定者。然后任何个体之可与他个体互相感应通处看，则任何个体，并无一封闭之门户……"①（此处儒家不是指先秦儒家，而是指传统中国文化哲学之总代表的新儒家）

传统中国哲学的本体论，走的是"天人合一""理一分殊""一多相融"路向，是一种内在性超越，因此它不致力于打破旧有制度，完全从不同的角度再建立一套新的制度，就像基督教那样，在人间世界之外再造一个天国世界，世俗价值之外再创天国价值，而是对天人、人人的原初天然联系采取积极承认的态度，且认为此种天然联系是促使人格完成的真正现实基础（杜维明语）。内在超越性道路充分证明包含伦理道德规范在内的一切社会规则与社会制度的存在就在于维护这种有差别的天然联系，礼法制度便成为此种有差别的天然关系的精细化成果。

人伦关系的和谐、无讼，人际矛盾与纠纷的解决重调解等全都根由于此。传统中国社会之所以属以家国伦理同构为表征的伦理本位社会，其根源在于中国哲学的一元论世界观，包括对与错等一切问题均放在脉络化的、家庭化的人伦关系中去考量。因此，寻求家庭伦理基地上的人与人之间自然伦常的和谐是根本性的要求。在实际社会伦理生活的维系和社会伦理秩序的控制上，讲求人情，考虑

---

① 林端：《儒家伦理与法律文化》，中国政法大学出版社2002年版，第94页。

社会人伦关系的实际状况，便为传统中国社会伦理生活的常态。个人永远是人伦关系中的个人，社会伦理情境中的个人，相互依赖关系中的个人，其行为的合法性要视行为者和互动的对方与自己的远近亲疏和社会伦理情境而定。彼此相互依赖，在相关关系存在的脉络里，赋予行为者以意义、合法性。

二 西方社会属理性社会

西方社会之所以没有被称为伦理社会，并不是说西方社会没有伦理属性，而是它们的道德文化传统与我们迥异。在西方社会，个人伦理与国家伦理自始就获得了各自的独立性，它们既不是将家庭成员间的伦理放大为社会、国家之伦理，也不是将社会、国家之伦理缩小为个人之伦理。据此，学界将西方社会研判为理性社会。其实，西方社会之所以属理性社会，是指它们在社会伦理关系的建制方面采取了与传统中国社会根本不同的样式，即采用客观理性的伦理建构原则，具体表现为如下四个方面。

首先，之所以将西方社会的伦理生活判定为理性的伦理生活，根源在于其社会伦理关系不像传统中国社会那样通过自然血缘而变成人与人之间直接的关系，而是间接的、客观的。

可以这样说，在西方道德文化传统中，社会伦理关系之所以表现为一种间接性关系，这与西方社会从源头（古希腊）开始就将公共领域与私人领域截然分开有着路径依赖上的关联（古希腊城邦社会之所以从源头上就将公共领域与私人领域截然分开，原因很可能与古希腊的地缘、自然条件等因素相关）。

亚里士多德在《政治学》第一章中首先就家庭和城邦进行了区分。在亚氏看来，家庭的存在依赖于自我保存和繁衍后代的本能需要，家庭在满足家庭成员生活所需的同时也为城邦的存在提供了必要的经济条件，所以家庭的存在是城邦的前提和手段。"城邦不仅为生活而存在，实为优良的生活而存在。"① 家庭和城邦的区分是"生活"与"优良生活"的区分。在亚氏这里，如果家庭不能对生

---

① 参见［古希腊］亚里士多德《政治学》，吴寿彭译，商务印书馆1996年版，1280a30以下。

命进行统治，就不可能优良生活，但城邦政治绝非生活本身。城邦的存在是为了过优良的、一种合乎德性而行动的生活，因而家庭和城邦是手段和目的的关系。亚里士多德说道："城邦的目的是优良生活，其他社会形式都是手段。……政治团体的存在是为了高尚的行动，而不仅仅是为了结成社会关系。"① 城邦中的公民是自由而平等的，与家庭中的家长统治恰好相反。与私人领域相比，亚里士多德认为："城邦的领域是自由空间，如果这两个领域之间有什么关系的话，那么理所当然的是，在家庭中对生命必然性的控制是追求城邦之自由的条件。"② 在亚氏看来，私域和公域的截然二分，是古希腊城邦社会伦理生活的牢固基石。

自此之后，在西方伦理生活中，由于公域与私域之间有着严格的界限与原则性区分，所以一旦人们进入了公共生活领域，即使是私人关系也必须用处理公共关系的方式来处理，也就是要将直接关系"间接化"。传统中国社会伦理生活与之刚好迥异，由于"家国同构"的社会建制，公共领域与私人领域不但没有截然分野，而且走向"一体化"，从而将原本间接的社会伦理关系直接化，即间接关系"直接化"。

复旦大学谢遐龄教授对此有过精到论断。他在《中国社会是伦理社会》一文中从社会学的视角指出：判定一个社会是否为理性社会的核心理据就是人们之间结成的社会伦理等关系是直接性的个体对个体之关系，还是通过中介而结成间接之关系。本人深以为然。

谢遐龄教授以西方社会伦理生活中的科层制为例，对人们通过中介而结成的间接社会关系做了典型意义分析。他说："这个制度中，A 与 B 打交道时，A 不是与 B 这个具体的人交往，而是向 B 所代表的职务交往，或曰，与 B 在这个制度中的角色交往。这就是说，A 与 B 的关系由三个要素组成——A 这个人，B 这个人，二者之间的职务关系或在制度中的角色关系。"③

---

① 参见［古希腊］亚里士多德《政治学》，吴寿彭译，商务印书馆1996年版，1281a40以下。
② ［德］阿伦特：《人的境况》，王寅丽译，上海人民出版社2009年版，第19页。
③ 谢遐龄：《中国社会是伦理社会》，《社会学研究》1996年第6期。

在谢遐龄先生看来,社会中的角色关系就是 A 与 B 之间的关系。人们可以用制度来规定 A 与 B 之间的关系,即形成制度化的关系。制度成为 A 与 B 之间的中介物,由此 A 与 B 之间变成一种中介性的关系。中介性社会关系一般具有如下两个方面的特性:其一,社会关系的客观性。作为一种抽象的中介性关系,A 与 B 交往,不是与 B 这个人交往,而是与 B 所代表的职务在交往。这种交往关系"由确定的规章规定,人们之间的工作交往不需要也不会有多少感情投入"①。换言之,制度作为中介物,是这一关系的客观基础。其二,社会关系的普遍性。也就是说,A 与 B 之间的这种中介性社会关系必然获得普遍性形态。"它已经被'抽象'出来,成为独立的社会存在,并凌驾于任何个人之上。我们可以称这种情况为,人与人之间的关系通过普遍性的中介实现。"②

因此,谢遐龄先生论述道:简单地说,在理性主义主导下的伦理制度,人与人之间的关系是有中介的,是间接的。以上分析可谓一语中的。依据前面对传统中国社会的分析可知,传统中国社会伦理关系的结成,走的方向刚好与西方社会相反。在传统中国伦理生活中,人们总是将一些原本属于中介性的社会伦理关系通过血缘或拟制血缘来消解,从而使之转化为直接的个人与个人之关系。

其次,西方社会伦理生活之所以属理性社会的伦理生活,还源自维系这种社会伦理关系的制度手段主要靠冰冷冷的、刚性的、客观的、普遍的制度,特别是法律等刚性的规范制度。

西方法治精神与传统源于古希腊城邦社会。与传统中国社会建立在"家国同构、家国一体"基础上的礼法制度不同,古希腊人另辟蹊径,希冀能在城邦社会中建构一种独立于家庭之外、不受家庭规则干涉影响的城邦规则体系。这套规则体系就是所谓的法治。换言之,西方社会自古希腊始就主张治理家庭的规则(含伦理规则)与治理国家和社会的规则(同样含伦理规则)"分殊",而不是二者进行"同构"。自此,在西方社会伦理生活中,对社会伦理关系的调节与维系决定性地依赖独立于个人之外的、普遍的伦理制度(特

---

① 谢遐龄:《中国社会是伦理社会》,《社会学研究》1996 年第 6 期。
② 同上。

别是法律制度），就成为其社会根本性的伦理制度建制。

回顾亚里士多德对此方面的贡献可以看出以上论断的合理性。亚里士多德通过对158个城邦法治实践经验的思考和总结，第一次系统提出了"法治优于一人之治"的思想。该思想无疑成就了亚里士多德成为古希腊法治思想集大成者和西方法治理论奠基人的地位。在亚里士多德的观念中，法治的中心问题其实就是解决维系社会关系的制度体系问题。

柏拉图在《政治家》中断言，国家不过是放大了的家庭。亚里士多德对此予以明确否定，认为他未能区分家长权力和政治权力的本质区别，未能区分城邦与家庭的本质区别。在他看来，父亲对儿子、丈夫对妻子的权力不具有政治性，奴隶主对奴隶所行使的权力也不具有严格的政治性。政治权力是政治社会的标志，只能在城邦中产生，因而是法治的中心论题。因此，用来调节、维系城邦社会关系的制度体系，与家庭中父母子女之间的制度体系应该截然不同。在亚氏看来，人容易为愤怒或激情所左右，必然导致自己的判断不客观。亚里士多德认为："而法律绝不会听任激情支配，但一切人的灵魂或心灵难免会感受激情的影响。"① 因此，他说："崇尚法治的人可以说是唯独崇尚神和理智的统治的人，而崇尚人治的人则在其中掺入了几分兽性；因为欲望就带有兽性，而生命激情自会扭曲统治者甚至包括最优秀之人的心灵。法律即是摒绝了欲望的理智。"② 在家庭中，只有一个家长，家庭成员间由于自然血缘的关系，家长凭借自然感情决断当属自然。城邦中的社会关系不同于家庭关系，它不能由一个人凭感情决断，而必须有赖于无感情的法治。

尽管亚里士多德对法治没有明确的定义，但他认为法治至少包含两层含义："一层含义是公民恪守已颁布的法律，另一层含义是公民们所遵从的法律是制订得优良得体的法律。"③ 这里，亚氏指出

---

① ［古希腊］亚里士多德：《政治学》，颜一等译，中国人民大学出版社2003年版，第106页。
② 同上书，第110页。
③ 《亚里士多德全集》第9卷，苗力田译，中国人民大学出版社1994年版，第135页。

了法治的核心内涵，即良法是法治的前提。亚里士多德认为，法律应该是正义的体现，就是要使事物合乎正义，必须是无偏私的、中道的权衡。

法律代表正义，服从法律就是服从正义。所以，判断法律是否良善，标准就是看其是否合乎正义。因为人们既可以服从好的法律，也可以服从恶法，而服从恶法肯定不符合正义，也违背了法治自身，服从好的法律才符合法治。良法是法治的前提。同时，亚氏认为，法律的好坏跟政体有关。他说道："法律的好与坏，公正与不公正，必然要与各种政体的情况相对应。有一点很明确，法律的制订必定会根据政体的需要……正确的政体必然就会有公正的法律，蜕变了的政体必然有不公正的法律。"① 亚里士多德还主张法律至上，认为法律应该具有至高无上的权威。他说："政治机制的运行以法律为最高原则，并为法律所制约。""法律理应具有至高无上的权威，而各种官员只须对个别的特例进行裁决。"②

古希腊奠定了维系西方社会关系的制度手段主要靠冰冷冷的、刚性的、客观的、普遍的伦理制度基础，尤其是法律制度。到了欧洲中世纪、西方近现代，它们依然以各种方式延续和强化着这种社会规则体系。

谢遐龄先生在中国社会是伦理社会一文中这样写道："理性主义社会之所以是理性主义的，就在法比人大——'法'（采用更准确的说法，应是规范）本身是抽象成的普遍物、'异化'物。在理性主义社会中，'法'异化出来的同时，'人'也异化——人被看作彼此等同的、无区别的、'原子'式的'人格'，从而才有'法律面前人人平等'、个人主义、个体本位、独立人格等说法反映这样的社会存在。个人虽然是一个个别的人格，然而由于被看作（即在观念上设定为）与其他任何一个人格完全等同，从而具有普遍性——个人也是'普遍物'。"③

---

① 《亚里士多德全集》第 9 卷，苗力田译，中国人民大学出版社 1994 年版，第 97 页。
② 同上书，第 130 页。
③ 谢遐龄：《中国社会是伦理社会》，《社会学研究》1996 年第 6 期。

谢遐龄先生认为，在西方社会生活中，中介性社会伦理关系具有普遍性，带来的结果就是人与人之间关系的"去家庭化"或者"去脉络化"。问题是：在西方社会生活中，如何获得普遍性的中介伦理关系呢？换言之，西方社会生活是如何完成人与人之间关系"去家庭化"过程的呢？

事实上，西方社会伦理生活中，中介性关系获得的决定性条件是：人与人之间的社会伦理关系必须走出家庭私人领域的四角范围。人与人之间的社会伦理关系能否走出家庭私人领域的四角范围，这相当程度上又取决于人的生活方式、交往方式。

在西方漫长历史上，它们的社会生活一直有公共生活的传统。要言之，有两方面因素发挥了重要影响：其一，给西方社会留下了公共生活和公共精神的古希腊的城邦生活。黄洋指出，哈贝马斯和汉娜·阿伦特都认为公共领域和家庭领域的截然分野与古希腊的城邦兴起密不可分。"希腊城邦最主要的考古遗迹是它的公共建筑，如市政广场、议事大厅、神庙、祭坛、露天剧院、体育馆、运动场等。……如果从公共领域的视角来看，这些遗迹具有共同性，即它们都是城邦公共生活的场所，是城邦的公共空间，亦即社会哲学家们所说的'城邦领域'。从这个意义上来说，它们同城邦的政治生活又有着非常密切的关系。""在希腊城邦中，公共领域或'城邦领域'是以公共生活空间作为表象的。"①

其二，西方社会生活中悠久的宗教传统。西方在中世纪尽管是一个专制社会，但其教会生活确实是一种公共生活。作为宗教中的最高造物主，如基督教的上帝，实际上就是作为一个中介而存在的。一方面，上帝是人自身的对象化而存在；另一方面，上帝又是外在于人自身的一种客观存在物。上帝作为这一中介的双重存在，实质上变成一个外在于、独立于"我"的等价物而存在，并借助它而确立起自我与他人之间的平等关系，即上帝面前人人平等。现代西方社会主张的法律面前人人平等，本质上就是上帝面前人人平等的现代转换。

---

① 黄洋：《希腊城邦的公共空间和政治文化》，《历史研究》2001年第5期。

西方社会人与人之间伦理关系的普遍性中介化和间接化,与西方近代以来资本主义商品经济形态的充分发展也有巨大关联。正如谢遐龄先生所说:"马克思在《资本论》中阐明,商品有二重性,一为自然存在,一为社会存在;商品价值是商品的社会存在,其本质是人与人之间的社会关系。从马克思的这一学说可以引申出,商品价值是人与人之间的一种社会关系的中介——商品交换这种社会关系的中介。商品价值发展出货币。货币是普遍物——马克思称之为'一般等价物'(一般即普遍)。准确地说,货币才是商品交换这种社会关系的(普遍性的)中介。"① 商品经济带来人与人之间关系的异化,正是对剩余价值的不懈追求,导致资本在世界范围内进行扩张,带来异化的普遍化。作为中介物的资本,伴随近代以来资本主义商品经济快速发展的同时,自然科学和科学理性主义也获得巨大发展与扩张,并最终作为一种组织形式和行为方式向社会各个领域立体式扩展和渗透,明显表现为政治、经济、法律、科学、教育等领域的全面技术化、官僚化、制度化。韦伯称它为理性主义社会。在理性主义社会,管理者的权力来自制度的赋予,且有明确的权力使用边界;被管理者服从的是制度而非个人。在人与人之间,制度成为至高无上的中介性的东西,人们因制度而交往,并由此形成社会伦理生活,制度规范对人们来说就是中介存在物。当全社会都以制度规范来组织社会生活时,西方公共领域的作为中介的制度化关系就得以真正确立。

再次,在伦理思想观念方面,西方社会伦理生活自始就普遍具有契约精神与法治理念。契约与法律的维护和遵守、事情本身的是非与对错,远比人情的维护与保留以及人际关系的和谐和稳定来得重要。

从西方伦理观念史上看,对社会伦理关系、社会伦理生活进行契约化理解,有着悠久的历史传统。

在柏拉图《对话集》中的《克力同篇》,他为我们展示了苏格拉底对个人与社会、个人与国家之间关系的契约性理解的范例。苏格拉底被不公正地判处死刑羁押在狱中时,他的朋友克力同到狱中

---

① 谢遐龄:《中国社会是伦理社会》,《社会学研究》1996年第6期。

看望他，并告诉苏格拉底大家准备营救他出狱，并逃离雅典。苏格拉底不同意这样做。他认为：尽管雅典城邦错待了他，但他不能以错对错，即在不经国家允许的情况下擅自离开雅典城邦。因为自己70年来一直生活在这个国家，享受了这个国家法律所带来的好处。这事实上就是作为一个公民的他与雅典城邦订立了愿意遵守国家法律的契约。若此时为逃避雅典法律的惩罚而私自逃离，那就是对契约的违反。

在中世纪，西方人的契约观念得以全面化。契约观念不但在世俗伦理生活中得到贯彻，而且进一步延伸至精神性极强的宗教生活中。换言之，他们不但用契约观念来理解与阐释个人和社会之伦理关系、个人与国家之伦理关系，还用契约观念来理解与阐释人和神之间的伦理关系。在基督教那里，上帝是与他的选民通过缔约而得到上帝的庇护的。所谓《新约》或《旧约》，都是上帝与选民之伦理约定，差别只在于约定的内容不同而已。

到了近代，契约自由观念的出现可以说是西方契约观念发展史上的里程碑，契约精神得到彻底解放。近代西方契约自由观念的产生是西方伦理生活中契约传统的自然发展，是现实的历史运动的必然性产物。正如梅因所说："所有进步社会的运动，到此处为止，是一个从身份（status）到契约的运动。"① 梅因还说："我们也不难看出，用以逐步代替源自'家族'各种权利义务上那种相互关系形式的，究竟是个人与个人之间的什么关系。用以代替的关系就是契约。在以前，'人'的一切关系都是被概括在'家族'关系中的，把这种社会状态作为历史上的一个起点，从这个起点开始，我们似乎是在不断地向着一种新的社会秩序移动，在这种新的社会秩序中，所有这些关系都是因'个人'的自由合意而产生的。"②

自此，西方社会伦理生活中的契约观念得到彻底完成，即整个社会就是契约社会，契约是社会、国家构造的阿基米德点。所以，在西方道德文化传统中，一切社会伦理关系都可以由契约关系来概括，一切社会伦理秩序与规则的建构都以契约为原则。一句话，契

---

① ［英］梅因：《古代法》，沈景一译，商务印书馆1984年版，第97页。
② 同上。

约是西方社会伦理生活的基础性观念。

与同样历史悠久契约观念结伴而生的就是西方社会伦理生活中的法律观念。日本著名法学家川岛武宜对此有精到论述："为了确保对契约的社会信赖，一方面所有的契约在原则上都有法的约束力（受到作为诉权的保护），另一方面产生了'因为是契约'所以必须信守契约的伦理规范。由此，民法是以债权者为中心的，注重保护债权者，并且债权者不需要自力救济就可以确保债权的效力，债权在法律上当然伴有'责任'，由国家强制执行来得到担保。"①

西方社会伦理生活中，几千年延绵不绝的自然法传统就是西方人具有根深蒂固法律观念最有力的注脚。我们知道，西方社会伦理生活中的自然法观念源远流长，几经波折，一直延续至今，屈指数来历时几千余载。

古希腊哲人最先使用"自然法"这个术语，并确定了西方伦理生活中法律观念的基调和方法论。在古希腊哲人眼中，宇宙中万事万物均有规则和秩序，不仅自然界存在规则，个人与社会、个人与国家之间也都有它们先前已经确定的整合秩序。这个整合秩序或者叫作"自然法"。例如，赫拉克利特就把法律看作"神的法则"的体现。在芝诺看来，"自然法就是理性法。人类作为宇宙自然界的一部分，本质上是一种理性动物，服从理性的命令，根据人自己的自然法则安排其生活"②。

西塞罗是型构古希腊法律思想体系的第一人。他认为，"自然法就是事实上存在着一种符合自然的，适用于一切人，永恒不变的、真正的法——即正义的理性。这个法通过自己的命令鼓励人们履行他们的义务，又通过自己的禁令约束人们不去为非作歹"③。圣·奥古斯丁认为国家必须经由实施世俗的法律来维护人间的秩序。托马斯·阿奎那则把法律划分为四种类型：永恒法、自然法、

---

① ［日］川岛武宜：《现代化与法》，申政武等译，中国政法大学出版社2004年版，第43页。

② ［美］博登海默：《法理学——法哲学及其方法》，邓正来译，华夏出版社1987年版，第13页。

③ 倪正茂：《法哲学经纬》，上海社会科学院出版社1996年版，第35页。

神法和人法。托马斯一方面认为，人类社会以及人与社会、人与国家之关系必须由法律（指人法）来规范，但另一方面又为法律设定了最终渊源，认为一旦法律脱离了上帝的监护（即人法必须受到神法规制），人类社会生活便永无安宁之日，人类也就不存在幸福安康之时。正如梅因所论述的那样："这个理论在哲学上虽然有其缺陷，我们却不能因此而忽视其对于人类的重要性。真的，如果自然法没有成为古代世界中一种普遍的信念，这就很难说思想的历史，因此也就是人类的历史，究竟会朝哪个方面发展了。"①

近代以来，西方社会伦理生活中的法律等制度性观念在理性与自然权利观念的主导下得到进一步推进。

现代国际法鼻祖，伟大的荷兰法学家雨果·格劳秀斯为世俗的、理性主义的自然法观奠定了基础。他认为："自然法是真正理性的命令，是一切行为的善恶的标准。"② 接着，他又说，人类最重要的特性就是需要社会，即需要与他人交往；不仅如此，而且人类还需要和平的、合理的共同生活。一句话，人类的社会交往需求所决定的人性，使人具有了理性，从而人类才能自觉地选择服从自然法。理性在此就成为法律的内在根据和理由，成为人类的一种自然能力，是信仰和行为的正当理据，也是非善恶评判的根本标准。

霍布斯指出，自然法来自人的理性，是每个人基于理性就可以理解和同意的。洛克也说，自然法天然合理，因为它就是理性自身，并教导人类遵从理性呼唤。恩格斯在评论法国启蒙思想家的理性主义时指出："在法国为行将到来的革命启发过人们头脑的那些伟大人物，本身都是非常革命的，他们不承认任何外界的权威，不管这种权威是什么样的。宗教、自然、社会、国家制度，一切都受到了无情的批判；一切都必须在理性的法庭面前为自己的存在作维护或放弃存在的权利。"③ 卡西尔在这一意义上有精辟的说法，即"人的本质不依赖于外部的环境，而只依赖于人给予他自身的价值"④。

---

① [英]梅因：《古代法》，沈景一译，商务印书馆1984年版，第43页。
② 倪正茂：《法哲学经纬》，上海社会科学院出版社1996年版，第82页。
③ 冯亚东：《平等、自由与中西文明》，法律出版社2002年版，第100页。
④ [德]卡西尔：《人论》，甘阳译，上海译文出版社1985年版，第10页。

近代西方社会主张的自然权利也极大地加强、丰富了其法律等制度性伦理观念。斯宾诺莎认为："一个人的幸福即在于他能够保持他自己的存在。"这一人的本性便是"自然保存"原则，其基点是个人权利。为此，他又提出人的"自然权利"说。在"自然权利"中，最高的和最重要的权利必定是个人的"生存权"。这一至高权利在斯宾诺莎看来就是每个人都可以按照自己的意愿寻求本身的利益，可以像水中的鱼那样，为了自身的利益，大鱼可以吃掉小鱼。在康德看来，法律就是"那些能使一个人的专断意志按照一般的自由律与他人的专断意志相协调的全部条件的综合"①。这就意味着，如果我的行为或我的状况，根据一般性法律能够与任何他人的自由并存，那么任何人妨碍我实施这个行为，或者妨碍我维持这种现状，他就是侵犯了我的权利。正像康德所指出的，这一法律观"似乎是 16 至 19 世纪占支配地位的社会秩序的最终理想形式：使个人得到最大限度张扬的理想是法律秩序存在的目的"②。

美国学者麦克唐纳尔德在《自然权利》一书中充满激情地写道："从斯多葛学派和罗马法学家到欧洲宪章和罗斯福的四大自由，自然法和自然权利理论经历了漫长而感人的历史。人仅凭其共同人性而享有某些权利的观念被同样热烈地捍卫和攻击。它虽曾遭受休谟冷静的怀疑论的针砭，也曾败给边沁所谓'高烧时的胡说八道'的讥蔑……但'自然权利'的主张从未被彻底击败。每逢人类事务发生危机，它总是以某种形式复兴。因为每当这时，老百姓总想实现或通过领导人实现其朦胧却坚定的信念，这就是，他不是政治棋盘上的一名单纯的小卒子，也不是任何政府或统治者的私有物，而是活生生的、有自己见解的人；正是为了他，才有所谓政治，才建立了政府。"③

最后，西方社会之所以可以归结为理性社会，还有一个根本原因就在于，西方社会自古希腊始就是一种理性主义哲学及其文化，是在

---

① ［美］博登海默：《法理学：法律哲学与法律方法》，邓正来译，中国政法大学出版社 1999 年版，第 77 页。
② 同上。
③ 夏勇：《人权概念起源》，中国政法大学出版社 1992 年版，第 230 页。

理性原则的基础上进行整个社会架构的。这种贯彻于整个西方社会的理性精神与传统可以从西方哲学演进历程中得到充分说明与展示。

在古希腊，人的理性就已经在世俗生活中得到非常重视和极力张扬。从苏格拉底、柏拉图到亚里士多德，在他们的论著中可以清楚地看到这种一以贯之的理性主义的精神与思想文化传统。

苏格拉底认为，人有理性，且人的理性是权衡事物的尺度，为此，苏氏孜孜以求地寻找普遍的理性，即逻各斯。他并没有从抽象题材出发，而是坚持从日常的具体事物中出发寻找普遍的东西，寻找普遍的理性逻各斯。有一点须指出的是，苏格拉底毕生都在努力定义善，希望向大家揭示善的一般和善的本质，但这种一般和本质是一类事物的共相，而不是人的感性可把握的表象，只能通过理性的思考来把握。正是通过以上理论思考，苏格拉底将自己的哲学引向理性的道路。苏氏理性哲学思想的出现，使西方文化传统发生根本性的转向。这种转向带来的是理性思维范围的扩大，开启了西方对人类生活进行理性规制的历史进程。在此之前的西方人类生活中，理性对生活的规制并不明显存在。

柏拉图在苏格拉底的基础上进一步架构出理念论的宏伟大厦。柏拉图最大限度地确立了理性在伦理生活中的关键作用。正如黑格尔所说："柏拉图的学说之伟大，就在于认为内容只能为思想所填满，因为思想是有普遍性的，普遍的东西（即共相）只能为思想所产生，或为思想所把握，它只有通过思维的活动才能得到存在。柏拉图把这种有普遍性内容规定为理念。"① 在理念论指导下，柏拉图整体性地建构出一个包含纯粹思维、概念和精神在内的理念王国。他认为，理念是世界的本体，也是人类意识的本质目的。理念是事物的本质，是抽象的实体，是共相，即逻各斯。他说："在进行这种活动的时候，人的理性决不引用任何感性事物，而只引用理念，从一个理念到另一个理念，并且归结到理念。"② 基本可以这样判

---

① ［德］黑格尔：《哲学史讲演录》第 2 卷，贺麟等译，商务印书馆 1997 年版，第 195 页。

② 北京大学哲学系外国哲学史教研室编：《古希腊罗马哲学史》，商务印书馆 1982 年版，第 201 页。

断：柏拉图奠定了西方理性主义哲学的基本范式，同时也奠定了西方人伦理生活的基本样式，即完成了对"什么样的生活是好的生活"的基本理解。

亚里士多德提出"人是理性的动物"的论断，继承和发展了苏格拉底和柏拉图的理性思想，进而将古希腊哲学中的理性主义思想推向前进。从伦理学视域看，亚里士多德基本完成了西方理性主义道德文化的奠基工作。

亚里士多德认为，人之所以能够过上一种伦理的生活，关键在于人有理性，因为理性是人区别于动物的根本标志。亚里士多德之所以做出"人是理性的动物"这一判断，原因在于他认为，只有人才有超越感性进行概念、判断和推理的能力，也只有人才能控制自己的欲望，以理性指导、支配自己的行为，通过理性使自己的行为具有合乎道德的能力。在亚氏这里，理性同时也是指世界的本体。在他看来，现实世界是具体的、多变的，而实体则是不变的。要把握实体不能通过人们的感性，只有通过理性才能真正把握这个实体。所以，"亚里士多德深入到了现实宇宙的整个范围和各个方面，并把它们的森罗万象隶属于概念之下；大部分哲学科学的划分和产生，都应当归功于他。当他把科学这样地分成为一定概念的一系列理智范畴的时候，亚里士多德的哲学同时也包含着最深刻的思辨的概念，没有人像他那样渊博而富于思辨"①。

中世纪的欧洲，具有绝对统治地位的神学并没有完全否定古希腊开辟的理性主义传统，贝尔伽尔就将辩证法引入经院哲学，开启了信仰和理性之间的争论。他宣称："辩证法是艺术的艺术，理性的杰作；辩证适用于一切事物，包括神圣的事物与来自神秘启示的信仰……理性应被用于一切地方，正因为人被富于理性，它才是唯一按上帝形象被造物。"②

为使人们过上一种宗教伦理生活，中世纪经院哲学大师阿奎那自始至终都在力图调和信仰和理性之间的矛盾。在他看来，知识有

---

① 北京大学哲学系外国哲学史教研室编：《古希腊罗马哲学史》，商务印书馆1982年版，第301页。
② 赵敦华：《西方哲学简史》，北京大学出版社2005年版，第166页。

两种来源，其一，天启真理；其二，理性真理。在阿奎那这里，第一次明确将人的认识划分为感性和理性两个阶段，并将理性看作认识的第二个阶段。可以这样说，即使到了中世纪，尽管当时的人们信仰上帝，但古希腊的理性精神与传统不但没有被斩断，反而得以延续。因为他们都坚信至善至美的上帝创造这个世界的原则就是理性原则，上帝创造的这个世界绝不是杂乱无章的，而是有规律可循的。

正如德国18世纪末浪漫主义运动的先驱者施莱格尔所说：一个人天生不是一个柏拉图主义者，就是亚里士多德主义者。施莱格尔上述说法在欧洲中世纪得到充分证明。罗马灭亡后，基督教兴起，奥古斯丁先是用柏拉图的哲学思想来阐释基督教，后来又以基督教教义阐释柏拉图的哲学思想。奥古斯丁的《天城》就是宗教版的《理想国》。《天城》一书在欧洲流行了七八百年之久，影响深远。随之而来的是阿奎那以亚里士多德思想来解释基督教教义，这种传统一直延续至西方文艺复兴与启蒙运动时期。柏拉图与亚里士多德都是理性主义者，因此柏拉图思想、亚里士多德思想与基督教教义之间相互阐释，充分证明古希腊的理性精神与传统在中世纪宗教伦理生活中继续得以延续。

到了近代，理性精神与传统不但在西方伦理生活中得到承继，而且贯彻得更为彻底。称为理性时代的欧洲十七八世纪，近代哲学的理性与自然科学进行了紧密的结合，并形成新的时代特征。赵敦华先生认为："古希腊的理性是与宇宙的心灵相通的思辨，中世纪的理性是神学和信仰的助手，近代的理性则是时代的精神，这就是自然科学精神。"[①]

西方近代理性主义的杰出代表是笛卡尔和培根。笛卡尔代表天赋理性，培根代表经验理性。他们都赋予知识以伦理价值，在相当程度上开启了西方知识伦理生活的道路。笛卡尔认为，一切知识的基础只能建立在理性的基础之上，公开否定知识建立在感性基础上的可能性，只有理性才是检验真理的唯一尺度。经由"我思故我

---

① 赵敦华：《西方哲学简史》，北京大学出版社2005年版，第23页。

在"的理性推论上帝的存在,而上帝存在只有人类在运用理性的条件下才可以达到,因此关于上帝的一切知识都是经由理性推衍出来的。与笛卡尔相反,培根则是以经验为基地来探究知识的确定性。培根认为,知识确定性的追求不是来自理性的推演,而是来自实验的方法,因此培根强调经验感觉观察的极端重要性。当然,培根并不完全否定理性的存在。他说:"感觉包含意志和情感的主观因素,不能符合科学的客观要求,没有理性的指导,感觉本身是迟钝、无力的,有时甚至产生出有欺骗性的表象,被伪科学所利用。"① 因此,在培根这里,实验方法并不是绝对经验,而是经验和理性的有机结合。经验主义仅仅是在知识的确定性上强调经验,并不否认理性的其他作用,因为从万变的世界中找出规律,离开理性是不可能的,包括培根的归纳法,也是在理性中来寻求一般。

西方理性主义在德国古典哲学这里达到顶峰,与之相伴而生的是西方的伦理理性也理所当然地达到顶点。承袭了十七八世纪理性主义传统的德国古典哲学,进一步让理性完成内在化和本体化的进程。

康德通过对理性的彻底性批判考察,完成了理性主义的哥白尼式转折,开创了德国古典哲学的理性主义传统,并且对后世的哲学产生深刻而持久的原则性影响。重建形而上学——包括重建道德形而上学——是康德理性哲学的重要特点,而要完成形而上学的重建,对理性进行批判是必要环节。为此,康德一方面对感性、知性和理性进行分界,另一方面又将世界划分为现象界和物自体。经验对象只能把握现象界,而物自体属于先验对象的范畴。认识依赖于经验但不能超越自己的界限去把握知性的领域,同理,知性也不能超出自己的界限去把握理性领域。康德认为,人类感性认识来自人们将感性材料纳入时间空间的先天形式形成的,人类的知性则是将感性认识纳入先天范畴而形成的。在康德这里,知性只是科学知识的保障,认识不了物自体,也就是说,感性经验无法认识物自体自身。物自体不能被认识的,只能由理性来把握。在康德看来,只有理性

---

① 赵敦华:《西方哲学简史》,北京大学出版社2005年版,第247页。

才具有把握绝对的、无条件知识的能力，即把握物自体的能力。由此，康德的先验哲学造成现象与同本体的二元对立基础上的知性同理性的二元对立。

黑格尔说过："哲学的最后目的和兴趣就在于使思想、概念与现实得到和解。"①"达到自觉的理性与存在于事物中的理性的和解，以及达到理性与现实的和解。"② 事实上，黑格尔是在绝对理念目标指引下将康德的理性精神推向顶峰的。黑格尔把绝对理念设定为逻辑先在的一种存在，因为在他看来，个别事物总是生灭无常、变动不居的，而对事物的普遍的、稳定的、共性的把握只能在思维中才能完成。在黑格尔理论体系中，事物的本质与我们的思维具有统一性和同一性。因此，他认为，思想既是我们的思想也是事物自身。自然世界正是绝对理念的外化，离开了绝对理念，万事万物都不可能实存。在他看来，当绝对理念外化为世间万物时，理性就是作为一种潜在而存在。黑格尔说："胎儿自在地是人，但并非自为的是人，只有那作为有教养的理性，它才是自为的人，而有教养的理性是自己成为自己自在地是的东西。这才是理性的现实。"③ 在黑格尔看来，个体意识成长的全部结构包括三个阶段，即从意识阶段发展到自我意识阶段，再从自我意识阶段发展到理性阶段。他说："自我意识既然就是理性，那么它以相对于他物的否定态度就转化为肯定态度……它现在确知它自己即是实在，或者说，它确知一切实在不是别的，正就是它自己；它的思维自身直接就是实在；因而它对待实在的态度就是唯心主义对待实在的态度。当它采取这种态度以后，仿佛世界现在才第一次成了对于它的一个世界；在此之前，它完全不了解这个世界；它对世界，有所欲求，有所作为，然后总是退出世界，撤回自身，而为自己取消世界……它的兴趣只在于世界的消失……理性就是意识确知它自己即是一切是在这个确定性；唯

---

① ［德］黑格尔：《哲学史讲演录》第 2 卷，贺麟等译，商务印书馆 1997 年版，第 323 页。
② ［德］黑格尔：《小逻辑》，贺麟译，商务印书馆 1980 年版，第 430 页。
③ ［德］黑格尔：《精神现象学》（上卷），贺麟等译，商务印书馆 1979 年版，第 13 页。

心主义正是这样表述理性的概念的。"① 不难看出,黑格尔进一步又把理性划分为"观察理性阶段、实践理性阶段、自在自为的实在个体性"三个阶段。观察理性阶段是理性的初级阶段,只是"发现它自己就是存在着的对象,就是在现实的、感性现在的方式下存在着的对象"②。到了实践理性阶段,在自我意识指导下,理性通过自身的活动转化为客体,并在客体中实现自己;到了自在自为的实在个体性阶段,个体与普遍得到了统一,主体与客体也得到了统一,个体得到真正的实现。可以这样说,黑格尔既在哲学本体论中完成西方理性主义传统下的最终总结,也在伦理学上完成西方伦理理性主义。

第三节 初级与次级:中西方社会道德文化特质之比较

传统中国社会与西方社会由于社会建构原则不同,社会性质及其伦理生活迥异,因而它们的道德文化传统也各异。化约地说,传统中国社会道德文化传统属初级伦理,西方社会道德文化传统则属次级伦理。③

一 儒家伦理与新教伦理之对比——以韦伯为例

传统中国社会道德文化传统的性质在学术界已有各种论断,但大家几乎一致性地判定为儒家伦理为主的道德文化,这一研判符合传统中国道德文化的性质与实情。问题在于:我们如何进一步理解

---

① [德]黑格尔:《精神现象学》(上卷),贺麟等译,商务印书馆1979年版,第154—155页。

② 同上书,第1620页。

③ 这里之所以将传统中国道德文化传统归结为"初级伦理",西方社会道德文化传统为"次级伦理",其意不是说传统中国道德文化中就没有"次级伦理",西方社会就没有"初级伦理",而是说:传统中国由于"家国同构",不但导致其既缺乏独立性的制度伦理,而且也将制度伦理"初级化";西方社会则不同,它们不但自始就有独立性的制度伦理,而且一直努力将原本个人间的"初级伦理"也尽可能地"次级化"或"制度化"。

与阐释道德文化传统的核心——儒家伦理。在此，我们以韦伯为例，看看西方人是如何看待儒家伦理的。

韦伯从比较社会学的角度来探究传统中国社会与现代西方社会的伦理类型。为了彰显西方，特别是现代西方独特的伦理类型，将中国作为与现代西方社会相对应的传统社会的代表，并论断传统中国社会的儒家伦理为"法则伦理"与"仪式伦理"，与之对应西方社会的基督新教伦理则属"心志伦理"。①

在韦伯这里，"仪式伦理"和"法则伦理"同属所谓"规范伦理"，显著特点在于将"道德的、法律的与常规的规则混在一起，而且主要靠外在的保证加以确立"。法律义务与道德义务捆绑在一起，导致伦理内在化不够。从仪式伦理和法则伦理再进一步发展，便是"心志伦理"阶段。"心志伦理"注重的不是规则规范本身，而是心志，它是内在化的伦理。在描述"心志伦理"时，韦伯说："它突破了个别规范的刻板类型化，有利于朝向宗教救赎目的的生活方式的'有意义的'整体关系。它认得的不是'神圣的法律'，而是一个'神圣的心志'，可依情境用不同的准则来加以制裁，灵活而有适应力。它不是刻板类型的，而是革命性地由内而外对它所创造的生活方式的任一方向发挥作用……由合乎义务的行动进至出自义务的行动，文化性进一步区分为合法性与道德性，心志的神圣化取代了常规与法律的神圣化。"② "心志伦理"属"原则伦理""自律伦理"和"人格伦理"，属伦理的最高阶段。

不难看出，在韦伯这里，由于传统中国社会落后于西方社会，所以传统中国的儒家伦理必然落后于西方社会的基督新教伦理，即"法则伦理"与"仪式伦理"是"心志伦理"的低级阶段。为彰显西方现代基督新教伦理的独特性以及传统中国社会儒家伦理的落后性，韦伯从比较文化的角度对基督新教伦理与儒家伦理进行了比较，如表2-1所示。

---

① 林端：《儒家伦理与法律文化》，中国政法大学出版社2002年版，第168页。
② 同上书，第172—173页。

表 2-1　　　　　　　基督新教伦理与儒家伦理的比较

对比点＼宗教伦理	清教徒伦理（喀尔文教派的伦理）	儒家（儒教）伦理
救赎的基础	神中心的	宇宙中心的
救赎的方法	禁欲的	神秘的
救赎的手段	精神的	巫术的
理性主义的类型	宰制现世的理性主义（由内向外）	适应现世的理性主义（由外向内）
理想的人	职业人（人作为一个工具、专家）	文化人（君子不器）
非理性的根源	超越现世的上帝的裁判	巫术
理想化的阶段	最后的阶段（世界的除魅化）	巫术性的宗教的阶段
神人关系	鸿沟与紧张	没有紧张
道德的立场	对内道德与对外道德二元主义的克服	对内道德与对外道德的二元主义
与其他人的关系	即物化与非个人关系化（不考虑个人）	个人关系化（考虑个人）
与传统的关系	理性主义对抗传统主义	立基在鬼神崇拜上的传统主义
社会伦理的基础	非个人关系主义（把邻人当成陌生人看待）	有机的个人关系主义（孝道的义务及五伦）
生活方式	市民阶层的生活方式	非系统化的个别义务的结合
人格	一种人格的统一的整体特质	没有统一的人格生活是一连串的事件
社会行动	即物化与非个人关系化	个人关系化
政治与经济组织的特色	抽象的超个人的目的团体（公社与企业）	政经团体都在宗教团体的束缚之下
商业规范的特色	理性法律与理性的协议	传统至上、地方的习俗以及具体的个人的官吏的恩德

　　经过比照，韦伯总结性地认为，传统中国社会的儒家伦理属"伦理特殊主义"，而西方社会则属"伦理普遍主义"。韦伯说："我们现代西方社会秩序的另一个基础是它在伦理上的'普遍主义'（ethical'universalism'），在一个相当大的程度的理论上与实践上，我们（西方人）最高度的伦理义务是'非个人性地'（impersonally）应用在所有的人之上……相对于此，儒家伦理就站在一个极端相对的立场。其伦理上的承认是加诸在一个人与特定他人的个人性的（personal）诸关系之上——而且所有伦理上的强调只有针对这些而发。而整个中国的社会结构，是被儒家伦理所承受与认可的，则最主要是一种'特殊主义的'（particularistic）的关系结构。"①

人们有理由这样发问：韦伯对西方新教伦理与传统中国儒家伦理通过对比所获得的结论是否正确？其真理的成分有多少？

林端先生首先从"破"的视角对韦伯所做出的以上论断做出否定性回答，认为韦伯对儒家伦理的判断有失偏颇，属部分正确。

在林端看来，儒家伦理不是纯粹的、绝对化的特殊主义，也不是纯粹的、绝对化的普遍主义，而是特殊主义与普遍主义的结合，是"脉络化的普遍主义"。他讲道："普遍主义与特殊主义对儒家来说并不是极端二元对立（binary opposition）的，儒家伦理其实是要体现一个中国人最基本的特征，就是将普遍主义与特殊主义整合起来看待，建构一个它们的综合。"②

之所以如此，这取决于中国人的哲学世界观。在中国人的哲学世界观中，尽管充满二元的成分与因素，如一多、善恶、阴阳、天人、内在与超越等，但这些事物并不是非此即彼的二元对立关系，而是被看成相互补充、相互需要的。它们之间是亦此亦彼的关系，是一而二、二而一的关系。因此，就不认识一个汉字的韦伯而言，他显然只看到了儒家伦理的特殊主义面向，而同时忽略了其普遍主义面向。韦伯写道："个人关系主义的保持所产生的作用主要在社会伦理上显现出来。在中国，一直到现代都缺乏一种对于'客观的'群体的义务感。不管他是政治性的、或者理想性的、或者其他本质的群体总是如此。所有的社会伦理在中国只是一种把有机的恭顺关系转嫁到其他的社会关系之上，而这些社会关系被他们等同来

---

① 林端：《儒家伦理与法律文化》，中国政法大学出版社2002年版，第184—185页。
② 同上书，第187页。

看待。"① 其实，儒家伦理所追求的是一种特殊的普遍主义。一方面，儒家伦理追求对所有人都有效的伦理原则，表现为普遍主义的；另一方面，儒家伦理总是考察各种具体情境与个人关系，表现为特殊主义的伦理品格。

接着，林端先生以儒家伦理思想的核心"仁"为例，从"立"的角度肯定了儒家伦理属"脉络化的普遍主义"路向。他从文本解读入手进行立论，并专门举了颜渊问仁这个例子。子曰："克己复礼为仁。一日克己复礼，天下归仁焉。为仁由己，而由人乎哉？"（《论语·颜渊》十二）林端以为，"克己"与"复礼"不可分离理解，内在道德与外在的社会规范必须加以整体性看待，"如此一来，'仁'字的的确确综合了内在的、主观的自我修养与外在的、客观的社会指涉，这两个既相互对立，又相辅相成的面向。进而言之，这里也隐含着对普遍主义的内在道德（放诸四海皆准）与特殊主义的外在规范（视情境而定）之间的综合"②。接着，林先生又列举了"哀公问政"这个例子。子曰："……故为政在人，取人以身，修身以道，修道以仁。仁者，人也，亲亲为大；义者，宜也，尊贤为大。亲亲之杀（差），尊贤之等，礼所生也。"（《中庸》第二十章）公开承认爱有等差，物有不齐，亲亲而爱民，民胞而物与。一波波推出去，由至亲到远亲，再到其他人，最后到万物。这个一步步推出去的过程就是一个脉络化的过程（特殊主义之向度），直至达到"四海之内皆兄弟"的普遍主义。

笔者基本赞同林端先生以上的分析与论断。即总的来说，韦伯对儒家伦理与新教伦理的对比分析尽管取得了巨大成功，但也存在不足与缺陷。为此，有必要强调补充如下几点。

一是韦伯将儒家伦理概括为特殊主义伦理、仪式伦理与法则伦理，现代西方社会的伦理概括为普遍主义伦理与心志伦理，这属理念型理论构建方法。韦伯想通过以上理念类型来勾画、描述出人类社会伦理发展的两个高低不同、前后相继的阶段，即从仪式伦理、法则伦理阶段走向心志伦理阶段的发展过程。所以，我们必须明

---

① 林端：《儒家伦理与法律文化》，中国政法大学出版社2002年版，第190页。
② 同上。

了，在理念类型的建构下，这些类型都是概念范畴，是比较社会学家、历史社会学家分析、解析历史经验事实的工具，其目的是让大家比较清楚地认清不同社会、不同历史阶段的伦理特性。因此，这些类型原则上都属概念上的建构，并不能代表历史经验事实本身，即伦理概念永远没办法复原社会伦理生活本身。

二是东西方社会道德文化建构的路向相反。西方社会的道德文化路向是由普遍走向特殊，传统中国社会儒家伦理则反其道而行，由特殊走向普遍。具体来说，儒家伦理是将所有的社会关系及其伦理建立在特殊意义的"五伦"（父子有亲、君臣有义、夫妇有别、长幼有序、朋友有信）之上，由此出发推出普遍意义上的、可普遍化的、适用于所有社会关系的"仁爱"原则。现代西方社会的伦理路向则是先发展出适用于所有社会关系的、普遍意义上的"博爱"原则，由此再一步步将所有自然产生的各种具有相对化的、特殊意义的伦理关系纳入可普遍化的"博爱"原则。

三是韦伯对新教伦理与儒家伦理的分析对比透露着典型的欧洲伦理中心主义。从韦伯对儒家伦理与西方新教伦理的对比过程及结果看，他显然是在"规范性的欧洲中心主义"而不是在"启发性的欧洲中心主义"观念主导下进行的理论建构。如此一来，传统中国社会乃至一切非西方社会的发展阶段都属西方社会发展阶段的前期，都必须按照西方社会的发展轨迹前行。这种理论建构事实上隐含了这样一个判断：西方是进步的，中国是落后的，因而西方社会的新教伦理是儒家伦理的未来必经之过程。这事实上牵涉到儒家伦理发展可能之方向的大问题。在这个问题上，我们可以有限承认"启发性的欧洲中心主义"的意义与价值，但完全意义上的"规范性的欧洲中心主义"，我们则打死都难以接受，因为这既不符合世界历史事实与现状，也会完全掏空世界的丰富性。

真正的问题在于：西方的现代是不是世界上唯一的现代？如果是，儒家伦理的未来别无他途。如果不是，儒家伦理的未来则完全可以在自身的基地上进行创造性转换。如果说在"第一次现代"中将西方的现代当作唯一的现代是由于非西方社会现代历程还没有充分展开所造成的某种历史必然，那么显然，在非西方社会现代进程已经得到充分展开的今天,非西方社会的多元现代形式不但获得了同情式的理解,而且已经并正在被非西方社会的社会历史实践所一步步实现。现代德国社会学家贝克在《何谓全球化?全球主义的谬误——对全球化的回答》一书中强调,"在'第二次现代'中,世界上不同的文化与不同的宗教,经由不同的道路发展出不同的现代性观念。它们也可以在不同的情况下,缺少某种现代性。因此,在承认多元现代的基础上,全球化迫使不同的现代展开对话"[①]。

所以,我们只能这样说,韦伯对新教伦理与儒家伦理的类型对比带给我们的意义是:如何在新教伦理与儒家伦理之间寻找最大公约数?借用罗尔斯的"反思平衡法"来说,我们可能的方向与努力就是在"伦理普遍主义"与"伦理特殊主义"之间进行历史性的"反思平衡"。

二 传统中国社会伦理属"初级化"伦理

韦伯、梁漱溟、费孝通、黄光国等学者都对儒家伦理进行了开创性的反思与评定,这为我们进一步研判儒家伦理的性质提供了方向。

梁漱溟在分析传统社会伦理等关系时明确讲道,中国的传统社会伦理关系本质上是"人与人之间的情谊关系"。这一论断非常正确(前面已经论述过)。因此,随之而来的必然表现为"人与人之间"独特性的伦理品格。换言之,如果说传统中国社会将所有的伦理关系都直接化、主观化了,那么儒家伦理也必然属直接化、主观化的伦理,因为有什么样的社会伦理关系就必然产生什么样的社会伦理。

根据梁漱溟先生对传统中国社会构造的分析,同时根据梁先生对传统中国社会伦理关系的分析,我们可以得出儒家伦理的两个重要特质:一是直接性;二是主观性。

所谓儒家伦理的直接性,其实是指,在传统中国社会,所有的伦理关系都可以转换成个人之间的伦理关系,所有的社会伦理都可

---

① 林端:《儒家伦理与法律文化》,中国政法大学出版社2002年版,第204页。

以转换成个人与个人之间的伦理。而且，这里的"个人"不是西方原子式的个人，而是社会生活情境中的个人，具体地说就是"五伦"情境中的"个人"（即父子有亲、君臣有义、夫妇有别、长幼有序、朋友有信的人）。进一步地讲，儒家伦理讲的"五伦"其实是从家族中的"三伦"（父子有亲、夫妇有别、长幼有序）扩充而来的，君臣之伦与朋友之伦都是家庭伦理中派生出来的（这也决定了传统中国社会家国同构的特质）。"因此伦理关系限于一对一的关系，道德的实践也是一对一的，对父母要尽孝，对国君要尽忠，夫妇要相敬，朋友要守信。"① 这正如费孝通先生所说："中国的道德与法律，都因之得看所施的对象和'自己'的关系而加以程度上的伸缩。我见过不少痛骂贪污的朋友，遇到他的父亲贪污时，不但不骂，而且代他讳隐……这在差序社会里可以不觉得是矛盾；因为在这种社会中，一切普遍的标准并不发生作用，一定要问清了自己是什么关系之后，才能决定拿出什么标准来。"②

接下来，可以通过对"父为子隐、子为父隐"与"仁"含义的解读，对儒家伦理的直接性做点扩充性理解。

叶公问孔子，曰："吾党有直躬者，其父攘羊，而子证之。"孔子曰："吾党之直者异于是：父为子隐，子为父隐——直在其中矣。"（《论语·子路第十三》）

在传统儒家的典籍中，类似这种"父子相隐"的原则在《论语》中并不止一处，提得比较多的就是《孟子》中两个孟子论舜的事例。郑家栋先生针对《论语》这一事例写道：孔子强调父子关系的绝对性伦理要求，认为以告发父亲的方式来获得伦理意义上的名声，谈不上"直躬"。与"父为子隐，子为父隐"这一伦理答案不同，郑家栋先生则认为："与所谓'社会正义'无关，而只是关涉到角色、身份之间的转换，因为正义并没有得到伸张。"③ 对此，郭齐勇先生说："人们公认每个人得到他应得的东西为公道，也公认

---

① 韦政通：《伦理思想的突破》，中国人民大学出版社2005年版，第8页。
② 费孝通：《乡土中国 生育制度》，北京大学出版社1998年版，第36页。
③ 郑家栋：《中国传统思想中的父子关系及诠释的面向》，《中国哲学史》2003年第1期。

每个人得到他不应得的福利或遭受他不应得的祸害为不公道。"① 相反，郭先生在他的文章中继续说道："不同时代的仁、义、诚实、正直、正义的具体内涵与意义是不同的。在氏族、部落的时代，一位青年猎取别的部落的人的首级越多，他就越是英雄，越是正义。在孔子的时代，父子互隐恰恰是正义、正直、诚实的具体内涵与意义之一。"② 郑家栋先生认为孔子讲的"父为子隐、子为父隐"与儒家伦理的社会面向无关，而郭齐勇教授则认为"父为子隐、子为父隐"直指儒家伦理的社会面向。

在笔者看来，"父为子隐、子为父隐"充分展示了儒家伦理的直接性属性。一方面，在世间的生活基础上，孔子试图构建出理想的伦理秩序来，即从现实的身份认同出发，选择了不可更改的父子关系作为架构基点，这本身具有合法性。因为在孔子看来，如果连父子之间的不忍之情都丧失了，要成就出一种伦理秩序来，完全是一种无稽之谈。但要害问题在于：一是世间的生活基础是否只包括家庭生活？二是如果家庭之外还有社会生活，这些社会生活是否具有独立性？即世间所有生活是不是都是家庭生活的派生，或都可"家庭化"？家庭生活与社会生活是否可以同构？如果家庭社会之外没有社会生活，如果家庭生活与社会生活可以同构，我们就可以直接从孔子的"父为子隐、子为父隐"中建构出整个社会伦理秩序来，即家庭伦理与社会伦理可以同构。

毫无疑问，一个人的生活包含有家庭社会与独立于家庭之外的社会生活，家庭生活与社会生活不可以同构，即我们无法将社会生活化约为家庭生活。"对于孔子来说，正是在家庭之中，人们才能学会拯救社会的德性……""正是在家庭内部，我们才找见了公共德性的根源。"③

通过儒家"仁"的概念，可以更清楚地看出儒家伦理将社会伦

---

① 郭齐勇：《也谈"子为父隐"与孟子论舜——兼与刘清平先生商榷》，《哲学研究》2002 年第 10 期。
② 同上。
③ [美] 本杰明·史华兹：《古代中国的思想世界》，程钢译，江苏人民出版社 2004 年版，第 78 页。

理与家庭伦理重叠而展示出来的直接性属性。

孟子曰:"仁者爱人,有礼者敬人。爱人者,人恒爱之;敬人者,人恒敬之。"(《孟子·离娄下·二十八》)。"仁"被解释为"爱人",不是指墨子所谓的"兼爱",而是"爱有等差"之爱,是依据"五伦"脉络之爱。所以,孟子旗帜鲜明地批判墨子的"兼爱"是无君无父,强调爱有差等,人有远近,必须经由五伦关系再扩充到其他社会关系,这是儒家倡导并实践的伦理路向。一句话,儒家伦理讲求的是,人不可能跳过自己的至亲而去拥抱天下其他人。

对此问题,费孝通说:"仁这个观念只是逻辑上的总合,一切私人关系中道德要素的共相,但是因为在社会形态中综合私人关系的'团体'的缺乏具体性,只有这个广被的'天下归仁'的天下,这个和'天下'相配的'仁'也不能比'天下'观念更为清晰。所以凡事要具体说明时,还得回到'孝悌忠信'那一类的道德要素。正等于要说明'天下'时,还得回到'父子,昆弟,朋友'这些具体的伦常关系。不但在我们传统道德系统中没有一个像基督教里那种'爱'的观念——不分差序的兼爱;而且我们也很不容易找到个人对团体的道德要素。"①

韦政通先生则说道:"仁可以说是一个具有普遍标准的伦理,但它的意义与忠孝等伦理不同,它实在是一种'超越精神性的伦理',旨在彰显终极价值的超越性。所以它不是普通的行为规范,在实际行为中并不发生什么作用,'仁者爱人'只是一伦理原则,在一对一的关系中究竟要如何表现爱,还是要落到孝、忠、敬、信等具体的规范上来。这些规范才能对具体的行为有约束力,因为它们是在一对一的关系中实践的,所以这些规范只是'维系着私人的道德',是一种特殊主义的。"②

在费孝通与韦政通看来,儒家伦理的核心——"仁"——要么是伦理要求的指称,要么就是伦理原则,它一定不是具体针对个人与社会的伦理规范。在儒家伦理这里,所有的伦理根源都必须来自

---

① 费孝通:《乡土中国 生育制度》,北京大学出版社1998年版,第34—35页。
② 韦政通:《伦理思想的突破》,中国人民大学出版社2005年版,第8页。

面对面的、具体的、直接性的伦常关系。

儒家伦理的另一大特色就是表现为主观性。从某种意义上说，儒家伦理的直接性特色决定了它的主观性特色。这点在私人道德与社会公共道德发生冲突时可以看得很清楚。

桃应问孟子："舜为天子，皋陶为士，瞽瞍杀人，则如之何？"孟子回答曰："执之而已矣。"桃应又问："然则舜不禁与？"孟子曰："夫舜恶得而禁之，夫有所授之也。"桃应又问："然则舜如之何？"孟子曰："舜视弃天下，犹弃敝蹝也。窃负而逃，遵海滨而处，终身䜣然，乐而忘天下。"（《孟子·尽心上》）

这段话既表现了儒家伦理道德标准缺乏普遍性，更充分展示了道德标准的主观性。即使作为一国之君的舜，在面对私德与公德冲突的情况下，他也不是用客观性的、适用于全体国民的伦理态度与要求去处理，而是根据父子之间的直接性关系及其伦理要求而自我选择。费孝通也从传统中国社会特殊构造的角度论述了儒家伦理标准的主观性特色。他说："一个差序格局的社会，是由无数私人关系搭成的网络。这网络的每一个结都附着一种道德要素，因之，传统的道德里不另找出一个笼统性的道德观念来，所有的价值标准也不能超脱于差序的人伦而存在了。"[①] 换言之，在儒家伦理中，一切道德标准、价值准绳都随着"差序格局"而主观化了。

韦政通先生有同样的研判。他从传统中国人生活的空间、养成的习俗和形成的文化等角度对传统中国社会有过专门描述，并由此得出儒家伦理是以家族为中心的人情伦理的结论。

首先，受环境影响，传统中国人生活在一个孤立封闭又相对狭小的环境中，生产方式以农耕为主，居住方式以家庭及村落为中心。除了姻亲和市集交易外，村落之间很少有其他实质性联系，大家基本上过着自给自足的孤立生活。

其次，由于狭小生活圈的限制，传统中国人之间对大家的脾气好恶、生活状况，乃至祖宗三代都了解得一清二楚、明明白白，共处于一个基本没有陌生人的小地方。于是，大家在这样的环境中生

[①] 费孝通：《乡土中国　生育制度》，北京大学出版社1998年版，第34—35页。

活自然有很高的安全感，犯罪案件极少，地方的风俗习惯对大家的行为都具有自然的约束力，也容易遵从。

最后，传统中国人所生活的社会，大家具有共同的行为模式及其相应的价值观念、宗教信仰，属一个共同的文化。正是文化同质性的特点导致人们不仅对彼此的日常生活非常熟悉，而且在情感认知等方面也极易沟通，"全人格的关系"是自然而然产生了。

对应于传统中国人以家庭、村落为生活中心，儒家伦理事实上是以家族为中心的伦理，因为以村落为中心的社会，多半就是一个家族。五伦中有三伦（父子、夫妇、兄弟）属于家庭，其余君臣、朋友两伦虽非家庭成员，但基调上完全是家庭化的。国君无异于一个大家长，故有"君父"之称，朋友间则称兄道弟，甚至四海皆兄弟。以家族为中心的儒家伦理尤其重视人情，人情是维系伦理关系的核心，因而在家庭范围内，纯用讲理的方式是不适宜的。在这样的社会中，情与理非但不对立，而且理在情中（不是情在理中）。说某人不近情，就是不近理，不近情又远比不近理来得严重。如果不是长期生活在狭小孤立且相互熟悉的环境中，此种尤其重情的伦理是绝对产生不出来的。①

由于传统中国人注重风俗习惯具有的自然约束力，所以儒家伦理并不讲求理性的、普遍的伦理实践。"传统的社会结构和伦理实践的方式，似乎并不能达到普爱的理想。以家族为中心的社会，在一对一的实践方式中，自我或己永远是伦理实践的核心，推爱也必须由己出发，道德修养也必先'反求诸己'。以己为中心的推爱，无论在事实上或理想上都跳不出差序的格局。"② 在这种"推爱由己"的伦理实践中，道德标准的个人化、主观化也就在所难免，再自然不过了。

同样，根据传统中国社会具有共同的文化，韦政通认为儒家伦理是传统主义的。在传统中国人看来，儒家伦理不仅正当，而且通过与祭祀等活动相结合，使儒家伦理进而具有宗教神圣性，并一步一步将其固化成教条，凡是敢于冒犯挑战儒家伦理的人都将受到严

---

① 参见韦政通《伦理思想的突破》，中国人民大学出版社2005年版，第5—7页。
② 同上书，第14页。

厉的谴责和惩罚。乡民社会的最大威胁来自自然。为应付这种威胁，乡民必须团结合作，而儒家伦理为这种团结合作提供了伦理基础。

由此可知，由于儒家伦理的道德标准与价值准绳都尚未完全客观化、普遍化，因而本人将之归属为"初级化"伦理、"拟亲化"伦理。

何谓伦理的"初级化"？其实就是将所有的伦理关系及其伦理要求一步步还原成或转换成"个人与个人"之间面对面的、直接的、主观的伦理关系与伦理要求，也是笔者前面对儒家伦理特质的概括。

讲到"初级化"的儒家伦理，笔者非常得益于黄光国教授的相关论述。他以社会交换理论（social exchange theory）为理论分析工具，对儒家伦理影响下的中国人的互动行为进行系统性的探讨。[①]他认为，传统中国的人际关系由深至浅划分为情感性、混合性与工具性三种关系。"情感性关系"以情感成分居主导，贯彻家人好友交往的需求法则；"工具性关系"以工具成分居主导，贯彻陌生人之间交往的公平法则；"混合性关系"则是情感和工具成分相接近，贯彻交往的则是人情法则。所以，中国人与人交往时首要的是进行人际关系判断。如对方属情感性关系的人，就按照需求法则来交往；如对方属混合性关系的人，就按照人情法来交往；如对方属工具性关系的人，就按照公平法则来交往。无论采用哪一种交往法则，都是人际关系不同类型的衍生物。在情感性关系中，对于如何进行伦理回报以及什么时候回报都没有明确的范围和界限。例如，父母总是尽心尽力抚养子女，绝不是功利性付出。在混合性关系中，主要强调彼此礼尚往来的回报方式，对等性原则成为彼此间的伦理法则。对于工具性关系，一般讲求回报等价且即时。

黄光国教授进而指出，儒家伦理所倡导的"诚心正意，修身齐家治国平天下"向外超越之路，从伦理角度看，其实就是一个将所有伦理关系与伦理要求一步步往回缩的过程，即一步步将所有伦理关系"初级化"或"拟亲化"之过程。也就是说，我们只有通过这

---

① 参见黄光国编《中国人的权力游戏》，台湾巨流图书公司1988年版。

样不断地"向内缩",才可能不断地"向外扩","向内缩"的程度决定"向外扩"的边界。先是将没有任何血缘、地缘的陌生人之间的"工具性关系""向内缩"成类似亲属的"混合性关系",接着又将"混合性关系"进一步"向内缩"成亲属间的"情感性关系",如表2-2所示。

表2-2　　　　　　　　不同类型关系的演变过程

不同类型关系	关系由浅入深	浅	略深	深
情感关系化		工具性关系	混合性关系	情感性关系
亲属关系化		陌生关系	拟亲关系	亲属关系
初级关系化		次级关系	拟初级关系	初级关系

黄光国进一步通过"仁""义""礼"等儒家核心概念来阐述儒家伦理的特性[1]。他认为,儒家讲的仁是基于互动双方关系的亲疏而言的,义则是根据双方的亲疏关系而选择的选择交换法则,礼则是根据双方交易的利害得失而做出的反应。三者构成儒家仁、义、礼、伦理体系的核心部分,即儒家伦理的"仁""义""礼"分别对应资源支配者心理历程中的"关系判断""交换法则"和"心理冲突",从而构成以儒家"仁—义—礼"为核心范畴的伦理体系。[2]

通过三种社会关系的划分及转换,我们不难看出:儒家伦理的志向就是鼓励将所有的社会关系及其伦理内涵与要求向自然发生的社会伦理关系(如前面提及的"三伦""五伦")及其伦理内涵与要求方向流动。具体而言,在这种伦理秩序中,当一个人将陌生人之间的"工具性关系"转换成类似于亲属的"混合性关系",接着又将"混合性关系"进一步转换成亲属间的"情感性关系"时,他就完全符合儒家伦理的要求,为社会所肯定,属正向流动;反之则为

---

[1] 参见黄光国《儒家思想与东亚现代化》,台湾巨流图书公司1988年版。
[2] 黄俊杰编:《传统中华文化与现代价值的激荡》,社会科学文献出版社2002年版,第145—146页。

社会所反对，属逆向流动。

学者汪丁丁在《市场经济与道德基础》一书中将传统中国社会伦理称为"自然道德"，① 这与将儒家伦理判定为"初级化伦理"殊途同归。尽管汪先生是从市场经济所需秩序的角度来分析传统中国社会儒家伦理的现代转换问题，但其对儒家伦理的实质性把握却也非常到位。

具体地说，汪丁丁以哈耶克理论为背景，从人类合作秩序的扩展出发来展开儒家伦理讨论。哈耶克认为，人类合作秩序的持续扩展会遇到两个挑战：一是来自人的自私本能的挑战，二是来自内部旧秩序的既得利益者的挑战。现代知识的分裂造成人们之间缺乏了解与信任这一灾难性后果。同时，经过长期共同生产生活建立起了彼此信任关系的人们，必然性地妨碍他们信任新的群体。人的小集团的倾向性几乎是人类的本能，哈耶克把它称为"自然道德"。②

汪丁丁认为，在传统中国社会，家庭内的合作属最小范围的合作。夫妻之间的相互合作主要是基于自然分工与本能的需要。"自然道德"发轫于自我保护的本能。进一步地说，由于血缘关系，大家自然而然将相互之间的合作扩展到父母子女之间。除了基于自然与血缘而建立起来的秩序外，人们还可以基于地缘关系，即长期在一个地方共同生活而形成某种合作秩序。但基于地缘联系上的合作秩序难以扩展到地缘联系以外的地方，所以，中国的道德文化传统在本体论与认识论走的是一条不同于西方的道路。

在《新教伦理与资本主义精神》一书中，韦伯认为，新教实践主张的人与上帝直接沟通要求，实质性切断了"自然道德"的基础：人与人之间的血缘联系。这为后来的学者反复证明是相当正确的，也从旁证明西方人之所以容易克服"自然道德"的狭隘影响进而比较彻底地实行法治。在中国，孔子"爱有等差"的自然道德观念扭曲了基本的正义。有人问孔子"以德报怨，何如？"孔子的回答是："何以报德？以直报怨，以德报德。"这种态度把伦理标准建

---

① 参见汪丁丁《市场经济与道德基础》，上海人民出版社2006年版。
② 参见［英］哈耶克《通往奴役之路》，王明毅等译，中国社会科学出版社1997年版。

立在个人好恶基础上。孔子讲的正义在"父为子隐、子为父隐，直在其中"的论述中得到充分展示，这就是典型的自然道德。这与费孝通所说的以"同心圆"为圆心的为人处世的伦理原则是相通的。

汪丁丁还特别分析了东西方社会对"己所不欲，勿施于人"这个道德律的不同理解，以说明儒家伦理属自然道德之特质。

中国人一方面认可"己所不欲，勿施于人"是一个具有普遍性的道德律，但另一方面又认为这个"道德律"不能凌驾于基于血缘的自然道德之上。在儒家伦理中，"己所不欲，勿施于人"这个道德律是从"四心说"（人人皆有恻隐之心、是非之心、羞恶之心、辞让之心）推导出来的。其中，恻隐之心为仁之端，其余"三心"都是其生发、派生出来的。这个恻隐之心就是"推己及人"推理的开始。儒家讲人情，主要是儒家提出的仁是有等差的，是从自己的恻隐之心推及向外的。牟宗三先生也认为西方式的、理性的、承认普遍原则的道德传统在中国是根本不存在的。恰恰相反，在我们的道德传统中，大量存在的都是以个人为原点的"特殊性原则"（particularity）。

在西方传统中，"己所不欲，勿施于人"是遵从上帝的博爱道德，一开始就带有普遍性，与个人好恶关系不大。在《论基督教之基础》一书中，考茨基专门对早期基督教《圣经》中"我来在这个世界是带给你们血和剑"这个说法进行考证，并发现以上说法与早期基督徒对罗马的反抗密切相关。这在后期《圣经》版本中被"普适的爱"所代替。① 正如韦伯对新教伦理分析的那样，一些极端教派认为任何血缘关系都会减弱人与上帝之间的直接沟通。所以，他们禁止信徒们卷入夫妻、父子、亲朋好友等关系，从而践行"爱人如爱己"的上帝意旨。

亚当·斯密的《道德情操论》六易其稿，但在所有的修改中，他始终强调斯多葛学派的道德观念。在先期版本中，亚当·斯密认为基督教从斯多葛学派那里承袭了"爱人如爱己的教导是最伟大的道德律"这个思想。在中期版本中，亚当·斯密说道："人，按照

---

① 参见汪丁丁《市场经济与道德基础》，上海人民出版社2006年版，第43—47页。

斯多葛学者的看法，应当视为……世界公民，大自然浩渺法界之一员……我们应当以其他公民看待我们的眼光看待他们。"在较晚的版本中，受到休谟影响，他将上面的看法更明确地表述为"设身处地地在别人的情景中看待我们的所作所为"。这些都充分展示出他对"自然道德"的克服与突破。

三 西方伦理属"次级化"伦理

之所以将西方道德文化传统称为以"次级化"伦理为核心的一种道德文化，主要得益于林端先生在阐述韦伯对儒家伦理与新教伦理对比分析时所带来的启发。

如果说儒家伦理的路向就是将一切伦理关系与伦理要求一步步地"初级化"（即回到儒家所讲的自然"五伦"之中），那么西方社会伦理路向刚好与之相反，走的是一条将初级伦理关系与伦理要求（即自然道德）一步步地"次级化"的道路。"次级化"伦理的特质就是寻求伦理关系与伦理要求的普遍性、客观性。

其实，西方社会属"次级化"伦理其来有自。早在西方文明的源头古希腊时期，就包含着"次级化"趋势（即走出自然道德之趋势）的伦理理念。在古希腊，几乎所有伦理思想家都涉及和论述了"公正"这一问题。可以看出，在这些伦理思想家的理论体系中，大家几乎一致性地认为，城邦制国家中，个人和城邦的关系是主要社会伦理关系（传统中国社会则以家庭成员为主要社会伦理关系），而公正是调节这一伦理关系的主要道德。这一思想为西方社会伦理开创出从自然血缘关系走向个人与团体、国家之关系的道路。这与儒家伦理以"五伦"既作为道德的始点又作为道德的终点迥异。

理性主义伦理学的创始人苏格拉底公开宣称，一个理性的人应以理性作为道德的标准来思考合理的生活和行为。所谓理性，是一种普遍永恒的善，它独立于人的道德行为之外，是道德的本源，人生的目的就是追求这种普遍永恒的善。他提出了"美德即知识"的著名命题，认为只有凭借理性才能成为一个有道德的人。为此，苏格拉底希望人们将自己的感性欲望从道德中排除出去，这样才可能过上道德的生活。一般来说，人们的感性欲望在血缘等自然人伦关系中最为丰富，也最难以排除。所以，事实上，在苏格拉底这里，就蕴含着伦理关系建构中"去个人化"趋势，尽管他本人没有这样明确的论述。

柏拉图继承和发展了苏格拉底的伦理思想，并提出了对所有人均适用的普遍善的概念。柏拉图把善的理念作为一个本体论承诺预先设定下来，以使各种善的事物分有善的理念，从而完成善理念的本体论设置。除此之外，对苏格拉底而言，他关注的焦点可能更多的是个人伦理问题，其使命是为个人提供可践行的道德学说。柏拉图则在此基础上把个体道德与国家伦理统一起来，并试图解答普遍的正义如何可能的问题。这可以突出表现在他对正义问题的理解上。柏拉图对"正义是什么"的追寻是从对国家与个人关系中得出的。他认为，正义必须是个人与国家关系基地上的正义，离开个人与国家之关系谈正义问题，正义很可能就变得不可捉摸。①

亚里士多德认为，作为实践哲学的伦理学从属于"政治学"，从而彻底地将西方伦理"次级化"路向完全开辟出来了。在他看来，城邦中每个人实存的本性就是城邦中的共存，因此，是城邦正义建构、决定个人正义，而不是由个人之间的正义建构、决定城邦正义。所以，伦理的共存对于个体的实存具有先在性，共存的伦理不是德性之一种，而是德性之全部。个体的德性只是附在整体德性——公正——上的皮毛。亚里士多德认为，许多动物和植物与人一样，都具有倾向于"共同生存"的本性。植物只有成片成林才有茂盛的种族的延续，而蜜蜂也属群居的动物。亚里士多德说："人天生是一种政治的动物。"这一论断的合法性在于：人必须过社会生活，否则违反人的本性。正是在此意义上，亚氏才说，人脱离了共同的生活就不能实存。就城邦的善而言，亚里士多德总体上把它称作"公正"。亚里士多德说："政治上的善即是公正，也就是全体公民的共同利益。"所以，伦理学不应过度关注个人的其他德性，而应把政治学上的公正作为根本，否则就是舍本求末，只抓住了一点皮相而忘掉了根本。说一个城邦政治上的"不公正"，但它的公

---

① 参见［古希腊］柏拉图《理想国》，郭斌和等译，商务印书馆1986年版。

民却有良好的品德,这就对于说一个血肉完全坏死的病人,手脚皮肤还是好的一样。所以,真正意义上的德治,必须以公正的法律来治理,绝不是以城邦治理者个人的良好品德来治理。也就是说,只有城邦政治上有了善德,治理者才可能有善德。反之,即使城邦治理者个人有良好美德,但如果城邦不公正,城邦治理者最终也无法保持住优良美德。所以,"德治"实际上是"治德",靠政治的"德"(公正的法)来"治"治理者的"德"(个人美德),于是"德化天下",公民的德性才真正拥有源头活水。①

如果说古希腊的伦理属美德伦理的话,那么西方中世纪伦理则属宗教伦理,其根源于对人与神关系的理解和把握。上帝的出场,彻底破灭了将伦理根基建立于人与人之社会关系上的任何企图。因为在人的所有伦理关系中,只有与上帝的关系才是本源性的,其他一切社会伦理关系都是派生的。因此,对上帝的规则的服从永远是第一位的,高于对任何个人的服从以及自我德性之完善。因此,基督教的伦理是典型的责任伦理与规范伦理。基督伦理关注的是对上帝戒条的遵守。对基督教信仰来说,这种更高的对上帝的职责就是"道德义务"。对于基督徒而言,为了救赎,"无论在任何情况下,与上帝的关系最为重要,人与人的关系,尤其是与最自然的亲密关系的人的关系(如亲人),因怕影响有最高位阶的人神关系而被压抑甚至拒斥,家族、氏族的纽带因此被打破,自己人与陌生人并无任何差异,从而开展出非个人的、去个人的'即物化'的理性化过程"②。

---

① 参见邓安庆《西方伦理学概念溯源——亚里士多德伦理学概念的实存论阐释》,《中国社会科学》2005年第4期。
② 林端:《儒家伦理与法律文化》,中国政法大学出版社2002年版,第90页。

第三章

西方社会的双重伦理困境：现代中国道德文化建设的"借镜"

转型期的现代中国道德文化建设离不开世界性的现代化运动，因此放在世界现代化特别是西方社会现代化脉络中来审视现代中国道德文化重建问题，既有历史必然性，又有历史合法性。

可以毫不夸张地说，"现代化"是最深刻揭示西方由封建社会转向资本主义社会发展脉络和社会秩序变动的语境。现代化是人类社会的伟大变迁过程，它先由物质层面的变革开始，进而引发制度、文化、思想观念等全方位的变革，而价值秩序与伦理秩序的现代化演进和获致则对整个现代化具有判定性的意义。由此可知，在现代化演进历程中，其核心要素与最为艰难之处均在于价值秩序与伦理秩序的现代化。同样，现代化充分展示出现代中国整体性的价值取向与走势。可以这样说，东西方社会自走向现代化以来，都不同程度地遭遇了不同的现代性道德困境，以及都同样面临着不同程度以及不同意义上的道德文化重建难题。

因此，从理论上刻画出西方社会在现代化过程中所遭遇的道德文化上的伦理困惑，对于系统性重建现代中国道德文化建设无疑是一种"借镜"，也是我们重建现代中国道德文化时应该努力避免并克服的"现代性陷阱"。

对于西方现代社会中所出现的伦理问题，法国社会学家迪尔凯姆有过独到的看法。他在深入研究欧洲社会现代化进程对社会伦理的影响后发现：一方面，由于传统伦理权威的抗拒，阻碍了新伦理体系的孕育、产生；另一方面，又由于传统伦理权威的逐步失灵，社会出现伦理"失范"现象。

迪尔凯姆认为，出现这种伦理危机的根本原因在于：社会结构以历史上前所未有的速度与规模，纷纷从传统血缘社会、地缘社会中得以解构，与之相伴而生的传统伦理随之衰落也就势不可当了，在较短时间内，其权威性也逐渐消失殆尽。由于社会变迁迅速巨大，各种社会规范和价值也就土崩瓦解了，以往的纪律和秩序在整个社会中都面临危机，社会生活在相当程度上摆脱了原有规范的历史束缚，且新的伦理规范尚未建立，各种新的伦理学说纷纷登场，相互激烈角逐，使整个社会出现阶段性的伦理"真空"，表现为人们伦理选择与判断无所适从的"失范"现象。

与此同时，在社会大变动过程中，社会结构的各部分功能受到破坏并失去平衡，新的社会生活一时还难以有效组织起来，以满足社会及其成员的伦理需求。日趋现代的社会从根本上颠覆了传统伦理赖以生存的根基，使得人们的生物学情欲与冲动得不到社会性规范的有效规约，整个社会伦理水准下滑，并出现某种程度的伦理危机。

迪尔凯姆所描述的社会伦理"真空""失范"与"危机"，其实是一种由于西方社会整体变迁所必然带来的历史性的、长期性的"总括式道德文化困境与危机"。它不属某个阶级、某个阶层、某个组织、某个人等所产生的短暂性的、临时性的"个人式的道德困境与危机"。这种"总括式道德文化困境与危机"，在理论上突出表现为同样错误但又完全相反的两种道德文化理论，即伦理相对主义与伦理理性主义。

伦理相对主义主张：由于人们生活各异、立场迥异、价值多元，因而大家没法形成伦理共识，有的只是不同的道德争吵。一句话，在相对主义道德文化下，伦理学不可能为人们的行为提供大家一致认可的、普遍有效的道德标准。

相反，伦理理性主义主张：人们能够在理性的基地上获得一致性的、绝对的伦理知识，并通过伦理共识以消除各种道德纷争。换言之，在伦理理性主义者看来，伦理学能为人们的行为提供普遍性的、确定性的道德标准。

第一节 伦理相对主义困境

一 伦理相对主义困境释义

西方社会在向现代化转进过程中，在道德文化中首先展示出来的伦理困境就是伦理相对主义盛行。

尽管伦理相对主义的表现形式林林总总，但一般来说，其主要观点是：不同社群不同个体的伦理价值和伦理观点是相对的，而不是绝对统一的。按照伦理相对主义观点，这个世界上没有绝对的道德上的对和错，也不存在客观的是非标准。

以上观点与科学对比之后，更可能获得放大效应。现代社会一个显著特点就是科学获得了前所未有的尊重与发展，乃至科学主义从某种意义上看正在逐步演化成社会价值方面的基本建制。为此，人们对待道德和道德问题的现实态度与对待科学的一般信仰大不一样。如果把两者加以比较，我们会对伦理相对主义有一个更为深入的了解。绝大多数的人相信，自然科学（诸如生物学、化学、物理学、地理学以及它们的现代分支学科）为我们打开了认识自然界的一个又一个窗口，而且确定性地告诉了我们很多不可怀疑的东西。自社会现代化以来，科学在自然界祛魅和认识世界结构方面获得的巨大成功，促使人们必然性地认为：科学具有广泛的有效性和绝对的可靠性。在这种范式主导之下，科学一定会像滚动的雪球一样日渐壮大自己的知识体系。

然而，与科学相比，在这急剧变迁的社会历程中，人们日益感到已有道德文化中的伦理经验与伦理知识对自己的社会生活越来越无力，伦理规范的规范性与伦理知识的可靠性正逐步为现实社会所解构。于是，人们普遍认为在伦理是非对错问题上，不仅难以达到一致的意见，有时甚至以为根本就不可能达成一致的意见。因此，伦理变成一种纯粹主观性的东西。这就是伦理相对主义的基本内容。在伦理相对主义者看来，在伦理这个领域内，不存在像在自然界通过科学探索可以发现的科学真理那样的客观伦理真理（准则）。

麦金太尔在其影响深远的著作《德性之后》中有过类似看法，他认为：现代西方社会的伦理理论与伦理生活实践都处于深刻的危机之中。伦理生活危机的实质表现在伦理相对主义盛行，即人们在伦理生活中没有客观的、非个人的伦理标准可以遵从。为此，伦理相对主义表现在理论领域，就是存在着没有结果的伦理争论，而不可能存在伦理理论的最终定论。麦金太尔把这种现象称为"伦理语言的无序"。

这里，我们有必要在理论上就伦理相对主义进行一番立论。其实，伦理相对主义的核心问题在于：伦理学能否像自然科学那样提供确定性的、客观的道德知识。事实上，伦理学不可能提供与自然科学同样确定性或客观性的道德知识。亚里士多德在《尼各马可伦理学》中就对此进行过直到今天为止依然是最正确也最精彩的论述。我们知道，在亚里士多德这里，伦理学是从属于政治学的，因而他对政治学性质的阐释同样适用于伦理学。他论述道："我们对政治学的讨论如果达到了它的题材所能容有的那种确定程度，就已经足够了。不能期待一切理论都同样确定，正如不能期待一切技艺的制品都同样精确……所以，当谈论这类题材并且从如此不确定的前提出发来谈论它们时，我们就只能大致地、粗略地说明真……只要求一个数学家提出一个大致的说法，与要求一位修辞学家做出严格的证明同样地不合理。"①

笔者把亚里士多德这种思想概括为"木匠理论"。木匠可以造出精美的桌子，但他绝不可能造出几何学上那种平面的桌子，现实生活中也不存在几何学意义上的平面。所以，人们不能像要求几何学家那样来要求木匠，否则将十分荒谬。在亚里士多德看来，伦理学属行为科学，因为"政治学考察高尚与公正的行为"②。

由此，在亚里士多德这里，事物的真分为两种：真与似真。也就是说，知识可以分成两类：一类是确定性的知识，如现代自然科学知识；另一类是不太确定的知识，如伦理学知识等。从知识论的

---

① ［古希腊］亚里士多德：《尼各马可伦理学》，廖申白译注，商务印书馆2003年版，第6—7页。

② 同上。

角度看，亚里士多德的以上精彩论断可以说是西方知识多元论的最早阐释。

知识多元论是对人类认知能力、历史和现状的正确判断。它断言：人类永远无力凭其理性发现或建构统一的真理体系。当然，主张知识多元并不意味着走向相对主义。知识多元只是承认人类认识对象的异质性。罗尔斯说得很好："合情理的多元主义（reasonable pluralism）这一事实不是人类生活的不幸条件。"① 多元是不可避免的，但相对主义是可以避免的。

也有不同意义的伦理相对主义。极端的伦理相对主义认为，在任何情境中，我们都无法判定不同行为之伦理上的对与错（morally right and morally wrong），更无法判定人或事的善与恶。这显然相当错误。人们可以否定掉伦理相对主义，但必须承认伦理知识确实具有一定的相对性，原因在于人们的行为总是处于特定历史时期、社会关系、文化传统和生活境遇中，因此这些行为必然包含许多差异与不确定性。必须说明的是，伦理知识的相对性含义不是指人们无法判定不同行为之伦理上的是非善恶，而是指在对人们行为的伦理判定。问题是人们无法获得自然科学那样的确定性与客观性，只能获得与人们行为题材相适合的确定性与客观性。此种确定性与客观性跟自然科学领域获得的确定性与客观性相比，它只能是大致的、粗略的。因为人们的行为从来都是在具体生活情境中发生的，它必然表现出相对的差异性与绝对的不可重复性。

之所以伦理相对主义在现代化转型之中才真正成为巨大的问题，这与世界现代历史进程具有相当一致性。

在前现代时期，不同民族由于相对隔离地生活着，大家在自己的经验世界中获得了某种伦理知识上的相对稳定性与确定性，导致伦理相对主义问题没有显现。卢风先生认为："现代伦理相对主义盛行，既与20世纪人类学研究的丰富成果有关，也与现代化带来的全球交往有关。"② 在现代化开启之前，由于人们生存与交往的稳定

---

① John Rawls, *Political Liberalism*, New York: Columbia University Press, 1996, p. 144.
② 卢风：《道德相对主义与逻辑主义》，《社会科学》2010年第5期。

性、有限性与封闭性（基本上局限于有限的时空与有限的人群中），大家对各自的行为预期与行为判断都比较确定，也获得了一致认同的善恶是非标准与相关伦理知识。换言之，在传统社会中，社会生活基本上处于一种差异不大的状况中，相应地，伦理也就具有较强一致性与唯一性特质，由此决定个人的伦理行为与群体的伦理共识切合度较高。总之，传统社会人们的生存与交往境遇决定了大家无须为伦理相对主义而忧心。

在现代社会中，由于人们的存在与交往境遇发生了根本性改变（正如马克思所言，资本使世界连在了一起，带来了真正的世界历史），地球变成了"地球村"。人们的存在与交往越来越带有全球性。但人们又必须生活在各自不同的文化传统与伦理传统中，摆脱不了地方性束缚。"全球化"与"在地化"同时存在，如何在不同文明样式中谋求一致性的伦理知识，以克服伦理相对主义现代性困境，俨然成为走向现代社会进程中进行道德文化建设的好望角①。

如何走出伦理相对主义困境？必须指出的是：逻辑主义不可能克服伦理相对主义困境，不但不能摆脱困境，而且还会将道德文化重建工作引入歧途。

逻辑主义其实就是知识一元论，而且，它不是一般的知识一元论，而是绝对化的知识一元论。在逻辑主义者看来，人类凭其理性可日益穷尽自然的奥秘，逼近知识的终点。②

库恩和普特南等人用精细的逻辑分析、语言分析的方法对逻辑主义展开批判，并指明了逻辑主义的荒谬性。普利高津等人则指出："大自然确实涉及对不可预测的新奇性的创造。"③ 因为大自然不但生生不息，而且无比复杂。笛卡尔的理性建构主义创造的只能是一个遥不可及的神话。逻辑主义者的伦理立场是建立在伦理知识

---

① 参见［美］亨廷顿《文明的冲突与世界秩序的重建》，周琪等译，新华出版社2010年版。
② 参见［美］温伯格《终极理论之梦》，李泳译，湖南科学技术出版社2003年版。
③ Ilya Prigogine, *The End of Certainty: Time, Chaos, and the New Laws of Nature*, The Free Press, 1997, p. 72.

绝对确定性的基地上，这是对道德文化现象最为荒谬的说明。按照这种思维模式，人们可以获得伦理领域里放之四海而皆准的客观性与确定性。

因此，再次回顾亚里士多德的相关观点是有必要的。克服伦理相对主义困境，其出路并不是寻求伦理知识的"唯一正确之解"，而是在知识多元论视域下充分认识伦理知识的"似真"（亚里士多德语）本性。换言之，我们在道德知识问题上只能寻求做一个杰出的木匠，而不能痴心做几何学家。

当然，理论工作者的使命不但是要指出希望之路，还有必要对现代社会的伦理相对主义困境拿出切实可行的解决方案。下面以汉斯·昆、罗尔斯、德沃金三个代表人物为例，说明理论界为走出伦理相对主义，寻求道德文化共识进行的理论创造。

二 宗教伦理对伦理相对主义困境的"克服"：以汉斯·昆为例

汉斯·昆认为人类可以也应该走出伦理相对主义的沼泽，并获得以宗教为基础的全球性的道德文化共识。

他的《世界伦理构想》一书第一篇的标题就是"没有一种世界伦理人类则无法生存；为什么我们需要一种全球性的伦理"①。显然，在汉斯·昆这里，克服伦理相对主义是可能的。他说道，"如果在一种多元的社会中，不同的世界观应该同时存在的话，那么这是这一多元的社会需要一种意见基本一致，所有的世界观都应对此做出贡献。虽然不能达到一种'严格'的或者是全面的意见一致，却能达到一种'重叠的意见一致'（overlapping consensus，约翰·罗尔斯）。至于这种'重叠的'伦理上的基本意见一致具体到什么程度，就取决于历史的境况了……必须在一种生气勃勃的进程中去一再重新寻求这种意见一致"②。其实，在他这里，寻求"'重叠的'伦理上的基本意见一致"就是他提出的寻求各种不同宗教之间的世

---

① 参见［瑞士］汉斯·昆《世界伦理构想》，周艺译，生活·读书·新知三联书店2002年版。
② 同上书，第36页。

界性和解过程。

因此，我们有必要梳理一下汉斯·昆对世界伦理应建立在宗教基础上的论证过程。

第一步，人必须有约束性。简约地说，个体性——人——的存在必须遵循某些规则，否则任何共同体都不可能存在。这点毫无疑问能取得大家的一致性意见，也属不证自明的。

第二步，人们约束性从何而来？为此，汉斯·昆采取如下步骤：一是先期否定了自然科学在此问题上有效的可能性。他说道，我们可以就此提个反问："我们从什么地方取得那些用来引导我们以及必要的时候警告我们的衡量标准呢？自然科学是不会教给我们这些规范的……现代自然科学的思维与工业技术的思维，从一开始就证明了它在建立普遍的价值、人权以及伦理的衡量标准上的无能。"[①]二是打发掉哲学社会科学在此问题上有效的可能性。既然自然科学在此问题上属于失语状态，那么还有谁能解释"人们约束性从何而来"这一根本性问题？是哲学社会科学吗？也不是。

在汉斯·昆看来，尽管自20世纪80年代以来人们对以上问题的回答发生了令人极为喜悦的变化，因为不管是来源于分析式的语言哲学、法兰克福学派的批判理论，还是来源于历史理论等哲学社会科学理论，它们都开始重新较多地关心实践，并由此而开始关心对一种有约束力的伦理进行理性解释。然而，问题是：哲学能为普遍的、绝对的社会规范提供可靠的解释吗？

汉斯·昆的回答当然是否定性的。他从以下方面进行确证：一方面，显而易见的是，不少杰出的哲学家如麦金太尔、罗蒂等就宁愿放弃普遍的规范，而退回到形形色色的生活世界和生活方式的通常性上；另一方面，即使是坚信不疑地认为"哲学能为普遍规范提供合理解释力"的哲学家如哈贝马斯（提出"辩论伦理"）、康德（提出"绝对命令"）等人构建了一整套周密的理论体系，他们依然改变不了理性应有的局限与限度。换言之，在汉斯·昆看来，任何人的理性都是区域性的、经验的，而不是超验的。因此，区域性

---

① ［瑞士］汉斯·昆：《世界伦理构想》，周艺译，生活·读书·新知三联书店2002年版，第52—54页。

的、经验的理性必然丧失解释具有绝对性、普遍性规范的资格。这点同样可以从如下获得确证:"解释绝对有约束力的、普遍有效的、规范的哲学,到目前为止还没有超越出棘手的一般化和超验主义——实用主义的模式或者功利主义——实用主义的模式……尽管这些哲学上的解释自称为超验的'终极性解释'。"①

第三步,宗教——道德文化的可能基础。对此问题的阐释,他是从如下方面开展的。

首先,他肯定人离开宗教同样可以接受绝对的伦理规范,从而过一种伦理的生活。因为谁都不能否定这样一个事实,那就是"各种宗教,如同所有人类历史上引起矛盾心理的重要事件一样,好歹执行了自己伦理上的责任。好或歹,只有带有偏见的人,才会忽视恰恰是这些高级宗教对各民族精神——社会伦理的进步做出了许多贡献"②。当然,同样不可否认的是,各宗教除了作为进步力量之外,它们更多时候是作为反改革、反启蒙的堡垒而存在的。就伦理而言,宗教既书写出一部功绩史,也书写了一部丑陋史。于是,人们有充分的理由进一步发问:没有宗教的伦理是否可能?换言之,没有宗教,人们能否伦理地生活?汉斯·昆的回答是肯定的。他从生活—心理学、经验、人类学以及哲学四个方面论述了这样一个观点:"即使是有宗教的人也该承认,没有宗教、但有德性地生活是可能的……因为今天许多世俗的人在伦理上做出了榜样,这种伦理是符合每一个人的尊严的……他们也能以他们自己特有的方式代表和保护人的尊严和人的权力,即使是他们也能代表和保护一种人道的伦理。"③他继续肯定性地论述道:"我们坚持这种观点:即使是一个没有宗教的人也能过上一种真正的人的生活,即一种人道的生活,在这层意义上也就是说,过着有伦理的生活,这正是人的内在世界自律性的表现。"④

---

① [瑞士]汉斯·昆:《世界伦理构想》,周艺译,生活·读书·新知三联书店2002年版,第55页。
② 同上书,第46页。
③ 同上书,第47—48页。
④ 同上书,第66页。

其次，他认为："一个没有宗教的人，即使他在事实上让自己接受了绝对的伦理规范，他也不可能解释伦理义务的绝对性与普遍性。"① 因为在他看来，人总是有限性存在物，总是受到多方面的限制。换言之，人总是有条件的，而不是无条件的。基于此，人们不应指望"以有限来通达无限、以有条件来实现无条件"，即不应对人这样说：以你的有限存在去尽伦理所要求的绝对义务吧。绝对的义务只能由无条件的东西来加以说明。

对此，他论述道："从人的存在的最终有限性中，从人的紧迫性与必要性中是无法引出一种绝对的要求，一种'无条件'的应该。即使是一种独立化了的、抽象的'人的天性'或是'人的思想'也几乎无法对任何什么东西负起绝对的义务。即使是一种'人类的生存义务'也几乎无法在理性上有说服力地加以证明。"②

那么，什么东西是无条件的、绝对的存在呢？怎样完成"绝对的东西承担绝对的义务"这一人所不能完成的跨越呢？

再次，他顺理成章地得出如下阶段性结论：只有宗教才能解释伦理义务的绝对性与普遍性，因为只有宗教才是绝对的、无条件的存在。为此，人们有绝对的理由进行如下追问：作为绝对性、无条件性的存在——宗教是什么？宗教凭什么理所当然地成为绝对性、无条件性的存在？汉斯·昆这样说的理据何在？

我们可以断然地说，汉斯·昆将世界伦理建立在宗教基础上的理论努力能否成功，其决定性的环节在于能否让大家心悦诚服地接受其展示给大家的宗教界定。为此，他这样解释道："这一无条件的东西，只可能是最终的、最高的现实自己本身，这种现实虽然不能理性地加以证明，却能为一种理智的信任所认可——不论各种不同的宗教对这种理智的信任如何称呼、如何理解、如何加以解释。"③ 这一"最终的、最高的现实自己本身"是"人和世界的那一原根、原始依靠以及那一原始目标——我们称之为上帝。这一原

---

① ［瑞士］汉斯·昆：《世界伦理构想》，周艺译，生活·读书·新知三联书店2002年版，第46页。
② 同上书，第66页。
③ 同上书，第68页。

根、原始依靠以及那一原始目标对于人来说并不意味着外来的支配。正相反：这种解释、确定以及标准使得人的真正的自我存在和自我行为成为可能，使自我立法和自我负责成为可能。神治，正确地理解，不是他治而是基础、保证，当然也是人的自治的界限"①。可见，在汉斯·昆这里，作为绝对性、无条件存在的宗教——比如上帝——不是人的信仰本身，也不是人之外的、压迫人、支配人的存在，而是现实存在自身。

西田几多郎在《善的研究》一书中对宗教的理解、阐释与汉斯·昆有着高度的一致性，因此展示一下西田几多郎对宗教的相关论述对于我们进一步理解汉斯·昆对宗教的阐释是有益的。

西田几多郎认为："宗教是神与人的关系。人们对神有各种看法，但我认为把它看作宇宙的根本是最恰当的……如果有人说神与我在根基上有本质的不同，而神只是超过人类的伟大力量的话，我们就丝毫不能从他那里发现宗教的动机……宗教不是个人对于超自然力的随心所欲的关系，而是每一个社会的成员同维持那个社会的安宁秩序的力量之间的共同关系……神是宇宙的根本，同时又必须是我们人类的根本，我们皈依于神就是皈依于我们的根本。"② 他继续说道："宗教的要求就是对自我的要求，也就是关于自我的生命的要求。我们一方面知道自我是相对有限的，同时又想同绝对无限的力量结合，以求由此获得永远的真正生命，这就是宗教的要求……宗教的要求就是人心的最深最大的要求……宗教不是离开自己的生命而存在的，它的要求就是生命自身的要求。"③

由此可知，在西田几多郎这里，宗教不是外在于人、支配人、压迫人的异己的存在，而是一种根源于人自己且与"无限、绝对"结合在一起的现实存在。总之，在汉斯·昆看来，"绝对的东西可以绝对地承担义务的"。正是在此意义上，他认为宗教（因为它是绝对的存在、绝对的东西）可以克服"不能以人的有限去尽绝对的义务"

---

① ［瑞士］汉斯·昆：《世界伦理构想》，周艺译，生活·读书·新知三联书店2002年版，第68页。
② ［日］西田几多郎：《善的研究》，何倩译，商务印书馆1997年版，第130页。
③ 同上书，第127—130页。

这一伦理难题，也合理解释了伦理义务的普遍性与绝对性问题。

最后，汉斯·昆不但认为宗教能解释伦理义务的绝对性与普遍性，而且进一步指出，尽管现实世界中宗教迥异，但它们在解释伦理义务的绝对性与普遍性方面还是能够形成以人性为最终基石与标准的伦理共识。换言之，在他这里，以人性为基本标准的普世宗教是可能的。

他论述道：他承认目前各主要宗教在解释伦理义务的绝对性与普遍性方面存在巨大差异。"事实如此：各宗教难道不是只能提供来自完全不同的和相互矛盾的理论与实践方案吗？不仅是在各宗教的说教和文献中、在它们的礼拜仪式与机构中、甚而在它们的伦理与原则中也显示出区别。"① 但是，只要大家不去突出强调各大世界性宗教的不同处和矛盾以及它们之间的不协调性与排他性，而是将各主要宗教联系起来考察，人们就可以发现这些主要宗教间同样存在着伦理上的共同点。在这些共同点中，人性是普世宗教的最终基石和基本标准。"在提倡一种世界伦理的同时，我曾解释过的希望并不是胡诌的：在伦理的准则问题上，尽管时间上有各种困难，在那些大型宗教团体之间却应该可以就关于人的生命以及在一个世界共同体中共同生活的基本前提，达成一种具有新时代的人性的高度觉悟的初步意见基本一致，即对人的基本价值与基本要求的主要信念。"②

人们不禁要问：将人性具体地以人的尊严以及归属于它的各种基本价值为出发点，来界定一种普遍的、伦理的、真正的普世宗教的基本标准何以可能？汉斯·昆认为这完全可能，因为在他看来，宗教与人性之间是一种辩证的互换关系。他的理论逻辑是这样的：伦理的准则，在逻辑上可以转换成这样一个基本问题，那就是——对于人究竟什么是好东西？回答是：有助于他真正做人的东西，即人不应非人性地、纯粹本能地、"野兽般"地活着，而应人性地、理智地、人道地活着。因此，只要一种宗教为人性服务，只要它在

---

① ［瑞士］汉斯·昆：《世界伦理构想》，周艺译，生活·读书·新知三联书店2002年版，第71页。
② 同上书，第117页。

其信仰学说与伦理学说中，在礼拜仪式及机构中促进人们对人性的认同、感知与价值性，让人们获得一种充满意义的、有益的存在，这种宗教就是真正的和好的宗教，反之就是假的和坏的宗教。换一种方式表达就是：只要是人道的、真正人性的、符合人的尊严的东西，就可以有理由引证神性的东西。因此，真正的人性是真正宗教的前提，人性是对每种宗教的最低要求。反之，真正的宗教是真正人性的完善，宗教是实现人性的最佳前提。①

就这样，汉斯·昆通过以上理论步骤克服了西方自现代化以来的伦理相对主义困境，完成以宗教为普世伦理基石的道德文化共识的构建。

汉斯·昆对伦理相对主义困境的克服，其实是一种将伦理的普遍标准建立在抽象人性观的基础上，这造成其理论的根本缺陷。迄今为止，马克思对人性的理解与阐释依然是这方面的典范，也是我们对一切人性理论进行评判的理论武器。

马克思对人的本质的科学揭示，完整地体现在《关于费尔巴哈的提纲》和《德意志意识形态》两本代表作中。在《关于费尔巴哈的提纲》一书中，马克思全面阐述了自己关于人的本质学说的立场与方法论原则。

首先，马克思提出社会实践是理解人的本质的真正基础。马克思说，包括费尔巴哈在内的一切旧唯物主义的根本缺陷在于：只对现实事物做客观的、直观的理解，"而不把它们当作人的感性活动、当作实践去理解"②。因此，他们对人的本质的理解还不是实践的、社会的层面，只能停留在直观的、自然的水平。

其次，对费尔巴哈"把宗教的本质归于人的本质"的错误观点展开批判。马克思说，费尔巴哈不得不"撇开历史的进程，孤立地观察宗教感情，并假定出一种抽象的——孤立的——人类个体"，"他只能把人的本质理解为'类'，理解为一种内在的、无声的、把

---

① 参见［瑞士］汉斯·昆《世界伦理构想》，周艺译，生活·读书·新知三联书店2002年版，第118—121页。
② 《马克思恩格斯全集》第3卷，人民出版社1994年版，第3页。

许多个人纯粹自然地联系起来的共同性"。① 简言之，费尔巴哈竭力论证的只不过是抽象的自然人而已，与黑格尔抽象出来的、纯精神的人殊途同归。这种殊途同归正好表明一切旧唯物主义之所以无法对人的认识从抽象王国上升到现实社会的层面，根源在于：他们完成不了将人的感性存在上升为一种实践存在，因而也就无法超过对人的感性直观，更无法抓住人的社会实践本质。所以，马克思说："至多也只能做到对'市民社会'的单个人的直观。"② 对此，马克思十分深刻地指出，必须从现实的、社会的层面来完成对人的本质的考察。所谓现实的考察，就是必须从人的现实的实践活动中考察人；所谓社会的考察，则必须基于"人类社会或社会化了的人类"。所谓综合的考察，则主张从个人的各种现实社会关系出发，反对从孤立的、单个的个体出发。马克思说道："人的本质并不是单个人所固有的抽象物，实际上，它是一切社会关系的总和。"③

最后，马克思还论述了人的社会性和历史性。马克思说："费尔巴哈没有看到，'宗教感情'本身是社会的产物，而他所分析的抽象的个人，实际上是属于一定的社会形式的。"④ 必须清醒看到，人们的社会实践活动总是具体的、变化的，此种具体的、变化的社会实践活动，必然导致由此产生的社会关系也随之变化。人都必须生活在具体的、变化的社会历史条件下。人的社会性必然决定人的历史性，而人本身的历史性又来自他本身社会性的说明。

因此，汉斯·昆为伦理共识构建的人性理论，其实与包括费尔巴哈在内的许多哲学家、理论家的人性理论同样抽象，当然同样错误。其根本原因在于，他们都是从不切实际的、想象的、抽象的个人出发来说明人的本质。

马克思鲜明地指出："任何人类历史的第一个前提无疑是有生命的个人的存在。"⑤ 但是，作为历史前提的个人，绝不是臆想假设

---

① 《马克思恩格斯全集》第3卷，人民出版社1994年版，第5页。
② 同上。
③ 同上。
④ 同上。
⑤ 同上书，第23页。

的产物，而是一种"只有在想象中才能加以抛开的现实的前提。这是一些现实的个人，是他们的活动和他们的物质生活条件"①。所以，马克思说："个人怎样表现自己的生活，他们自己就怎样。因此，他们是什么样的，这同他们的生活是一致的。"② 看来，汉斯·昆所做的"以人性为宗教的基础、以宗教为伦理的基础"的理论努力，只有回归于人的现实的、实践的生活世界才是可能的。

三 政治伦理对伦理相对主义困境的"克服"：以罗尔斯为例

罗尔斯是 20 世纪西方最重要的政治哲学家、伦理哲学家，其作为公平的正义理论已成为西方政治伦理方面的典范。总体而言，罗尔斯在《正义论》一书中表达的核心思路是：人们只要通过他设定的契约论方法（即通过原初状态理念、无知之幕与反思平衡等程序设计方法），就能够克服政治伦理上的相对主义，在社会公平正义等政治伦理问题上获得共识，从而建立起正义的原则。

罗尔斯用契约论方法来寻求政治伦理共识，公开主张契约论方法具有理性、多数、公开与悠久等诸多优点。③ 罗尔斯契约论方法的理论原点是"原初状态"。"原初状态"在他这里是完全作为纯粹程序使用的。他认为，人们如果想在政治伦理方面获得可靠的、无可置疑的共识，必须在两方面获得令人信服的进展：一是在大家定约时（相对于探究伦理共识时）必须起点平等，即必须消除种种由于社会及自然的偶然因素对主体选择造成的影响，以消除各种潜在的"身份优势"；二是在大家履约时必须保证不受履约者身份影响，即让他们不存在身份差异。

如何确保"原初状态"理念实现呢？罗尔斯设计了"无知之幕"这一装置。在罗尔斯看来，"无知之幕"并不是真的无知，也不是缔约者在弱智意义上的无知，而是我们在技术上有意识地排除掉、遮蔽掉全部对形成政治伦理共识有影响的相关信息（如自己的自然天赋和社会出身、价值观念和性格特质、所处的社会和时代

---

① 《马克思恩格斯全集》第 3 卷，人民出版社 1994 年版，第 23 页。
② 同上书，第 24 页。
③ [美]罗尔斯：《正义论》，何怀宏等译，中国社会科学出版社 1988 年版，第 9 页。

等),以获得大家在最初状态下的平等,并为罗尔斯公平原则的出场提供理性设计上的便利。当然,罗尔斯所设计的"无知之幕"不是完全无知,对于一些与形成伦理共识方面没有实质性影响的信息(比如,他们对社会要有正义的环境是有知的,对社会合作的必要性与可能性是有知的,对社会需要政治经济条件是有知的),人们还是"有知"的。①

罗尔斯采用康德式的建构主义方法构建其政治伦理共识,这引起学界的广泛探讨与争论。争论的焦点可以概括为这样一个具有本质重要性的话题:罗尔斯创设的契约论方法在具体社会生活中是否可能?何以可能?

在社群主义代表人物桑德尔看来,其方法很难被认为是契约论的,因为"在原初状态中最终所发生的不是契约的订立,而是一个主体间的存在物之自我意识的产生"②。按照桑德尔的理解,在原初状态下,在无知之幕后,人的多样性被取消了,人成为单一性的主体,因而就不会有讨价还价的情况,也就不会有交易的发生。在这种情况下所订立的协议就谈不上是真正的契约,所以很难说罗尔斯的方法就是契约论的方法。

事实上,罗尔斯契约论方法依然存在明显的,而且很可能不为大家所接受的诸多观点。

首先,罗尔斯构建的政治伦理共识中保留了功利主义痕迹(尽管他的旨趣是要超越功利主义,重新恢复契约论传统)。盛庆来先生就撰文论及罗尔斯的正义论既是契约平等主义的,又是功利主义的。③ 事实上,无论罗尔斯如何精巧地设计"原初状态"与"无知之幕",其"原初状态"下的个体仍然给人以具有强烈的自利性的感觉。这正如他在《正义论》中所说:"这些条件和无知之幕结合起来,就决定了正义的原则将是那些关心自己利益的有理性的人们,在作为谁也不知道在社会和自然的偶然因素方面的利害情形的

---

① 参见[美]罗尔斯《正义论》,何怀宏等译,中国社会科学出版社1988年版。
② [美]桑德尔:《自由主义与正义的局限》,万俊人等译,译林出版社2001年版,第133页。
③ 盛庆来:《对罗尔斯理论的若干批评》,《中国社会科学》2000年第5期。

平等者的情况下都会同意的原则。"① 在罗尔斯的理论建构中，这些缔约者之所以能达成共识，从根本上看还是大家基于对自己利益的考量，仍然是理性人在博弈中追寻利益的最大化。其区别只在于是理性的，而非赌徒式的投机与冒险。正是在这个意义上，罗尔斯所设定的原初状态的契约主体，无论如何进行身份信息过滤，其本质依然是理性自利的，其理路依然是遵循传统功利主义趋利避害、利益最大化的逻辑。正是在这个意义上，我们很难说罗尔斯真实彻底地拒斥了功利主义。

其次，罗尔斯构建政治伦理共识采用的契约论方法具有相当多的直觉主义色彩。罗尔斯公开宣称自己正义理论的逻辑前提与理论推导都是理性主义的。然而，我们在其体系中却能感受到相当明显的直觉主义色彩。他在《正义论》中这样论述道："任何伦理学观点都必然在许多点上和某种程度上依赖直觉。"② 这一特点尤其体现在他对原初状态及其两个正义原则的设计上。他说："在此直觉的观念是：由于每个人的幸福都依赖于一种合作体系，没有这种合作，所有人都不会有一种满意的生活，因此利益的划分就应当能够导致每个人自愿地加入到合作体系中来，包括那些处境较差的人们。"③ 综观全书，罗尔斯始终没有明确而有力地解释"反思平衡"为何可能？即理性为何要以非理性的直觉为基础？"反思平衡"是否要经受理性的反思等？这不能不说是罗尔斯构建政治伦理共识在方法论上留下的遗憾。

最后，"有知之幕""有知之约"下，政治伦理共识是否可能？罗尔斯契约论视域下的政治伦理共识是奠基于"原初状态"与"无知之幕"预设之上，而问题的真正关键在于：现实生活中不可能有"原初状态"与"无知之幕"，那么，离开"原初状态"与"无知之幕"，政治伦理共识是否可能？罗尔斯之所以要设计"原初状态"与"无知之幕"，其本意是要起到理论上的简化作用。这当然是有

---

① [美] 罗尔斯：《正义论》，何怀宏等译，中国社会科学出版社1988年版，第16—17页。
② 同上书，第36页。
③ 同上书，第12—13页。

道理的。但是现实生活中的人在达成伦理共识时，总是处于"有知状态"，受到自己身份、文化传统、生活经验、价值取向、性格心理等多方面因素的影响与制约。① 这可能是罗尔斯创立的政治伦理理论中最为艰难，也最为棘手的问题。他对此没有给出令人满意的回答。

虽然我们承认罗尔斯从方法论意义上采用一些理论上的简化手段，可以为理论建构免去许多纷争与烦琐，避免过多地诉诸个人的直觉与价值判断，也为学术界进行理论创建提供了很好的思路，但同时也必须清醒地认识到，罗尔斯构建政治伦理共识方面采用的契约论路径具有高度的抽象性与虚拟性，而现实问题却不是采用虚拟与抽象方式所可以完全回答的，它应该有更坚实的基础。对此，何怀宏说："应当依据某种深刻的对于人类历史和社会发展的认识，依据某种有关人及其文化的哲学，这样才可能使理论彻底，才可能根基稳固，才可能不仅揭示'应然'，而且指明从'实然'到'应然'的现实道路，才可能最终地说服和把握人。"②

事实上，在研究政治经济学时，马克思也采用了类似罗尔斯的理论方法，即采用一种从抽象上升到具体、由简单上升到复杂的方法，换言之，就是从一些最抽象、最简单的概念出发，揭示和展开整个资本主义社会的发展规律。然而，马克思在建构其理论时没有就此止步，而是进一步地贯彻使用了唯物史观。所以，重温一下马克思以下一段话对于我们进一步认识罗尔斯的政治伦理思想是有益的。马克思讲道："哪怕是最抽象的范畴，虽然正是由于它们的抽象而适用于一切时代，但是就这个抽象的规定性本身来说，同样是历史关系的产物，而且只有对于这些关系并在这些关系之内才具有充分的意义。"③

正由于罗尔斯构建政治伦理共识时采用的以"原初状态""无

---

① 参见于建星《罗尔斯契约论方法批判——兼论古典契约论与现代契约论》，《社会科学论坛》2010年第10期。
② [美]罗尔斯：《正义论》，何怀宏等译，中国社会科学出版社1988年版，译者前言第19页。
③ 《马克思恩格斯选集》第2卷，人民出版社1972年版，第107—108页。

知之幕""反思平衡"为核心要素的契约论方法不是历史关系的产物,而只是纯粹的思想抽象,所以他的理论不可能在历史关系中具有充分的意义。

四 法律伦理对伦理相对主义困境的"克服":以德沃金为例

与罗尔斯齐名的美国同时代的另一位伦理哲学家、法哲学家德沃金,也从法律伦理的角度探究了伦理共识的可能性问题。

德沃金总体上不赞同罗尔斯"正义论"中所倡导的"原初状态"下处于"无知之幕"的人们,通过社会契约方法来寻求法律伦理共识的方案,而是主张采用一套不需利用任何假定的全体一致赞同的协议的方式来寻求法律伦理共识。

德沃金以资源平等作为法律伦理的共识,采用的核心理论和方法具体来说是:选择非人格资源和人格资源作为平等的尺度;把他人付出的机会成本作为衡量任何人占有非人格资源的尺度;以一个虚拟的保险市场作为再分配税收的模式。① 为此,德沃金设计了一种以市场经济为作业平台、以拍卖作为分配者的分配手段,以嫉妒检验作为衡定准则的初始分配的理想模型。他假定有一个封闭的共同体,其社会成员都接受了这样一条原则:对于这里的任何资源,谁都不拥有优先权,而只能在他们中间进行平等分配。德沃金把它称为嫉妒检验(envy test):一旦完成分配,如果有任何居民宁愿选择别人分到的那份资源而不要自己那份,则资源的分配就是不平等的。

为克服分配资源过程中囿于待分配资源的具体性和有限性而出现的任意性和不公平这两个显著的难题,因此又假定分配者需要某种形式的拍卖或其他市场程序。这种拍卖方式假定拍卖者(也就是分配者)可以对共同体的资源进行份额划分,然后让划分后的资源进入拍卖市场,直至每一份资源在拍卖市场上都可以在某一价位上只能由一人购买,而且每一份资源都能卖出去,不然拍卖者就调整价值直至达到可以清场的价格。这样,拍卖过程完

---

① [美]罗纳德·德沃金:《至上的美德:平等的理论与实践》,冯克利译,江苏人民出版社2003年版,第8页。

成之际，人人都表示自己很满意，物品也各归其主，嫉妒检验也获得通过。①

当然，德沃金试图通过以上制度设计来寻求解决法律伦理相对主义困境的努力能否成功，还必须取决于如下两个条件的满足：一是在虚拟的拍卖模式的初始分配中，如何确保人们以平等的条件和身份进入拍卖市场，否则该种方案不具有任何吸引力；二是即使拍卖如上述所描绘的那样取得了完全的成功，共同体的公民在那一刻便达到了资源平等。

然而，随着人们生产和交易活动的进行，"那一刻"达到的资源平等的状况立即就会消失，嫉妒检验也会失灵。因为人们初始平等会在时光的流转中因运气、天赋和后天的技能等诸多因素的差异而彻底消失。

对于第一个诘难，德沃金给出的药方是通过"反事实设定"②来达致，即设想大家进入保险市场时，大家身上的所有信息都消失，类似于罗尔斯的"无知之幕"。德沃金通过"反事实设定"来确保大家以平等的条件和身份进入拍卖市场只能告诉我们一个构建伦理共识应有的道理，但它并没有任何实践的可能性，人永远是生活情境中的人，是具体的、历史的人。

对于第二个诘难（如何处置该种初始平等之后出现的不平等），由于它更具挑战性，德沃金为此做了详尽的阐述。为了在动态经济社会中贯彻资源平等，消解运气、天赋和能力等可能带来的不平等，德沃金设想了一种虚拟保险市场，以便人们在面对偶然因素所带来的每种风险时，可以自主地选择并承担选择的成本和后果。为此，德沃金分别考察运气、劳动技能等因素在实现资源平等中通过虚拟保险市场予以解决的可能性。

限于篇幅，这里只将德沃金对运气方面的相关论述进行归纳。德沃金将共同体中的公民运气分成两种：一种是选择的运气（option luck）；另一种是无情的运气（brute luck），即厄运。选择的

---

① 参见［美］罗纳德·德沃金《至上的美德：平等的理论与实践》，冯克利译，江苏人民出版社2003年版。

② 参见 Ronald Dworkin, *Sovereign Virtue*, Harvard University Press, 2002。

运气是一个自觉的和经过计算的赌博如何产生的问题——人们的损益是不是因为他接受自己预见到并可以发生的孤立风险。无情的运气则是风险如何产生的问题，从这个意义上说，它不同于自觉的赌博。举例来说，某人的庄稼被雷电击中而被烧属无情的运气，而另外一人买的足球彩票中奖了则属选择的运气。德沃金认为，如果个人因选择的运气而导致资源不平等，那么他不能就此向政府抱怨。但如果是遭遇到厄运，这时出现的资源不平等就不能要求作为选择主体的公民独自来负责，社会应该通过建立一种保险市场来防范。假定社会成员对各种风险均有着大体相同的评估，那么人们需要的具有不同险种的保险市场就可以建立起来。人们可评估各种机会成本，对是否投保做出自己的选择，由此而导致的资源不平等就转化为依据"选择运气"而获得，因而也是必须予以接受的。[①]

这样，德沃金利用保险手段将无情的运气和选择的运气勾连起来，将无情的运气转化为选择的运气，从而自认为对动态经济社会中因运气问题而出现的资源不平等问题予以解决。然而，这里的关键在于：人们如何利用保险市场这一手段将人类智能无法达到的无尽的厄运逐一转化为选择的运气，这本身就是一个无情的运气问题。

当然，必须指出，即使德沃金可以假定保险市场已经通过万能的上帝穷尽了一切可能的险种，并均可以将人类已经面临和将来面临的一切无情的运气转换成选择的运气，这也只不过是聊以自慰的奢侈品而已，在实践中断不能行。

五　伦理相对主义：人类共同伦理生活的获致

要克服伦理相对主义的困境，在世界历史（或全球化）真正充分展开的今天，必须有赖于如下两方面的真正进展：一是人类能在伦理问题上形成共识；二是人类伦理共识的形成必须根植于共同生活的充分发育。

为摆脱伦理相对主义的时代困境，人类首先要在观念、理论上

[①] 参见 Ronald Dworkin, *Sovereign Virtue*, Harvard University Press, 2002。

形成伦理共识。可以这样说，汉斯·昆在《世界伦理构想》一书中开出的药方以及德沃金在《至上的美德：平等的理论与实践》一书进行的相关理论建构，都从观念、理论上为人类形成伦理共识提供了很好的思路。尽管如此，我们必须承认在伦理共识之外，人们还必须也应该允许存在足够多的伦理争论，因为从本性上来说，不同人的伦理主张永远是不同的（不排斥有相同部分）。有人信仰自然主义，有人信仰有神论，有人信仰基督教，有人信仰伊斯兰教，有人信仰社会主义，有人信仰资本主义，有人信仰科学主义，有人信仰生态主义……人类历史表明，除了用政治和军事力量统一人们的思想之外，任何人都无法用纯粹说理的方法统一所有人的思想，或说没有任何一种学说能仅凭自己的"理论"魅力让所有人都心悦诚服。我们不但不能通过类似于政治和军事力量来清除伦理争论，而且要充分认识到这样一个道理：人们伦理共识的达致恰恰就是以伦理争论为平台的，且表现为"争论—共识—争论—共识"之循环往复过程。

在伦理共识的形成过程中，要反对两种错误做法：一是用政治、军事等力量的逻辑来解决伦理共识问题；二是用逻辑主义的方式形成伦理共识。

当然，理论、观念上的彻底性与有效性来自实践上的彻底性与可行性。

所以，解决伦理相对主义困境的根本出路在于，伦理共识之所以能够形成背后的人类共同生活的充分培育能否实现。就今天而言，人类必须学会在文明样式多样、宗教信仰不同、文化传统迥异的具体生活世界中，在承认并宽容各自生活异质性的前提下，努力培育生活的同质性。

我们必须清醒地认识到，人类共同生活的充分培育不是一个理论建构过程，也不是一个观念形成过程，而是一个漫长的世界历史逐步展开过程。

尽管传统中国在向现代中国迈进过程中，由于现代化尚未完全展开，因而伦理相对主义还没有西方社会表现得那样凸显，但伦理相对主义所描述的情境确实是一种真实存在。

第二节 伦理理性主义困境

一 西方理性主义文化传统

讲到西方道德文化中的伦理理性主义困境，我们必须回顾一下西方理性主义文化传统。因为从相当意义上讲，西方的理性主义道德文化源自西方理性主义文化传统。

古希腊哲学开启了西方理性主义文化传统。苏格拉底提出了"知识即美德"的命题，把追求普遍善作为目标。苏氏实质性扩大了哲学的研究范围，把哲学从天上拉回人间。作为第一个人文哲学家，苏氏促成西方文化的根本转向。这种根本性转向，主要指标就是将人自身纳入理性思维的范围之内，从而在西方开启了对人类生活自身进行理性规制的历史进程。在此之前，西方从来没有以理性来规制人类生活世界。

在苏格拉底人文哲学基础上，柏拉图进一步确立了理性的奠基作用，并构筑起理念论的宏伟大厦。对柏拉图的理念，黑格尔说道："柏拉图的学说之伟大，就在于认为内容只能为思想所填满，因为思想是有普遍性的，普遍的东西（即共相）只能为思想所产生，或为思想所把握，它只有通过思维的活动才能得到存在。柏拉图把这种有普遍性内容规定为理念。"① 正如有研究者所说："在进行这种活动的时候，人的理性决不引用任何感性事物，而只引用理念，从一个理念到另一个理念，并且归结到理念。"② 柏拉图奠定了西方理性主义传统的基本范式。

托马斯·阿奎那（中世纪经院哲学大师）为克服信仰和理性之间的矛盾，创造性地提出包含"天启真理和理性真理"在内的两种真理观。在他看来，认识划分为感性和理性两个阶段，而理性认识是第二个阶段。中世纪经院哲学虽承认理性的力量，但是更强调信

---

① ［德］黑格尔：《哲学史讲演录》，贺麟等译，商务印书馆1997年版，第195页。
② 北京大学哲学系外国哲学史教研室：《古希腊罗马哲学史》，商务印书馆1982年版，第201页。

仰的价值。阿奎那认为，人的认识正是凭借天使的理智才能完成由感性到理性的飞跃。毫无疑问，信仰在经院哲学家们眼中总是第一位的。因此，他们以贬低人性来强调神性，并主张人的理性源自、依附于神的理性。必须指明的是，虽然经院哲学家大力宣扬天国理性的纯洁高尚，但现实的理性却永远是他们无法摆脱的，这确实是一种巨大纠结。

随着近代以来西方科技的发展和资本主义经济的兴起，理性的作用受到前所未有的重视，人的理性不再像中世纪那样依靠神的天启，而是获得了独立性。在文艺复兴时期，人的主体地位得到彻底承认，人不再匍匐在神的脚下，而是作为自由平等的个体得到张扬。在此，理性完全从对上帝的信仰中解放出来，决定性地完成理性的主体化和世俗化的过程。

西方在十七八世纪进入了理性的时代。与自然科学相结合是西方近代理性主义哲学的特点。此时，研究本体不再是西方近代哲学的着重点，重点在于研究知识的基础和确定性。基于对知识的基础和确定性的寻求，理性得到前所未有的重视也就顺理成章了。在古希腊，理性扮演与宇宙心灵相通的角色；在中世纪，理性则是信仰的助手；在近代，理性是时代之精神（即自然科学精神）。① 笛卡尔是西方近代理性主义的杰出代表，开创了近代唯理论哲学。为寻求知识的确定性，笛卡尔开创了怀疑论方法论。在他看来，怀疑方法具有普遍性，所有的知识都应该通过怀疑的检验，否则排除在知识之外。自此以后，唯理论者认为，知识的普遍必然性和逻辑确定性只能在理性中获得，与感觉经验无关。

德国古典哲学将西方理性主义文化推向顶峰，并且将理性继续推向内在化、本体化。可以毫不夸张地说，黑格尔是完成了的笛卡尔主义，把理性推向巅峰。黑格尔说："哲学的最后目的和兴趣就在于使思想、概念与现实得到和解"②，"达到自觉的理性与存在于事物中的理性的和解，以及达到理性与现实的和解"③。事实上，黑

---

① 赵敦华：《西方哲学简史》，北京大学出版社2005年版，第23页。
② [德]黑格尔：《哲学史讲演录》，贺麟等译，商务印书馆1997年版，第323页。
③ 同上书，第430页。

格尔就是以绝对理念来构建他的哲学大厦的。在黑格尔那里，绝对理念只有靠思维才能把握，是一种先验的逻辑先在。我们的思维是什么，事物的本质就是什么。在黑格尔看来，思想不仅是思想，同时也是事物本身以及本质。对此，美国学者汉姆普西耳这样说道："我们可以适当地把17世纪称之为哲学史上的'理性时代'，因为几乎所有这一时期的伟大哲学家，都试图把数学证明的精确性引入知识的所有部分，包括哲学本身。"①

在理性主义者看来，人类只有依靠理性才能把握世界、改造世界。因为在他们眼中，还具有理解世界体系和世界结构方面的普遍性与绝对性，理性具有认识世界的主体性以及改造世界的合理性。理性主义在西方近代最终完成，是以理性代替上帝进而成为制约人本性的工具为标志的。近代理性主义在取得历史性进步的同时，也先天性地带有内在根本缺陷，并引发了深刻的危机。具体表现包括：其一，对理性的尊重变成对理性的迷信。万能的理性取代万能的上帝，以理性主义精神凌驾在一切科学和现实生活之上而形成的哲学体系，必然导致理性的独断。其二，近代哲学的理性主义认识论的转向，尽管以理性思维的方式克服了古代哲学的直观性和朴素性，然而它以主客、心物分离为前提，往往导致主客、心物两者之间联系的断裂，不可避免地陷入不同程度的二元论，而二元论的最终结果就是带来与理性精神背道而驰的独断论和怀疑论。②

正是出于对独断论和怀疑论的恐惧，西方现代哲学在反对理性主义的旗号下引出各种非理性主义和反理性主义的思想流派。

西方现代哲学旗帜鲜明地反对理性至上，公开站在理性的对立面。走向独断的西方理性主义，从引导人们走向思想解放转变成制约人存在的新的神话。因此，如何超越形而上学的理性独断，从理性的神话中走出来，回归人的本真的真实性存在，从而形成非理性主义思想潮流。非理性主义以对人的个体性的生命本能的观照代替理性对自由、平等、博爱等人性方面的普遍需要。由于黑格尔的理

---

① ［美］汉姆普西耳：《理性的时代》，陈嘉明译，光明日报出版社1989年版，第8—9页。

② 刘放桐：《新编现代西方哲学》，人民出版社2003年版，第50页。

性主义是西方近代理性主义的全部，因此自然而然成为非理性主义思想家批判的主要靶子。事实上，在黑格尔哲学巅峰时期，叔本华就以其悲观的生存意志批判了黑格尔的理性主义，并开辟出现代西方非理性主义的道路。非理性主义的真正转折来自尼采对理性主义的批判。非理性主义以人的存在为立论基地，强调从整体上理解人的生命，并以此批判和克服理性主义传统。非理性主义主张，人的任何概念、判断等都源自人们的需要、激情、本能，都是非理性主体加工的结果，客观世界不可能通过理性获得认识。自我意志就是世界的本质。非理性就是人的本真存在，在这个世界中，生活的人本质上就是自我意志的存在。须明了的是，在批判理性主义的过程中，非理性主义走得太远，走到了理性主义的另一极端。在克服理性万能的神话过程中，非理性主义者主张人的本质在于非理性，主张人的意识中非理性的无意识在意识中占据支配地位，并支配人的意识。非理性在他们这里获得了至高无上的地位，并最终走上像唯意志主义、生命哲学、存在主义等极端的理论形态。平实地说，非理性主义在开启人们对理性主义的反思方面有着无可比拟的独特优势，但是从一开始也暴露出巨大的理论局限，并直接导致非理性主义陷入虚无主义和怀疑主义的泥潭。必须说明的是，从一开始非理性主义就带着理性的成分展开对理性主义的批判与分析，正是在这个意义上说，现代西方哲学依然是站立在理性的立场上的。

作为理性主义传统下的西方道德文化，它绝对走不出理性主义的泥潭，必然演变成道德文化上的伦理理性主义。汉斯·昆讲道："第二次世界大战刚结束，特奥多尔·阿多诺和马克斯·霍克海默尔就曾将现代自身问题化这点分析为'启蒙的辩证法'。而今天，这一现代的自身问题化早已成了共有的知识财富：理智很容易突变成不理智……自然科学和技术的有限的、可分的、独自的有理性，并不等于整体的、不可分的合理性，即并不等于真正的、合乎理智的理性……现代的自然科学的思维与工业技术的思维，从一开始就证明了它在建立普遍的价值、人权以及伦理的衡量标准上的无能。"[①]

---

① [瑞士]汉斯·昆：《世界伦理构想》，周艺译，生活·读书·新知三联书店2002年版，第53—54页。

二 西方伦理理性主义的根本缺陷

现代化以来，伦理理性主义主导下的西方道德文化具有如下的根本性缺陷。

首先，将道德文化中的伦理知识绝对化。

欧洲现代化以来高扬理性的旗帜，将理性走向绝对化的地步，认为通过理性获得的知识的确定性是牢不可破的，主张人类凭借理性之光完全能够认识客观世界，在认识论上坚持绝对真理观，走向了彻底的理性主义。表现在道德文化上，就是坚信这样一个绝对真理：人类可以从根本上消除道德纷争（即人们之所以存在道德纷争是由于人们还没有获得相应的道德知识，犹如苏格拉底所说的"知识即美德"含义），获得如几何学一样为大家一致接受的确定无疑的道德知识，从而为人们的行动提供绝对性、唯一性的指导。

这在斯宾诺莎的著作《伦理学》中得到最好的体现。斯宾诺莎的《伦理学》并非论述一般经验伦理的书，他展示给读者的"伦理学"不是一般的"伦理谱系学"，也不是"伦理规范学"，而是"伦理几何学"。

在斯宾诺莎眼里，世界上的一切都是已经被决定了的，一切事情都可以去理性研究、证明。人是自然的一部分，所以人和其他自然事物一样，遵循自然的共同规律。所以，以"人的情感"为研究对象的伦理哲学也应该用普遍的自然规律和法则去理解，因为它们也有一定的原因。是故，斯宾诺莎在该书中仿照几何学的论证方式来推演、编排整个伦理学体系，使得伦理学命题变成几何学的定义、公则、命题。他认为只有像几何学一样，凭理性的能力从最初几个直观获得的定义和公理推论出来的知识，才是可靠的。因此，他在写《伦理学》时，几何学成为构造"伦理学"的主要方法，并把人的思想、情感、欲望等也当作几何学上的点、线、面一样来研究。于是，在斯宾诺莎的《伦理学》里，他完全将伦理学的命题几何化，其意在建构"合理存在的伦理总体"①。

---

① 参见［荷］斯宾诺莎《伦理学》，贺麟译，商务印书馆1997年版。

休谟的伦理学巨著《人性论》其实也是在努力尝试为道德文化建立"科学之科学"。换言之，休谟的企图就是想在伦理领域建立类似于牛顿在物理学领域建立了牢固的科学那样的基础。

在休谟看来，人性是道德文化牢不可破的基石。尽管我们知道，休谟试图建立的伦理科学体系是建立在经验和观察基础上的，正如他在书中公开表明的那样："在精神科学中采用实验推理方法的一个尝试。"① 但这丝毫改变不了他比任何一个哲学家试图将道德文化中的伦理知识绝对化的企图心。他论述道："在我们的哲学研究中，我们可以希望借以获得成功的唯一途径，即是抛开我们一向所采用的那种可厌的迂回曲折的老方法，不再在边界上一会儿攻取一个城堡，一会儿占领一个村落，而是直捣这些科学的首都或心脏，即人性本身……在试图说明人性的原理的时候……实际上就是在提出一个建立在几乎全新的基础上的完整的科学体系，而这个基础也正是一切科学唯一稳固的基础。"② 《人性论》充分展示了休谟的观点，那就是："所有的科学都直接或间接与人性有关，而且都不同程度地依赖人，如果人民没有熟悉人性科学，那么任何问题都不可能得到真正解决。"可见，休谟的《人性论》就是"建立一门和人类知识范围内任何其他的科学同样确实，而且更为有用的科学"③。

斯宾诺莎与休谟为伦理学建立绝对知识的企图能否实现？人们能否获得犹如几何学一样绝对确定的伦理知识，并用以指导各自的行为？回答当然是否定的。这点已经通过解读亚里士多德对伦理学性质的理解与阐释而给予了充分的说明。

其次，是坚持道德文化中的伦理线性进步观。

在传统理性主义者眼里，人类社会的全面进步必须依靠理性的力量。对此，恩格斯有过一段完整而精辟的论述。他说："在法国为行将到来的革命启发过人们头脑的那些伟大人物，本身都是非常革命的。他们不承认任何外界的权威，不管这种权威是什么样的。宗教、自然观、社会、国家制度，一切都受到了最无情的批判；一

---

① [英]休谟：《人性论》，关文运译，商务印书馆1996年版，第12页。
② 同上书，第7—8页。
③ 同上书，第10页。

切都必须在理性的法庭面前为自己的存在作辩护或者放弃存在的权利。思维着的悟性成了衡量一切的唯一的尺度。那时，如黑格尔所说的，是世界用头立地的时代，最初，这句话的意思是：人的头脑以及通过它的思维发现的原理要求成为一切人类活动和社会结合的基础；后来这句话又有了更广泛的含义：和这些原理相矛盾的现实，实际上被上下颠倒了。以往的一切社会形式和国家形式、一切传统观念，都被当作不合理的东西扔到垃圾堆里去了；到现在为止，世界所遵循的只是一些成见；过去的一切只会值得怜悯和鄙视。只是现在阳光才照射出来。从今以后，迷信、非正义、特权和压迫，必将为永恒的真理，为永恒的正义，为基于自然的平等和不可剥夺的人权所取代。"①

在西方传统理性主义者眼中，不断积累、不断进步的科学是理性的典型性事业，在人类的进步事业方面发挥了巨大的推动作用。科学发展方式是社会发展的重要手段，科学发展的模式就是社会进步的模式。因此，西方传统理性主义者坚信，人类社会的发展过程就是人类社会全面进步的过程。人类不仅可以依靠科学来更好地改造自然、征服自然，而且可以依靠科学更好地安排社会、改造社会。所以，西方传统理性主义者坚信历史是一个不断进步的过程，而且坚信历史的发展过程是直线式的发展过程。

事实上，马克思说过："进步这个概念决不能在通常的抽象意义上去理解。"② 因为现实的历史发展不可能一帆风顺，而是一个曲折发展的过程。

跟以上乐观主义论调相反，非理性主义者一开始就展示了悲观的论调。尼采明确地说："人类没有进步，它甚至从来没有存在过。"③ 萨特也拒绝承认历史的规律性和进步性，认为历史只是偶然性的堆积而已，认为科学的进步并不意味着社会的进步，更不意味着社会的全面进步。对技术的本质进行反思，在海德格尔这里获得了前所未有的重视。他说："技术统治的对象化特性越来越快，愈

---

① 《马克思恩格斯选集》第3卷，人民出版社1994年版，第355—356页。
② 同上书，第27页。
③ ［德］尼采：《权力意志》，张念东等译，商务印书馆1991年版，第594页。

来愈无所顾忌，越来越遍及大地，取代了昔日所见和习惯所为的物的世界的内容。"① 这样，在海德格尔看来，人性和物性都成为市场上可以计算出来的价值了。

面对 20 世纪六七十年代西方社会出现的由于人类利用科技手段掠夺自然而导致的日益严重的普遍性环境污染、全球性生态危机，西方后现代主义者更是一反理性主义传统，主张"颠覆""消解"现存的理性主义主导下的一切思想观念和价值体系。

在历史观上，后现代主义者拒绝把历史看成一个连续的进步过程，指出：18 世纪发展起来的启蒙理性，尽管在把人类从贫困落后、愚昧无知、思想专制中解放出来时发挥了巨大历史作用，也推动了社会的巨大进步，但是正如利奥塔所说："问题不在于缺乏进步，相反，正是发展（科技、艺术、经济、政治上的）制造了全面战争、极权主义、富有的北方和贫困的南方之间不断扩大的差距、失业和'新穷人'、普遍的无文化和（在知识的传授上）教育上的危机、艺术上的先锋派的孤立（和一个时期以来，对他们的否定）的可能性。"②

在《后现代转折》一书中，哈桑对后现代主义的特征进行整体性判断，指出片断性、零乱性是后现代主义的基本特征。哈桑说："后现代主义者只是割断联系，他们自称要持存的全部就是断片。"③福柯的有关观点尤其具有代表性。他说："不连续性曾是历史学家负责从历史中删掉的零落时间的印迹。而今不连续性却成为了历史分析的基本成分之一。"④福柯认为，人们应更多关注不连续性的概念，比如界限、分割、变化、决裂、转换等，摆脱诸如起源、发展、传统、影响、演进等连续性概念的历史束缚。

在对待历史发展与进步问题上，非理性主义者总是抱着悲观的态度。例如，萨特就是这方面的典型。他认为，不能用主体的能动

---

① ［德］海德格尔：《诗、语言、思》，彭富春译，文化出版社 1990 年版，第 104 页。
② ［法］利奥塔：《后现代性与公正游戏——利奥塔访谈、书信录》，谈瀛洲译，上海人民出版社 1997 年版，第 124 页。
③ 王潮：《后现代主义的突破》，敦煌文艺出版社 1996 年版，第 37 页。
④ ［法］福柯：《知识考古学》，谢强等译，生活·读书·新知三联书店 1998 年版，第 9 页。

性来抗争现实的荒谬性,因为现实的意义来自主体的确认和赋予。所以,在他这里,自己的存在主义就是为一种人道主义。后现代主义者认为,历史是碎裂的,不是连续性的,不能为现实中的人们提供可靠的知识基础,导致人们无法从历史中获得安全感,一切只能在碎片化的现时中来寻找满足与安慰。作为反理性主义的后现代主义,在反理性主义方面比现代的非理性主义表现得更为彻底和决绝,但其理论自身具有的自我破坏性也更为突出和明显。在后现代主义者眼中,任何理论、任何知识体系都不是对真实世界的客观反映,也都不具有任何真理的成分,那么人们有理由追问:作为后现代主义的你们,你们的理论何以为真呢?既然世界上没有任何绝对的真理可言,那么他们所肯定的东西自然就变成他们所否定的东西,这无疑是一个悖论。

尽管笔者并不完全赞同后现代主义者对伦理理性主义的评判,但有一点是明确的,那就是人类必须对道德知识的本性保持必要的清醒认识,不要在线性进步观主导下陶醉于道德进步的历史虚幻中。

第四章

道德文化的适宜性:现代中国道德文化建设的核心命题

如果说西方在现代化进程中道德文化遭遇的是伦理理性主义与伦理相对主义双重困境,那么基于外源型社会转型的现代中国,其道德文化建设的最大困境就在于道德文化的不适宜性。如果不自欺欺人的话,我们基本上可以得出一个社会学意义上的阶段性判断,那就是现代中国道德文化建设遭遇了"道德的不适宜性"。其主要表征为与封建的、资本主义社会相适宜的道德文化元素不少,而与社会主义本性相适宜的社会主义道德文化元素则需要进一步大力发展壮大。

第一节 现代中国道德文化建设中的伦理现代性问题

与西方社会告别传统走向现代社会一样,从传统中国走向现代社会之日起,其所引起的社会后果绝非某些人或某些领域中行为秩序的失范,而是社会整体结构的转型。① 社会整体结构转型必然带来现代性及其现代性问题的生成。它所引发的问题,不管是政治问题、经济问题,还是伦理道德等诸问题,都应该放在现代性问题域中来考量。特别需要指出的是,传统中国在走向现代的过程中所出现的道德领域中的种种问题,如"道德滑坡""诚信缺失""行为

---

① 参见陈晏清主编《中国社会转型论》,山西教育出版社1998年版;王南湜《从领域合一到领域分离》,山西教育出版社1998年版。

失范""见利忘义""信仰丢失"等，实际上都是中国社会转型所引发的道德精神世界的变化。

韦政通先生对此有着敏锐的觉察，他说，"旧伦理的思考受到家族组织、专制制度、农业经济等的限制，从这个背景，已不能理解现代社会伦理问题的复杂性。超越传统的思考……把我们的眼光投注到现代社会和现代生活上来，因为我们大家毕竟已生活在现代，现代人生活中所遭遇的问题，是我们的祖先连做梦也想象不到的。现代——不管你从什么角度界定它，它都代表人类历史的一个新的历程。……工业先进国的一些经验，这些经验大部分不久都将成为我们生活中的事实，新伦理就是要配合着这些事实来思考"。①

因此，有必要将现代中国道德文化建设问题提升为现代性问题来审视和探究，我们也许会获得更接近事物本来面目的机会。

一 何谓现代性

何谓现代性？这是现代人文社科研究中经常碰到的一个令人头痛的词，大家见仁见智。

根据西方的词源考证，"现代"（modern）一词可以追溯至欧洲中世纪经院神学那里，其拉丁词形式是"modernus"。在《美学标准及对古代与现代之争的历史反思》一书中，解释学家德国人姚斯对"现代"一词进行了权威考证。经姚斯考证，"现代"一词首次使用是在10世纪末期，正是古罗马帝国向基督教世界过渡的时期，"现代"一词的使用目的是将古代与现代进行区别。在《现代性的五种面具》一书中，卡林内斯库经过考证，认为基督教末世教义的世界观是现代性观念的最早起源。在《历史研究》一书中，历史学家汤因比把人类历史划分为四个阶段，分别为675—1075年的黑暗时代、1075—1475年的中世纪时代、1475—1875年的现代时代以及1875年至今的后现代时期。汤因比划分的"现代时期"，其实是指文艺复兴和启蒙时代。

---

① 韦政通：《伦理思想的突破》，中国人民大学出版社2005年版，第60页。

哈贝马斯是研究"现代性问题"的理论权威。按他的说法,"现代"一词主要表达的是一种时代意识,这种时代意识与古代息息相关,而且是古往今来信息不断变化的结果。哈贝马斯指出:"人的现代观随着信念的不同而发生了变化。此信念由科学促成,它相信知识无限进步、社会和改良无限发展。"在哈贝马斯的理论体系中,现代性主要不是时间范畴,而是一项未竟的事业。

显然,今天人们理解的"现代性"主要指时间观念,是一种合目的性的、持续进步的、不可逆转的发展阶段,是启蒙运动以来的新的世界体系生成的时代。毫无疑问,现代性是由西方16世纪开启并于19世纪初步完成的,历经300多年。从19世纪中期起,"现代性"才随着资本的逐步世界化而扩展到全球。须指出的是,每一个非西方国家在感受西方社会所带来的"现代性"时,"最先感受到的几乎都是西方科技的威力,这个经验使非西方国家对西方文化的认知产生了褊狭的理解甚至扭曲……他们忽略了……科技以外的道德、宗教、艺术都曾经过革命性的变化,并成为推动工业文明的精神力量"①。

可以这样说,现代性应该从两方面来理解。一是从社会实存上来理解。所谓现代性,它包含现代社会的性质、结构、特性等诸多方面,标示着世俗化的社会不断得以建构,新的世界体系日益形成。在世界范围内,世界性的市场、商品、劳动力等要素不断流动。民族国家的建立,与之相应的形成现代行政组织和道德法律体系。二是从观念方面来理解。所谓现代性,以启蒙主义理性原则搭建起来的对社会历史和人自身的认知体系在文化心理方面开始逐步建立并完善。

在社会实存方面,现代性主要包含现代经济政治、现代科学技术等诸多要素。布莱克说:"从上一代人开始,'现代性'逐渐被广泛地运用于表述那些在技术、政治和社会发展诸方面处于最先进水平的国家所共有的特征。"②具体可化约为市场经济、民主政治、科

---

① 韦政通:《伦理思想的突破》,中国人民大学出版社2005年版,第62页。
② [美]布莱克:《现代化的动力:一个比较史的研究》,景跃进等译,浙江人民出版社1989年版,第5页。

学技术、独立个人等方面。对此，李佑新表述为："经济市场化、政治民主化、知识科学化、人的个体化。"① 用马克斯·韦伯的话说就是展示为一个整个世界除魅化过程，是一个工具合理化与形式合理化过程。

观念方面的现代性则主要表征为人的精神的世俗化。这点上，天才哲学家尼采有过深刻的洞见。他公开宣告"上帝死了"，就此揭示出人们原来内心牢不可破的神圣"被彻底打破了"。韦伯说："我们这个时代，因为他独有的理性化和理智化，最主要的是因为世界已被除魅，它的命运便是，那些终极的、最高贵的价值，已从公共生活中销声匿迹。"② 由此导致人们不再可能从世俗生活之外来寻求人生的意义与价值。正如奥伊肯在《生活的意义与价值》中所说："倘若人不能依靠一种比人更高的力量努力去追求每个崇高的目标，并在向目标前进时做到比在感觉经验条件下更充分地实现他自己的话，生活必将丧失一切意义与价值。"③ 于是，为打破生活的无意义困境，寻求生活的可能意义与价值，更多的人便将"感性和感觉欲望的满足"当作唯一真实的价值与意义，将所有"超验的观念"悉数转换成"经验的观念"，并最终导致"感觉至上、至善"这一早就为古希腊伊壁鸠鲁倡导但一直受到严厉批评的享乐主义道德观。

可以简单地说，现代性其实就是一方面表现为在现实世界中得到根本贯彻的工具理性与形式合理性，另一方面则表征为人们精神世界方面对超验世界信仰的崩塌，人们很难获得一致性的"道德共识"，有的只是"四分五裂"的不同的道德主张。由此，整个社会的现代性必然带来道德文化建设所面临的伦理现代性问题。

二 伦理现代性问题

由于前现代社会（为方便，本书对现代社会之前的社会简单地称

---

① 李佑新：《走出现代性道德困境》，人民出版社2006年版，第2页。
② ［德］韦伯：《学术与政治》，冯克利译，生活·读书·新知三联书店1998年版，第48页。
③ ［德］奥伊肯：《生活的意义与价值》，万以译，上海译文出版社1997年版，第41页。

呼为"前现代社会")向现代社会的"结构性转进",并使现代社会呈现出前现代社会所不具有(至少是不明显)的"现代性"特质,因而必然带来伦理观念的重塑。具体来说,就是原来为大家所普遍遵守的道德规范遭遇普遍性危机,道德秩序需要在新的社会结构中重新获得定性与维护。难怪吉登斯把现代社会定义为"风险社会"。① 作为"风险社会"的现代社会,其最大的风险莫过于价值秩序混乱乃至崩溃所带来的风险,并由此引发的社会秩序的整体性失范与混乱。对此种风险,哈贝马斯深刻地说道:"现代性的话语,虽自 18 世纪末以来,名称一直不断翻新,但却有一个主题,即社会整合力量的衰退、个体化与断裂。简言之,就是片面的合理化的日常实践的畸形化,这种畸形化突出了对宗教统一力量的替代物的需求。"

可见,在西方社会,由于宗教在价值秩序中扮演了"定海神针"的作用,所以在前现代社会,道德规范与道德秩序获得了"先验的"稳定性与权威性,它不容易被人们"经验的"东西所动摇。这点尼采有过精到的论述。他说:"基督教是人类迄今所听到的道德主旋律之最放肆的华彩乐段……基督教义只是道德的,只想成为道德的。"②

然而,由于 17 世纪开始的科技革命所引发的、不同于传统古典社会的现代性社会的开启以及突飞猛进,建立在"先验"基础上的道德规范与道德秩序被必然性地颠覆了,取而代之的则是"经验的"规范与秩序。

难怪著名社会法学家伯尔曼在论述法律与宗教之关系时,将西方社会在现代化过程中遭遇的危机认定为"整体性危机"。③ 也就是说,在这场西方社会遭遇的"整体性危机"中,不但法律要重新评估与奠基,道德、政治、经济、文化等均需要重新评估与奠基。不但作为个体的人要重新寻找生活的意义与价值,而且作为群体的民

---

① 参见[英]吉登斯《现代性的后果》,译林出版社 2000 年版。
② [德]尼采:《悲剧的诞生》,周国平译,生活·读书·新知三联书店 1986 年版,第 276 页。
③ 参见[美]伯尔曼《法律与宗教》,梁治平译,生活·读书·新知三联书店 1991 年版。

族、社会也要面临一种在"烈火"中"重生"的问题,而不是在"烈火"中"永生"的问题。吉登斯说道:"在现代性背景下,个人的无意义感,即那种觉得生活没有提供任何有价值的东西的感受,成为根本的心理问题……此种无意感的产生说到底是'与实践一种圆满惬意的存在经验所必须的道德源泉的分离(其实就是与作为道德源泉的先验的宗教相分离——笔者所加)'所导致的必然结果。"①

由此可知,现代性所带来的道德文化建设所遭遇的伦理现代性问题主要表现为两方面:一方面,以往行之有效的道德规范对大众约束方面倍感"力不从心",产生了普遍性的"失效"问题,从而导致稳定的道德秩序一直无法建立,即道德文化对社会以及个人行为的整合、规范、引领等功能的失效;另一方面,现代人由于无法在观念上形成统一性的"道德共识",人们对于"什么是道德的?什么是非道德的?"这一原本不成问题的"问题"不但产生严重分歧,甚至从某种意义上说造成了社会的分裂。同样的事情,有人说是道德的,有人说是非道德的。于是,人们的行动(或行为)就此缺乏确定性的"是非善恶"标准可以遵循,普遍产生"生存的孤独感和无意义感"就成为不可逃脱的宿命。

以上两方面的道德文化危机,就其实质而言,是前现代社会的道德文化在现代化社会中无法继续下去且必然进行创造性转换时呈现的危机。可以这样说,新的、与现代社会相匹配的道德文化一日没有形成,现代社会遭遇的道德文化危机,即伦理现代性问题一日就无法克服。而且,必须指明的是,道德文化中伦理现代性问题的克服与道德文化的重建"走的是同一条道路",正如马克思所讲的"自我异化与自我异化的扬弃走的是同一条道路"的道理是一样的。

三 伦理现代性的根源

导致道德文化建设中出现伦理现代性问题的根源有两个,一个

---

① 参见[英]吉登斯《现代性与自我认同》,赵旭东等译,生活·读书·新知三联书店1998年版。

是直接性的，另一个则为间接性的。直接性根源来自启蒙运动中断了的超越性的道德源泉，间接性根源则来自现代社会整体性的工具化与形式化。

在前现代社会，整合社会秩序与人心秩序的道德文化，其力量主要来自不可经验的"超越性存在"①。在西方社会和东方社会中，不管称呼为"上帝""真主""佛陀"，还是称呼为"天""理""命"，它们其实都是一种"超越性的存在"。这些"超越性的存在"理所当然的是"道德之舟"的"锚"，它既是现实生活与秩序的根据，也是个人道德生活与精神生活的价值源泉。它既型构着整个社会生活的基本结构与基本制度，也引导个体超越感性自我、有限自我，走向无限与绝对，从而完成对整个社会与个体的"终极性关怀"。

也就是说，"此岸世界"的可靠性不能从自身来获得，只能从"彼岸世界"来获得。在前现代社会，以上是人类对自我世界、整体世界理解的基本框架。雅斯贝尔斯对此说道："人类体验到世界的恐怖和自身的软弱。他探寻根本性问题。面对空无，他力求解放和拯救。通过在意识上认识自己的限度，他为自己树立了最高目标。他在自我的深奥和超然存在的光辉中感受绝对。"② 如果说这种由"此岸世界"向"彼岸世界"的"超越"在西方社会是再明显不过的事实，接下来的问题是：以上论断在中国语境中是否也能成立？其实，只要我们摆脱二元论哲学世界观视域下"外在超越"对人们意义理解的局限，充分认识到传统中国"内在超越"③之路所包含的丰富内涵和意义，就很容易理解"超越性存在"对于现世生活世界的价值源泉。

到了近代，由于文艺复兴、启蒙运动和科技革命"三驾马车"的联合作用，彻底斩断了"此岸世界"与"彼岸世界"之间的所有

---

① 有的人将这种不可经验的"超越性存在"称为"先验的"，也有的人将这种不可经验的"超越性存在"称为"超验的"。在本书中，区分"超验的"与"经验的"并没有实质性意义，它们只要都不属"经验的"，就能够满足本书论证的合法性。

② ［德］雅斯贝尔斯：《历史的起源与目标》，魏楚雄等译，华夏出版社1989年版，第8—9页。

③ 参见陈来《古代宗教与伦理》，生活·读书·新知三联书店1996年版。

合法性联系，以往"道德之舟"的"锚"被拔起了。黑格尔就此指出，超越世界与超越秩序正在逐步溃退，上帝再也不是世俗生活的价值基础与不竭源泉，在理性的拷问下正逐步沦落为人人喊打的"落水狗"。"'圣饼'不过是面粉所做，'圣骸'只是死人的骨头。"①随着超越世界的逐步"隐退"以及现实世界的"出场"，道德文化的直接性价值基础与源泉发生了"哥白尼式的倒转"。现实的人以及现实人的具体感受成为"新宠"，并决定性地成为价值的基础与源泉。

超越性价值源泉的废弃，并不意味着道德文化中的伦理现代性问题的结束。恰恰相反，它刚好开启了道德文化中的"伦理现代性"这一"潘多拉"魔盒。因为"超越性存在"缺位之后，其替代物并未及时到位。这就是道德文化方面呈现出来的现代性问题。尽管它只是现代性诸多问题之一种，但无疑是现代性诸多问题中最重要的。

于是，各种所谓的"价值替代物"纷纷登场亮相，以便尽可能地占领这无人统领的地盘。但在构建现代社会秩序的意义上说，科学理性无疑成为道德的基本原则，正义和道德由此获得在人类现实的意志中的坚实基础，理性代替宗教信仰而成了"绝对的标准"。②一切都变成理性主宰下的"可计算""可定制""可复制"，包括道德原则也是如此。

在构建人心秩序意义上，现实人的感觉成了当然性的选择。"人不能接受内在的友谊，不能接受互爱和尊重，无法抵制自然本能的命令，人们的行动受一种主导思想即自我保存的影响，这一动机使他们卷入越来越冷酷无情的竞争，无法以任何方式导致心灵的幸福。"③在此种情境中，现实人的感觉成为衡量正义、良善的标准，现实人感觉的满足程度成为衡量人生目的的实现程度。传统意义上的道德原则在此再也找不到任何支持性根据，一切都被"感觉

---

① [德]黑格尔：《历史哲学》，王造时译，上海书店出版社1999年版。
② 同上。
③ [德]奥伊肯：《生活的意义与价值》，万以译，上海译文出版社1997年版，第23页。

化"了。

道德文化所产生的伦理现代性问题的间接性根源则在于整个现代社会建制的工具化与形式化。

在前现代社会,一个不争的事实是:作为"超越性存在",其对现实社会的规制以及人心的牵引是价值性的。尽管韦伯将世界几大宗教的形成史归结为理性化之过程,即原始的巫术在理性的宰制下逐步演进成为体系化的、具有严密教义和伦理取向的宗教,但就其蕴含的理性基础而言,无疑是价值理性,而且是绝对性的价值理性。[①]

然而,在现代性主导下的现代社会,随着"超越性存在"的取消,价值理性开始"空心化",与之对应的工具理性开始对其进行"填充",并最终取而代之,成为现代社会理性化的"符号"与"标志"。一句话,在现代社会,作为手段的工具被"目的化"了。也就是说,"当目的、手段和与之相伴随的后果被一起合理性地加以考虑和估量时,行动就是工具合理性的。这包括合理地加以考虑针对目的而选择的手段、目的对伴随结果的关系,最后是合理性地考虑各种可能目的的相对重要性"[②]。毫无疑问,工具理性关注的主要是行动的实际效果和实现目的的手段的合理性。这点在实用主义哲学那里获得了最充分的表达。杜威就此强调,"一个道德的法则,也像物理学上的法则一样,并不是无论如何都必须加以信誓和固执的;它是在特殊条件呈现出来时应该采取何种反应的一个公式。它的正确性和恰当性是靠实行它以后的结果来加以验证的……把这些变化概括起来说,也许就是把方法和手段提高到前人单独给予目的的那个重要地位上去了"[③]。接着,他更是直白地说道:"我们全书讨论的主旨却在于颂扬器具、工具、手段使这些东西和目的与后果具有同等的价值,因为没有工具和手段,目的与后果就是偶然性

[①] [德]韦伯:《经济与社会》,王迪译,上海人民出版社1988年版,第92—93页。
[②] 同上书,第93页。
[③] [美]杜威:《确定性的寻求》,傅统先译,上海世纪出版集团2005年版,第215页。

的、杂乱的和不稳定的。"①

与工具理性"目的化"相匹配的是，形式化的理性取代了实质理性②，并在现代社会生活中获得了支配性地位。韦伯认为，"科层制"、现代资本主义的法律等，就是典型意义上的形式化理性的产物。从现代社会的整体性建制看，形式合理性基本上属于一个与道德价值无涉的程序化领域，它与实质理性注重价值判断显然不同。效率而不是公平正义正逐步成为理性的真正主人。韦伯对此说道："过去那种有助于赋予生活以目的和意义的个人之间忠诚的联系被科层制的非私人关系破坏了。对自发情感的满足和欢乐被合理而系统地服从于科层制机构的狭窄的专业要求所淹没。总之，效率的逻辑残酷地而且系统地破坏了人的感情和情绪，使人们沦为庞大的科层制机器中附属的而又不可缺少的零件。"③ 其实，在此之前，马克思对此进行过相应的指证。马克思说："官僚机构把自己的'形式的'目的变成了自己的内容，所以它就处处同'实在的'目的相冲突。因此，它不得不把形式的东西充当内容而把内容充当形式的东西。"④

现代社会构建起来的工具化与形式化建制，在为人类建立起一个高效的生产体系和制度体系的同时，也带给我们巨大的"负资产"。最为突出的就是：本质意义上的价值是虚无的，一切都停留在现实人的感觉的范围之内，并接受它的最终检验。尼采对此有过迄今为止依然光彩夺目的论述。他认为，"要以肉体为准绳……一切有机生命发展的最遥远和最切近的过去靠了它又恢复了生机，变得有血有肉。一条没有边际、悄无声息的水流，似乎流经它、越过它，奔突而去。因为肉体乃是比陈旧的'灵魂'更令人惊异的思想。无论在什么世代，

---

① ［美］杜威：《确定性的寻求》，傅统先译，上海世纪出版集团2005年版，第230页。

② 在韦伯那里，工具理性与价值理性、形式理性与实质理性是对应而来的，且有时可互通互用。只不过，"形式理性与实质理性"这对范畴侧重对社会秩序与社会制度的描述，而"工具理性与价值理性"则关注秩序和规范的程序性、可操作性方面。

③ ［美］约翰逊：《社会学理论》，南开大学社会学系译，国际文化出版公司1988年版，第292页。

④ 《马克思恩格斯全集》第1卷，人民出版社1956年版，第301—302页。

相信肉体都胜似相信我们无比实在的产业和最可靠的存在……总而言之，对肉体的信仰始终都胜于对精神的信仰"①。

第二节 重构现代中国道德文化的适宜性

现代中国道德文化建设中基于社会转型所引发的伦理现代性问题，归结为一点就是道德文化建设中的历史性的"道德不适宜性"。为此，时下一切形式的所谓"道德进步论""道德崩溃论""道德爬坡论""道德滑坡论"以及"道德目标论"等，其实，它们要么以过于自负、要么以过于悲观的方式在言说着现代中国转型期出现的此种历史性的"道德不适宜性"而已。因此，如果将现代中国道德文化建设所面临的一切问题化约成一个问题的话，那就是如何历史性地重建现代中国道德文化的"适宜性"。②

一 何谓道德文化的"适宜性"问题

现代中国人在道德文化问题上的终极性观念属社会达尔文主义，认为新道德必然优于旧道德。也就是说，现代中国人深层意识结构中都主张人类的道德总是今日胜于昨日，所以在这个意义上说，现代中国人都属不同程度的道德进步主义者。

举个例子来说。比如，问及奴隶制与现代社会制度何者更具有道德性时，我们总是毫不犹豫地认为现代社会制度对于奴隶制毋庸置疑地具有道德优越性，绝对意味着道德上的进步。

这话是什么意思？其实，它事实上要么只是在表达说话人（现代人）的一种道德感受而已，要么只是在谈及道德文化的"适宜性"问题，而并不是在诉诸一个客观的道德标准。打个比方，一个人在 10 岁时穿 30 码的鞋是合适的，等他长到 18 岁，30 码的鞋对

---

① ［德］尼采：《权利意志——重估一切价值的尝试》，张念东等译，商务印书馆 1993 年版，第 152—153 页。

② 李泽厚先生提出"常识道德论"，笔者深表赞同。从某种意义上说，这里提出的"道德文化适宜论"是对李泽厚先生的"常识道德论"的具体化以及进一步推进。

他而言可能就不合适了，这时给他换双40码的鞋是正确的。但我们不能就此怀疑当年给他穿30码鞋的正当性。与之对应的是，当他还是个10岁小孩的时候，你给他穿40码的鞋倒是不合时宜。这个例子与道德问题具有类似性，尽管它们本性上有区别。因此，如果现代人以某种客观性的道德标准来判定以前的奴隶制为不道德的，那么我们也逃脱不了同样的命运，因为我们不是最后的存在者，必定还有后来人。

人们就此肯定要进一步发问：就此来说，是不是就不存在道德与不道德的问题？换言之，我们只能走向道德相对主义吗？

笔者不主张道德相对主义。我们可以对道德问题进行价值判断，只不过这种价值判断的标准并不依赖某种独立于社会情境之外的所谓超时空限制的客观标准（道德理论家的使命就是将这种标准揭示出来，并展示给普通大众），① 而是依赖社会具体情境。

简单地说，所谓道德的，是指它是适宜的。所谓不道德，则说明它不适宜。因为现实情况是，能进行思维、判断的人必须是现实的人，我们不能活在未来，也不能活在过去。所以，我们只能寻求与现在相吻合的道德适宜性。过去的人也同样，他们也只能寻求与他们活着时的道德适宜性。所以，奴隶制对于生活在奴隶制时代的人而言，是适宜的，就那个时代而言属道德的制度安排。然而，奴隶制对于生活在现时代的人而言，是不适宜的，所以它显然属不道德的领域。以此类推，现时代的社会制度对生活在奴隶制时代的人而言倒是不适宜的，因而他不但体现不出道德性，相反倒显得"不合时宜"，成为不道德的东西。

由此，现代中国转型期所产生的一切在时人看来"不堪入目"的诸多伦理道德乱象、怪相，都是旧的道德文化无法有效应对新的生活实际（即不适宜）而显现出来的，不必大惊小怪，也不用杞人忧天。

如果说以上这种道德文化"不适宜性"属症状的话，那么其观

---

① 尽管失败了，但德沃金曾经试图这样努力过。他在《法律帝国》（李常青译，中国大百科全书出版社1996年版）一书中创设了一个超人"赫拉克勒斯"，以为通过赫拉克勒斯，人们可以获得这样的道德标准。

念性"病灶"① 在于"道德进步论"。笔者是反对一般意义上的"道德进步论"的,因为笔者持的不是线性历史进步观。当然,笔者也不是历史循环论者,更不是历史复古主义者,只是主张,我们在论及"历史的进步"时需要给予特定的历史情境与条件,而不是将对历史的评判完全依赖线性时间概念。

所以,就道德文化而言,如果我们一定要用"道德进步"②这个词对人类的道德文化历史进程进行判断的话,一定要给它以必要的限制。这个限制是:当且仅当一个社会的各种条件发生了实质性改变的时候,如果我们的道德要求也随之发生转化,且此种"转化"了的道德要求与改变了的社会"正相适宜",我们才可以说道德文化获得了进步。也就是说,我们之所以论断一个社会为不道德的社会,其实就是指该社会的各种条件已经发生了变迁,其"适宜性"的道德要求却原地踏步。这就好比我们中国今天已经走向现代社会了,而社会生活中却还到处充斥着封建时代的一些道德内容,这时我们才可以说,这个社会有很多不道德的东西需要改变,或需要道德文化的进步。

可见,道德文化的"适宜性"是暂时和可以修改的,因为人类社会生活的样式是阶段性的,是会发生改变的。因此,我们无法也没有必要通过理性建立道德形而上学,从而达到道德真理之巅(或道德的终极真理),并最终获得可以消解"道德文化适宜性"的一劳永逸的道德文化。从这个意义上说,哈贝马斯的"交往行动"理论就是出于对道德终极真理的拒绝。罗尔斯则属现代道德形而上学家,尽管他并不承认自己对正义持有一种形而上的理解。③

---

① 道德中国道德文化不适宜性的"病灶"有两个:一是社会实存意义上的"病灶",该"病灶"中的"社会转型"问题已经论述过;二是与社会实存相对应的人们在道德文化上的观念体系。

② 从一定意义上讲,笔者主张的"道德适宜论"是对目前我国主导性且流传广泛的"道德进化论"的某种修正。

③ 事实上,笔者一方面赞叹罗尔斯《正义论》一书在道德理论建构方面所取得的巨大成功,另一方面确实不能接受他的形而上学式的结论。因为在罗尔斯这里,"正义两原则"事实上变成最终的"确定性"的道德标准,这就是道德形而上学。就此而言,笔者反对一切道德形而上学,因为所有的道德形而上学都存在对道德赖以存在的历史情境与历史条件的"悬置"。

道德的"适宜性"从社会经济生活这个决定性的维度来看，无非就是告诉人们，"人类的男女老少实际所过的生活、他们所遭遇到的机会、他们所能享受到的价值、他们的教育、他们在一切艺术和科学事物中所分享到的东西等主要的是受经济条件所决定的。所以，一个忽视经济条件的道德体系只能是一个遥远空洞的道德体系"①。就我国的历史经验告诉今天的人们，千万要警惕"道德进步"这种道德主张，因为许多暴力与血腥就是打着它的旗号公然进行的。

再细究的话，人们之所以不但不主张"道德文化适宜论"，反而习惯性地主张"道德文化进步论"，其哲学基础在于人们根深蒂固的"道德实在论"观念。

道德有没有客观实在性？这是一个道德文化上的哲学命题。如果没有，所有的道德理论大厦无疑都建立在流动的沙丘上，从而既不能为道德理论自身带来稳定性，也不能为人们的行为提供确定性。因此，道德理论家们为逃避各自理论可能存在的不可知论意义上的危险，他们几乎一致性地承认存在不受时空限制的、普适性的、可检验人们行为是非善恶的客观性标准，且该标准能够通过人的智识达致。这种观点在东西方社会的道德学术传统中都获得了压倒性优势地位。② 于是，在"道德实在论"哲学观念指引下，人类道德文化走过的道路其实就是一步步逼近，并最终到达"客观的道德实在"。该过程就是一个不断进步，并最终到达终点的过程，从而完成人类道德文化的谱系。

笔者拒绝道德实在论，否认世界上存在普适的道德规范（如康德的绝对命令），至少不承认这些道德规范在本体论上与科学规律相近。由此，赞同"道德文化属地方性文化"这个观点，因为世界上根本不存在道德公理（看看人类学家的著作对于理解这点是必要的）。一些所谓的道德公理其实在很大程度上要么属于重义反复，

---

① ［美］杜威：《确定性的寻求》，傅统先译，上海世纪出版集团2005年版，第218页。

② 对该问题的详细论述可参见杜威的《确定性的寻求》一书（傅统先译，上海世纪出版集团2005年版）。

要么属于空洞无物。一句话，它们都无法给道德文化建造出一个阿基米德点——一个确定性的、客观的、实在的道德。

二 重建道德文化适宜性的可能路径

指出问题之所在并不意味着问题的全部解决，而只是问题的部分解决。因此，明了现代中国道德文化建设的核心命题在于"重建道德文化的适宜性"之后，接下来面临的问题就是：如何克服我们面临的系统性的道德文化不适宜性？换言之，如何获得现代中国道德文化的适宜性？

针对我国道德文化不适宜性两方面的表现（一方面，成建制的、普遍有效的道德规范缺失或失效；另一方面，人们至今还无法形成新的道德共识，以重建道德秩序），不同的人给出不同的处方。具体地讲，学术界目前主要有如下一些克服方式：

第一，主张通过"道德法律化与法律道德化"来重建系统性道德文化的"适宜性"。

提出该种"方式"的学者可能主要着眼于如何确立、确保道德规范的普遍有效。该主张的突出特点在于希望借助法律的强制性效力来逆转道德规范失效或无效的"疲惫"状态。它事实上包含两条相向而行的道路：一条是由道德进法律，即将道德法律化；另一条是由法律进道德，即法律道德化。

主张"道德法律化"的学者主要来自伦理学界，他们主要感叹现时代道德规范的"无力"而迷恋法律的"有力"，所以非常想借助法律"有力"的"上帝之手"来恢复道德"收拾人心、型构秩序"的巨大力量。

该理论中的极端观点有如陕西师范大学武天林先生所讲的那样，"如果我们把道德失范理解为道德在商品经济社会中主导地位的失落，道德对人们行为调节作用的弱化，道德在总体上将从属于法律，并以法律为其根据，那么我们对重建的道德就不会寄予过高的期望，或者用很高的期望去重建失范的道德……因而，道德义务必须成为法律义务，道德规范必然纳入到法律体系之中，道德必须披上法律的外衣，打着法律的旗帜才能起到一定的作用。纵观世界各国的近现代史，可以说是一部道德规范逐步转化为法律义务的历史，越是文明发达法律健全的社会，法律体系中所吸纳的道德内容就越多。近闻新加坡准备出台一条'子女孝顺法'就是典型例证。道德的失落导致了法律的繁荣……道德必须从属法律，统一于法律。因此，道德重建就不是在法制建设之外单独建立一套美好的道德规范体系，来重振世风以拯救人们的良心，而应在加强法律建设中考虑道德的重建问题。道德的重建和法律的建设实质上是一个问题的两个方面，重建的道德是法律建设中不可分割的方面，即法律义务的方面。道德的重建就是要把道德义务转化为法律义务，用法律的形式明确道德义务、保证道德义务、监督道德义务"①。

对此种绝对化的观点，笔者表示明确反对，因为这根本不是道德文化的重建，完全是以法律代替道德、取消道德。看看西方实证主义法学的主张以及实证主义法学在西方的式微，我们不难发现该种主张的无理以及荒谬。

主张"法律道德化"的学者基本上都来自法学界。这些学者其实主要不是关心道德文化重建问题，而是出于关心法律自身的合法性问题而涉足了道德的领地，并由此展开对道德问题的研究。他们的整体性主张不是以道德代替法律，以道德取消法律，而是出于对法律实证主义弊病之克服而寻求道德对法律的"内外强制"。这点在第二次世界大战之后表现得尤为明显与突出。从"二战"结束伊始，鉴于纳粹与法西斯暴政时期假借种族优越意识，通过法律和法令对数以百万计的无辜百姓的屠杀和对人类道德与文化规范恣意践踏的事实，人们开始对法律自身的合法性进行深刻、全面、坚决的反思。"难道真如实证主义者所主张，只要是人类的法律，不论它的道德内容究竟如何，都有效力且应该被人遵从？它要求我们的行为，和世人接受道德与文明究竟冲突到什么地步？"②

第二次世界大战后，著名的纽伦堡审判、东京审判是促成当今对法律进行道德考量的重要直接原因。在这两次审判中，战犯

---

① 武天林：《道德的失范与重建》，《陕西师范大学学报》（哲学社会科学版）1999年第4期。

② 李道军：《法的应然与实然》，山东人民出版社2001年版，第110页。

及其辩护人声称：他们的所作所为均是按照他们国家实在法的规定而进行的，具有合法性，至于对法律本身的善恶判断，这不是他们的义务，而是立法者的义务，因此，他们不应对他们为执行法律所做的事情负责。检察官们则认为，问题的关键不在于他们是服从还是不服从当时的法律，而是在面对明显的谋杀和野蛮的犯罪时，他们依然存在某种更高的义务，如不履行该种义务，理应受到严正的审判。法官们支持了控诉方的指控，认为在大多数国家的刑法都确定为犯罪的行为面前，真正的考验不是命令的存在，而是道德选择事实上是否可能。基于此种理据，纽伦堡国际法庭和东京国际法庭都对"二战"战犯进行了有罪宣判。著名法学家拉德布鲁赫认为法律必须接受道德的审察，所以"为了使法律名符其实，法律就必须满足某些绝对的要求。他宣称，法律要求对个人自由予以某种承认，而且国家完全否认个人权利的法律是'绝对错误的法律'"[1]。

尽管现代中国道德文化重建离不开法律（后面再专门论述，这里从略），但对于"道德法律化与法律道德化"此种重建中国道德文化系统性的"适宜性"的主张，并不是现实的可能路径。因为该主张的最大贡献只能限定在"道德与法律之关系"的厘清、划界等问题上，而没有办法解决道德文化重建问题，道德与法律毕竟在本性上属不同的两大社会规范。

第二，主张通过儒家伦理在现代的创造性转换来重建我国转型期出现的历史性道德文化"适宜性"。

该主张在理论界的主要代表人物来自现代新儒家。现时代，主张完全依靠儒家伦理的创造性转换来重建现代中国道德文化的人不多[2]。一般来讲，现代新儒家都获得了一种开放的心态，也具备了国际的文化眼光。他们不是一味强调儒家伦理的历史贯通性，而是

---

[1] ［美］博登海默:《法理学：法律哲学与法律方法》，邓正来译，中国政法大学出版社1999年版，第177页。
[2] 其实，在遭遇西方文化对我国文化全面挑战的初期，特别是五四新文化运动之前，主张复古主义者不在少数。然而，随着时代变迁至今日，文化复古主义者在我国学术界几乎绝迹，这已是不争的事实。

主张破除"古今中西"伦理道德之界的樊篱，实现以本土道德文化为基调的不同历时性与共时性道德文化之间的现代"融合"。

这里仅以殷海光先生为例进行说明。殷海光事实上是在中国文化重建这一问题基地上来思考中国道德文化重建工作的，并将自己理论思考的成果汇聚于《中国文化的展望》这一著作中。按殷海光文化重建的理论逻辑，中国道德文化重建的目标应该是新的道德文化资源的整合。为应对种种外来道德文化的挑战，"同化式的本土运动"是道德文化重建的必由之路。殷海光说："这种本土运动主张吸收外来文化，并把原有文化之有价值的要素与所需新的要素合并起来，创建一种新的文化整合。"① 由此，对于以儒家为典范的古代道德传统，殷海光反对以进化主义全盘否定中国传统道德的价值，主张采取辩证分析而不是"现代与传统"二元对立的思维范式，认为全盘肯定与全盘否定的态度都是错误的。

殷海光说："我们现在所需的是分析的批评和依适合存在的标准所做的取舍。社会文化的发展是有其连续性的，于是抽刀断水水更流，我们想不出任何实际的方法能将既有传统一扫而空，让我们真的从文化沙漠上建起新的绿洲。"②

为此，殷海光反对不加分析、本能式地盲目否定传统的做法。他认为，传统中有许多道德规范，也有很多道德文化元素在现代社会依然可以发挥积极功能，对此我们没有理由因为反传统而去反对它们。任何社会都有道德规范，否则是存在不下去的，况且也做不到将传统一笔抹杀。③ 例如，子曰："人而无信，不知其可也。""民无信不立。"在现代社会，诚信已成为社会的基本规范。子曰："士志于道，而耻恶衣恶食者，未足与议也。"这可以设定为现代知识分子的理想人生。殷海光特别说道："孟轲所揭示的人禽之分与义利之辩实在扣紧基本的德操。这一堤防冲破了，便是洪水横流，世无宁日。"④

---

① 殷海光：《中国文化的展望》，上海三联书店2002年版，第56页。
② 同上。
③ 同上书，第520页。
④ 同上书，第523页。

同时，殷海光也指出："从中国古代社会文化产生并因应中国古代社会文化而设计的道德节目，怎样继续完全有效能于今日面目全非的社会文化？"① 殷海光承袭了新文化运动的思想成果和批判精神，展开了以宗法主义和权威主义为特征的儒家伦理的批判。他指出，传统道德文化有以下几方面的毛病：其一，儒家德目的阶层性。在儒家这里，君子与小人、君王与臣子之间的阶层观念是严格的，社会分工衍生出的士农工商阶层是凝固的。其二，重男轻女。重男轻女的中国传统道德文化其来有故，孔子的"唯女子与小人为难养也"的妇女观成为男尊女卑道德文化的哲学基础。其三，愚民主义。在中国封建王朝，治理者和被治理者之间的知识差距，远远大于现代民主国家领导人和人民之间的知识差距。孔子"民可使由之，不可使知之"的思想，刻画出统治者对被统治者的愚民政策与态度，老百姓头脑简单对于统治者总是期待的。其四，独断精神。孔子主张"攻乎异端"，异端变成异己，就此导致思想一统。孟子的"距杨墨，放淫辞"论调，更是以排斥异己为目标独断精神的公开展示。其五，泛孝主义。儒家伦理以泛孝主义为最盛。在尽孝口号下，下一代事实上成为上一代意志和好恶的伦理牺牲品。其六，轻视实务。在儒家这里，轻视实务已经成为社会的基本架构和基本建制，祸害了中国社会几千年，某种程度上导致中国技术的全面落后。②

当然，对于儒家伦理在现时代的创造性转换问题上，殷海光始终与钱穆、唐君毅等所谓经典意义上的新儒家保持了相当的距离。殷海光反对唐君毅思想拘泥于情感的"民族中心主义"，主张给来自西方的自由、民主和理性等文化元素以正当的地位。他说："在一方面，我向反理性主义、蒙昧主义、褊狭主义（obscurantism）、独断的教条毫无保留地奋战；另一方面，我肯定了理性、自由、民主和仁爱的积极价值——而且我相信这是人类生存的永久价值……任何好的有关人的学说，包括自由民主在内，如果没有道德理想作原动力，如果不受伦理规范的制约，都会被利用的，都是非

---

① 殷海光：《中国文化的展望》，上海三联书店2002年版，第507页。
② 高力克：《儒家传统的调整与整合》，《天津社会科学》2007年第5期。

常危险的，都可以变成它的反面。"①

但不管怎样，本质上殷海光先生还是属现代新儒家范畴。因为事实上，他在一些道德原则性问题上是赞同儒家道德文化的。在他看来，儒家传统中既包含好的道德原则，又有依然可行的德目。比如，孔孟的仁道思想当属儒家伟大的道德遗产。对于孟子人禽之分、义利之辩的讨论，殷海光认为，这属于人类社会的基本德操。此外，儒家提出的"仁义礼智信"，也是做人的基本操守。这些"基本德操"，殷海光认为可以横贯古今，是社会赖以存在的基础，也是人类社会秩序得以维系的基础。对于儒家道德传统，我们不难看出殷海光先生在道德文化重建问题上是一个保守的改革者，既不属保守派，更不属激进派。

第三，主张通过西方道德文化的"在地化"过程来系统性重建现代中国道德文化的"适宜性"。

这里有一点必须预期说明，那就是主张中国道德文化建设应该走"将西方道德文化'在地化'"之路，以克服转型时期我国道德文化上的"不适宜性"这一思想是蕴含在中国文化必须"全盘西化"之中的。

如果说现代新儒家对于现代中国系统性的道德文化"不适宜性"给出的答案是"本土化"基地上的"化西"的话，那么与之对应的一种主张则为"西化"。如果说前者保持住了中国道德文化的主体性，后者则属于道德文化上"腾笼换鸟"的做法。胡适等人当年就感慨过中国诸事不如西方②，所以主张全盘西化，包括道德文化也必须全盘西化，才能克服转型中国出现的系统性道德文化"不适宜性"。

主张包括道德文化在内的整体性中华文化要走"西化"之路，这实属一种"挑战—回应"型文化现象的产物，根源来自西方列强对我国的成功侵略与殖民掠夺。详尽地说，是中国自1840年鸦片战争后沦为半殖民半封建社会开始，主权独立和领土完整不复存

---

① 陈鼓应编：《春蚕吐丝——殷海光最后的话语》，寰宇出版公司1971年版，第32—33页。
② 详情可参见《胡适自传》，黄山书社1986年版。

在，中华民族面临着前所未有的民族危机。面对西方文化与文明的巨大挑战和威胁，客观上为寻求"救亡图存、保国保种"救国道路的知识分子提供了一个价值参考。当时的知识分子开始逐步摆脱"民族中心主义"与"文化中心主义"的桎梏，认识到自己的国家在器物、制度和文化等方面的不足与差距。在五四运动反对传统主义的基础上，到20世纪30年代，西化思潮在中国达到了主张"全盘西化"的高潮。

1929年，胡适第一次使用"全盘西化"概念。在《中国基督教年鉴》上，胡适以英文写作的方式发表了《中国今日的文化冲突》一文。在该文中，胡适明确反对种种折中论，提出"whole sale westernization"和"whole hearted modernization"两个命题。虽然胡适是第一个使用全盘西化概念的人，但陈序经却是第一个主张全盘西化的人。1934年，在《中国文化的出路》一书中，陈序经第一次明确提出全盘西化的主张，在当时的中国思想界扔下一个重磅炸弹，引起思想界的极大轰动。

陈序经在《中国文化的出路》一书中，认为中国文化（当然就包括道德文化在内）的出路只有三条：一是复古；二是折衷；三是全盘西化。经比较后他最终得出结论："折衷的办法既办不到，复古的途径也行不通……我们的惟一办法，是全盘接受西化。"① 在20世纪30年代，"全盘西化"论者基本上这样以为：面对外寇入侵、国势衰微之历史困境，传统中国文化已不足以救亡图存。中国要图存，顺利走向现代化，根本出路就在于走出文化上的"自我"，全面吸收西方文化。基于对文化具有整体性的考量，陈序经就此指出，"所以我们要格外努力去采纳西洋的文化，诚心诚意的全盘接受他，因为他自己本身上是一种系统，而他的趋势，是全部的，而非部分的"。

据实地讲，尽管陈序经等人主张文化上的"全盘西化"，在当时乃至后来相当长时间内不但没有被中国广大知识分子所普遍接受，甚至在全盘西化派中（胡适就是一个代表）也没有获得普遍共

---

① 参见陈序经《中国文化的出路》，中国人民大学出版社2004年版，第84—85页。

识。之所以如此，原因大致有两个。

一是文化具有传承性。任何文化（包括道德文化在内）都是时代的产物，都有其特定的社会历史条件。新文化的建设断然离不开旧文化。文化上的全盘西化者，他们想当然地视西方文化为普世文化，致命性地忽略了文化的时代性和民族性。固然，传统文化如果不加以改变，其肯定无法适应现代生活。然而，传统文化如何改？改什么？向哪方面改？这些问题都取决于我们将可能过一种什么样的现代生活，而不是取决于某种既定的文化。我们将过一种怎样的现代生活，有一个前提是无法去掉的，那就是，我们现在的活法（即现在的文化）必将是我们进行改变的基础与前提，现在是未来成长、生成的基地。尼采有过这样的精到论述，即人总是必须接受历史的局限，脱离历史的局限就等同于一个人拎着自己的头发离开地球一样不可能。事实上，文化也同理。

二是我们要求文化的现代化与文化的"西化"并不是同一概念，因为"现代化与西化并不相等"。① 西方尽管最早开启了现代化，是现代化的摇篮，两者在内容上有诸多重合之处，比如科学、民主等既是现代化的重要内容，也是西方文化的重要内容。但是，现代化并不就是西化，西化不等于现代化。尽管在内容方面，现代化与西方文化有不同层面的重合，但二者并非完全一致。在今天看来，西方文化的一些内容与现代化是背道而驰的。比如，自19世纪70年代以来，西方出现的日益严重的经济危机、环境污染、生态危机等，这些不但不属现代化，恰恰相反，它们是后发现代化国家在实现现代化的过程中应当努力避免和克服的。一句话，今天的人们已经充分认识到这样一个浅显的道理与常识，即人类的现代化不是一元的，而是多元的。然而，由于历史的局限，当时的中国知识分子并没有对此有深切的认识。这点可以在当年主张"全盘西化"的代表人物那里得到说明。1929年，胡适在《中国今日的文化冲突》一文中说，全盘西化与一心一意的现代化可以相提并论，它们表达

---

① 这点在世界历史得以完全充分展开的今天看得尤为清楚。当然，在世界历史还没有完全充分展开的当年，人们误将人类的现代化历史进程理解为"西化"之过程，我们可以也必须给予同情式的理解。

的是同一个意思。陈序经也一再强调:"在本质上,在根本上,所谓趋于世界化的文化与所谓代表现代的文化,无非就是西洋的文化,故'西化'这个名词,不但包括了前两者,而且较为具体,较易理解。"①

第四,主张通过道德共识建构的方式来系统性重建现代中国道德文化建设中的"适宜性"。

该观点认为,重建现代中国系统性的"道德适宜性",首要的问题是必须进行道德文化观念的革新,即"重建现代中国道德文化的适宜性"要依赖某种"观念性的获得"(即通过思想引领行动)。具体地讲,就是从理论层面看,系统性重建现代中国道德文化的适宜性在观念上应该是从哲学还是从科学中指导或获得道德共识?笔者的回答是:科学。

其实,休谟在道德问题上的分析与论断早已从知识意义上粉碎了基于历史对未来的推断,但是科学可以提供人们另一种更为精确的预测能力,以此消除人们在道德问题上由于缺乏确定性所带来的不安全感。

从这个意义上说,尼采的话是对的。他说:"历史在可能成为人们创造未来之动力的同时也可能成为束缚人们创造的桎梏。"② 因为道德理论完全建立在经验材料的基础上,道德文化知识因此毫无疑问地属于地方性知识。它们之所以经常被当作普遍真理而搬出来,主要原因在于语言的暴力。只要道德文化理论高举"正义""善良""人权""人性"等语言大旗,它们就理所当然地占据着道德的"制高点",并附带获得一种所谓的"道德的力量"。接下来要做的事情只有一件,那就是用各种证据(即道德理论家们的道德主张,其实只是进一步的语言暴力)来证明这些"语言"的道德合法性而已。其实,"语言和文字是不负责任的,它们可把一切都推至高潮,而不顾事实上能否达得到"③。

---

① 陈序经:《全盘西化的辩护》,《独立评论》(第160号),1935年7月21日。
② 参见[德]尼采《历史对人生的利弊》,姚可昆译,商务印书馆1998年版。
③ 王安忆:《纪实与虚构——创造世界方法之一种》,人民文学出版社1993年版,第289页。

然而，实际情况是，自伦理学作为一门独立学科以来，对道德问题的研究一直就从属于哲学范畴。①

就此而言，笔者愿意从经验科学的角度，从人的真实性存在出发来探究重建道德文化的适宜性问题。换言之，愿意将道德文化问题与人的生物性、人的社会生活境遇等经验事实相关联。

道德从发生学意义上看就是生物人对于生存问题的应对，道德社会属性的获得就是这种"应对"的产物。时也，易也。但作为经验的社会情境发生改变了，作为"应对"之物的道德文化也就自然改变，要变"不适宜"为"适宜"。从这个意义上讲，笔者坚决反对康德的"绝对命令"，因为它们都属先验的领域，而不属经验的事实。与此一样，也不赞同海德格尔将道德"诗化"的路向，因为它本质上也是一种脱离经验事实的进路。

本书持的原则性立场是：道德理论与道德实践是两回事。知道应该做什么，这并没有为人们的行动提供任何动机，也没有制造任何动力（所以，亚里士多德不赞同苏格拉底"知识就是美德"的观点，并提出了实践性的道德理论是有道理的）。道德实践的动机与动力来自道德理论之外。道德哲学家们并不会随着自己道德理论知识的增长而发展出同样的道德实践能力。"满嘴的仁义道德，一肚子的男盗女娼"就是一个例证。所以，有必要消除社会大众对道德话语和道德理论的迷信，因为它们并不能为解决具体的道德问题提供足够的条件。相反，我们必须从人性以及社会具体情境的经验事实中得到确实的理解与现实的把握，从而发现"道德的道路"。

具体地说，道德文化学应该对科学和社会科学研究的成果有更多实质性的吸收，具体伦理生活中的问题应成为研究的中心。为此，道德文化理论要从价值哲学向行动科学转变，向政策科学转变。道德文化理论不是思想的事业，而是实践的事业。

当然，这并不是说道德与价值无涉。道德话语、道德说教无法

---

① 笔者对这点不能苟同。今天的道德理论之所以没有取得真正的进展（有的只是某些虚幻的进步），其根本原因在于其对哲学形而上学的过分依赖，而没有接受经验科学的指导。问题在于，道德自始就关涉人的行动，属经验的世界，而不属超验的或先验的形而上学范畴。

改变人们的行为。因为人们行为的动机与动力并不是来自正当化的道德文化理论,而是来自对某种利益(这里讲的利益应做扩展性理解,它包含精神利益等在内)的实际追求。就道德而言,人们并不会懂得相关道理而就照此行事。恰恰相反,现实情境中的人们,在进行各种行为时,更多时候是在各种利益考量、比较与选择之下开展的。

历史地看,我们更加可以得出以上观点。因为中国道德文化传统是缺乏科学精神与科学方法的,尽管笔者反对科学主义。马克思说,"问题不在于解释世界,而在于改造世界"。改造世界,对于道德理论家来说,其实际的意义更在于具体道德问题,而不在于抽象的道德理论(甚至包括道德真理)。因为对于普通人来说,具体道德问题远比抽象的道德理论问题来得重要。解决具体道德问题,哲学伦理学早就显示出自己的无能。为此,我们只能从经验科学特别是政策科学、应用科学这里获得帮助,这样观念性的道德共识才能为道德文化建设提供实质性的实践意义上的帮助。就此意义来说,应用伦理学①在今天对于我国道德文化建设来说才真正成为必要与可能。

第五,系统性重建现代中国道德文化的适宜性,其基石在于打造中国人现代意义上的"生活世界"。

基于文化就是人们的"活法"的概念性判断,我们可以说,没有社会生活的现代化,就不会有文化的现代化,当然也就谈不上道德文化的现代化。从这个角度看,社会生活是道德文化建设的最终现实根据与源泉,也是系统性重建现代中国道德文化"适宜性"的"活水"。转型期的中国,之所以出现系统性的道德文化"不适宜

---

① 对于"什么是应用伦理学"的问题,我国学术界在 21 世纪初展开过相关讨论,但依然没有取得令人满意的实质性结果。要确立应用伦理学的边界,我们必须对伦理学与哲学的关系进行彻底的清算,没有它们二者之间历史官司的结案,应用伦理学始终无法立起来。事实上,以往的伦理学从一定意义上说都属道德哲学的范畴,即伦理学始终属于哲学的奴婢。然而,随着哲学形而上学的终结,伦理学应该像经济学(经济学曾经也隶属于哲学)等学科一样获得独立性地位。一句话,伦理学解放之日就是应用伦理学学科范围边界确定之时。因为说到底,应用伦理学区别于传统道德哲学靠的就是经验科学。

性",其实说到底就是人们过去的那种生活样式、"活法"已经出现整体性的"不适应",由此导致人们的"活法"必须做出根本性的改变,由此引发相应的道德文化也必须随之改变。打个比方说,社会生活犹如剧本,道德文化如剧目,现在社会生活"剧本"改了,道德文化中的"道德剧目"也要随之改变,这是再自然不过的事实。我们不能拿着新的生活剧本而上演一些旧的道德剧目。如果这样的话,那就叫"驴唇不对马嘴",由此产生系统性"不适宜"是自然的事。

问题是:我们该如何打造现代道德文化所需要的生活世界呢?就打造道德文化的生活世界而言,基于文化与经济之间的结构性基础关系,关键在于打造道德文化的基础——经济生活世界。也就是说,没有经济生活世界的现代化,就不可能有道德文化的现代化。没有道德文化的现代化,也就不可能克服现代中国出现的系统性"道德文化的不适宜性",并得以重建道德文化的系统性"适宜性"。对道德文化的基础——经济生活世界——的理论阐述,本书拟单辟一章(第五章)给予详细论述与说明。

第五章

市场经济：现代中国道德
文化建设的经济向度

打造现代中国道德文化的经济生活世界，从一定意义上说就是重构现代中国道德文化的经济学维度，这实属现代中国道德文化重建的基本问题之一。当然，从历史的维度看，该问题的合法性也是可以得到保证的，因为通过学科发展史，我们可以知道这样一个基本事实：那就是，经济学本身事实上就是作为伦理学的一个分支学科而发展起来的。所以，本章的研究进路是伦理经济学，而不是经济伦理学。

第一节 道德文化的经济向度考察

要重构现代中国道德文化的经济维度，首要的问题是：道德文化有没有、需不需要经济维度？能不能重构道德文化的经济维度？人类的道德活动与经济活动是否能兼容？换言之，道德文化是不是具有超功利性？

一 从"斯密难题"的反题说起

"斯密难题"是指"经济人"由于与"道德人"具有不同本性，故"经济人"不可能遵循道德行为的规律而行事，"道德人"也不会遵循经济理性的行为规律行事，因此道德与经济无涉。

其实，斯密本人就对此予以过否认，认为不存在所谓的纯粹的"经济人"或"道德人"。因为即使是最十恶不赦的恶人，也会有最起码的同情心和仁慈心。在斯密那里，经济学之所以从属于道德哲学，因为道德哲学是如何使人们生活得更好的一门学科，而经济学则属于人们追求更好生活时所需要的一门知识或技术。

可见，斯密难题在今天带给我们的思考或意义是：不是经济学应不应该讲道德的问题，而是经济学如何讲道德的问题。对这个问题的理论性回答，现代中国已经充分体现在经济伦理学领域了。

须声明的是：经济伦理学问题不是这里所关注的，笔者关注的恰恰是经济伦理学（或斯密难题）的反命题，即伦理经济学问题，也就是道德行为后面的经济考量问题。换言之，人们道德行为后面有没有经济的面向与维度？有没有可以脱离经济考量的纯粹的道德行为？

要回答这个问题，从西方学术史的视域看，我们有必要回到亚里士多德那里。因为"伦理学"作为一个独立于形而上学的独立学科是在亚里士多德这里获得最终定性的。该论断的合法性之所以能够得到保证，根本原因在于亚里士多德对人的世界经验和生活实践的研究采取了与形而上学完全不同的、独立的研究范式。

事实上，亚里士多德不满其老师柏拉图对道德问题的形而上学论证方式（柏拉图对"普遍善"的论证就是例证），而是从现实主义出发，即从人们的日常行为特别是日常的经济行为中出发来开出并考察道德问题，可以说开出了道德行为的经济向度。

这点可以从亚里士多德《尼各马可伦理学》中得到证明。亚里士多德的伦理思想被称为"美德伦理"，而美德在他那里不是一个抽象概念，而是从他的日常行为特别是日常经济行为（当时亚里士多德称为家政行为）中所获得一种价值评判。

比如，亚里士多德在论述"慷慨"这一美德时就不是采用形而上学论证方式，而是从经济问题出发生发出道德问题。在亚里士多德那里，"慷慨"作为一种美德，其实就是人们对待财富而展示出来的一种道德德性或品质。为证明这点，亚里士多德进行了详细论证。比如他认为，慷慨的人会以正确的方式给予：在适当的时间、以适当的数量、给予适当的人、按照正确的给予的所有条件进行给予；慷慨的人进行给予时还带着快乐，至少是不带着痛苦。因为道德德性的行为是愉悦或不带痛苦的。所以，把财物给错了人，或不是为着高尚的目的而是别的原因而给予的人，或给予时感到痛苦的人，他们都不能称为慷慨的人。慷慨的人不取不当之物；慷慨的人不愿意索取，如果要索取，他也只取自适当的地方（如自己的财产），而且是出于必需（以便能够继续给予）；慷慨的人也爱惜自己的财产；慷慨的人不会不问对象地给予；慷慨与一个人的财物相关。因为慷慨取决于给予者的品质，而并不取决于给予的数量，因而这种品质是相当于给予者的财物而言的。慷慨的人看重财富，不是因为财富本身，而是因财富是给予的手段。慷慨的人的德性在于他对财富的使用，而不是努力地保有它。[①] 可见，从亚里士多德对"慷慨"问题的考察，其实正是对道德问题的经济向度的审问过程而获致的。

同样，在现代市场经济社会中，考察人们的道德行为更离不开经济向度。曾几何时，人们牢固地认为道德活动与企业的市场活动（可扩展理解为一切市场活动）是两个互相不可逾越的领域。企业经营的终极目标是获得收益，这是他们致力于买卖交易行为的唯一催化剂。因此，企业及从业人员根本不会把他们的经营活动同伦理道德挂钩，他们为了获取收益而忽视了其行为可能造成的种种后果。

恰恰相反，道德并不存在于市场的彼岸。市民社会形成以来，道德始终与企业的市场活动相伴随，只不过是随着市场经济秩序的转变，规范企业活动的伦理道德展现了不同的特质。

这点在米歇尔·鲍曼的《道德的市场》一书中论述得非常精到。鲍曼的重大理论贡献是用"现代人"的概念来替代古典经济学中的"经济人"概念。在他看来，"经济人"追求目的理性，以效用导向为优先，在规范的选择上，任何情况下总是追求自利和个人效用的最大化，它属于"结合具体情形的效用最大化者"；而"现代人"把主观效用行为动机同接受规范约束的选择规则结合起来，行为者在维护自己利益的过程中既可按后果导向也可受规范约束来

---

① ［古希腊］亚里士多德：《尼各马可伦理学》，廖申白译，商务印书馆2003年版，第95—103页。

采取行动,关键在于哪一种方式更能带来效果,它在行为模式上属于"有行为倾向的效用最大化者模型"。

"现代人"和"经济人"虽然都是理性的效用最大者,但是,鲍曼赋予了"现代人"行为方式特定的道德内涵,这是它与"经济人"唯一的重大区别。鲍曼说,"现代人""这种规范约束的行为方式或个人规范,我称之为'美德'(Tugend)";"与经济人不同,有行为倾向效用最大化者是有个人'品格'的人,他培养了特殊的行为倾向、性格特征和习惯,使之有别于他人,其他人可以通过他有所'获益'"。①

鲍曼进一步追问,"现代人"在追求效用的最大化时,坚持美德的行为为何合乎理性?鲍曼认为,这是由现代市场经济社会的特征所决定的。现代社会是一个极度开放的社会,它的社会结构是动态的,社会群体的流动性、灵活性、匿名性和不稳定性是该社会的主要特征。现代社会网络中的特定社会结构,构成"现代人"采取其德性行为的前提。由于社会网络具有一定程度的流动性和非个人性,于是社会中的人际联系的叠合重复造成关联伙伴关系的经常变换。只有在关联伙伴经常变换的情况下,人们才会对特定行为倾向行事的行为产生需求。现代社会的关联伙伴不再期待规范约束的行为者在同一情形下一如既往地采取行为,他们要预见这些行为者的行为必须成为沉淀在他们中的性格因素。

所以,对"现代人"来说,他不仅仅拥有现在和将来,而且拥有过去,他们过去的事件对现在的行为方式具有决定性的影响。因此,"现代人"的美德在人际关系框架中是一种非常重要的行为倾向,美德在社会生活的重大意义是涉及美德的个人能够成功地向关联伙伴证明自己的可能性,而非欺骗者和伪善者。

这样,"美德"就与"现代人"的个人效用最大化相挂钩。在开放的社会中,"现代人"的美德就得到关联伙伴的奖赏,这种奖赏是以后果导向为宗旨的"经济人"所不能发挥作用的。正是由于社会的流动性和匿名性,"现代人"才更加觉得显示"性格"和

---

① [德]米歇尔·鲍曼:《道德的市场》,肖君译,中国社会科学出版社2003年版,第338—339页。

"品格"的必要性，以及它折射未来行为和重大意义。所以，鲍曼说道："一定的流动性和匿名性似乎是美德的长生不老丹，流动的和匿名的社会特别依赖美德和具有美德的人。"① 可见，鲍曼提出的"现代人"，彰显了现代市场经济中道德行为的经济向度。

鲍曼还认为，"现代人"坚持规范约束为行为导向的美德也与市场经济社会的集体行为和组织体制密切相关。高度发达的市场经济社会中的组织，用鲍曼的话说，是一种"合作性企业"。该组织是在成员自愿合作及贡献态度基础上建立的；在组织中，成员要对企业规范和企业目标采取内在立场，并且要付出实现企业利益所必需的贡献，即使该贡献在个别情况下同成员的个体利益并不吻合。②"合作性企业"的组织机制使它克服了旧社会组织运行中的缺点，成为组织和企业成员并拥有加入与他人的合作性关系的机会，对每个人来说都是不可替代的生存基础。既然参与这样的组织的益处对个体如此重要，人们必定有很大兴趣成为该组织的成员。

这似乎应合了亚里士多德"人是政治的动物"命题的意义。亚氏认为人必定乐于生活在伦理的城邦组织中，因为在城邦中，作为个体的人才能实现人的"形式"，所以，正常人都必定选择成为城邦的成员。同样道理，"合作性企业"是由"美德兴趣者"组成的俱乐部，人们大都愿意成为其成员。但是"合作性企业"成员的"候选人"必定也按企业规范行事并对企业特有的义务采取内在的立场，也就是说，要成为企业中的人，首先必须是具有一定美德的人。在此条件面前，显然，经济人自动丧失资格，而"合作性企业"的组织机制同"现代人"的行为模式即"有行为倾向的效用最大化"是一致的。因而，"现代人"是合适的人选。"合作性企业"的组织机制在某种意义上已蕴含着现代企业商业经济活动的合作扩展秩序是建立在一定的道德基础上的。

哈耶克早已洞察到这一点。他被誉为"道德哲学家"的称号，

---

① ［德］米歇尔·鲍曼：《道德的市场》，肖君译，中国社会科学出版社2003年版，第360页。
② 同上书，第371—372页。

很大程度得益于他在"合作"的参与者的德性基础上辨识出"人之合作的扩展秩序"自发型构与扩展的可能。①

除此之外,"囚徒悖论"对于打造道德文化的经济生活世界、揭示道德行为的经济向度同样具有巨大的解释力。

现代经济学的博弈论进一步论证了对道德行为进行经济考察的合理性。"囚徒悖论"所显示的问题是:如何才能确保与对方合作,从而使己方的合作行为合理性,以避免双方都不利的结果?

研究表明,在"囚徒悖论"的博弈安排中,仅靠社会契约和国家制度安排是不能保证人们恪守合作选择的。于是,宾默尔明确指出:"假如真实生活的博弈是囚徒悖论,那么,唯一可行的契约将是背叛。"

难道"囚徒悖论"中的双方就真的没有办法走出困境,只能做出"背叛"的策略选择吗?其实不然,"囚徒悖论"博弈没能走出"困境",是因为我们把它限定在一次性、静态的博弈的层面上。在现实的人类生活世界中,"囚徒悖论"是一种"没完没了"的重复博弈。弈者在做出策略选择时,他们并不知道究竟有多少类似的情景还会发生。弈者的策略选择已经存在道德的意蕴,人们能在这样的博弈中走出困境,从而在人类社会交往和经济活动中进行广泛的合作。我们假定两个企业在经济活动中也存在"囚徒悖论"博弈的情景,它们在行动中所得到的益处可以用期望功利值来衡量,则它们做出各种策略组合的支付矩阵如表 5-1 所示。

表 5-1　　　　　　　　策略组合支付矩阵

乙＼甲	守约	违约
守约	(3, 3)	(0, 6)
违约	(6, 0)	(1, 1)

---

① 韦森:《经济学与伦理学》,上海人民出版社 2003 年版,第 7 页。

上面这个博弈中，如果我们将其看成一次性"囚徒悖论"情景，则企业作为弈者做有道德的事情是不合理性的。因为不论对方采取什么策略，违约的好处总是大于守约的好处。如果对方遵守协定，违反协定可使己方获得最大的好处，即功利值为6；如果对方也违反协定，则己方违反协定也可以避免最坏的情景，即可得到功利值1，而不是0。

如果我们将一次性"囚徒悖论"的情景改变成重复性"囚徒悖论"情景，情况就会有所不同。在重复性的"囚徒悖论"情景中，弈者有两种策略可供选择：第一种策略就是要求行为过程中能立即给自己带来好处的行为；第二种策略就是要求行为过程能带来长远利益或好处的行为。主张第一种策略的人可称为"短视的人"，主张第二种策略的人可称为"有远见的人"。这种"远见"，其实质只有对道德行为进行经济向度的考察才可能获得。

按照第一种策略，上述例子中的甲乙双方都会选择违约，因为无论如何，违约都能给他们带来即时和明显的好处。当对方违约时，己方违约时可以得到期望功利值1，而不是0；当对方守约时，则己方违约能给自己得到期望值6，而不是3。但是，问题在于，如果双方都是"短视的人"，都同时选择第一种策略，那么，双方只能得到功利值1，这与双方合作所得到的功利值3的效用明显是一种"次佳化"的结果。

由于"囚徒悖论"的情景不是一次性就完结，而是不断重复地发生的，"有远见的人"往往会采取第二种策略。他始终坚守协定的"美德"，即使自己在某种情景下这种美德会给他带来损失。"有远见的人"遵守协定的道德行为符合理性且稳定的条件是：他的德性行为方式符合他的利益。研究表明，这个条件是成立的。

第一，博弈方的德性行为能促使对方合作，而双方的合作比起破坏能得到更多的好处。例如，甲、乙守约所得到的功利值是3，明显大于甲乙违约的功利值1。在重复性的"囚徒悖论"中，理性的利己者会认识到，较之对同类怀有敌意、欺骗他们从而无法进行进一步的合作，对其同类表现出善意的举止，从长远看将给他带来更多的利益。实际上，休谟对此已做过论述："我就学会了对别人进行服务，虽然我对他并没有任何真正的好意；因为我预料到，他会报答我的服务，以期得到同样的另一种服务，并且也为了同我或同其他人维持同样的互助的往来关系。"

第二，博弈方的投机行为，会偶尔或短期内收到可观的收益，但一旦"东窗事发"，会导致"全盘皆输"的严重后果，且这种后果是无法弥补的。从长远来看，这是违背博弈者的利益的。例如，博弈方的某次投机行为会得到最高的功利值6，但由于"囚徒悖论"是不断重复的情景，如果这次投机活动被对方或他方知晓，则他可能在下一次的博弈情景中得到最低的功利值0，更甚的是，可能造成无法挽回的后果。经常合作的伙伴，只要一方被确证偏离规范的行为，他就会丧失正直诚实道德人士的声誉，从而被合作伙伴拒之门外。

第三，重复性的"囚徒悖论"能使不合作的弈者得到转化。一般来说，合作或守约的"美德"行为符合理性的一个不可或缺的条件是：双方都知道对方是"美德"的行为者或可转化为"美德"的行为者。如果对方是一个顽固的"无可救药"的投机者，那么，具有"美德"的一方行为策略的代价就是永远得不到回报。在一次性"囚徒悖论"中，行动者一次策略选择后，就退出博弈情景，彼此都不了解对方，并不满足上述的条件。在重复性的"囚徒悖论"情景中，行为者不仅仅拥有现在和将来，而且拥有过去。过去的事件，特别是他本人过去的选择，成为关联伙伴了解"他是怎样一个人"的重要证据。拥有美德的个人能够成功地向关联伙伴证明自己是一个诚实正直的道德人士。关联伙伴坚信行为人在同他们的关系中按规范行事，他们就会承认他为自己的伙伴并进行对双方都有利的合作。

当然，在此要声明的是，尽管在市场社会的今天，我们有必要从经济角度来考量道德行为（不是考量经济行为自身的道德内涵），但绝不否认一部分纯粹道德行为的现实存在及其合理性。本书想阐明的是，我们今天相当多的道德行为并不是来自道德自身的要求，恰恰相反，它往往是经济理性选择导致的结果。换句话说，我们的"伦理应当"在许多领域是来自"经济应当"。这可以从东西方道德文化传统中得到验证。

二 西方道德文化历史演进中的经济向度考察

西方道德文化历史演进中的经济向度问题，大体分成这样四个历史阶段：经济活动与道德文化"隶属性"阶段；经济活动与道德文化"非对称性合体"阶段；经济活动与道德文化"绝缘性"阶段；经济活动与道德文化"对称性合体"阶段。

在西方，从古希腊直到中世纪，属经济活动隶属于道德文化的阶段。当时人们对经济活动的考量一直放在伦理活动范围之内。①在那时，经济学不但不是一个独立的学科，而且经济活动本身相比道德活动、政治活动、宗教活动，无疑地位低下。在古希腊，"所谓经济的……，仅指家庭管理的实际智慧"②。

亚里士多德就公开鄙视以交换活动为主的经济活动，而高度重视伦理道德活动。亚里士多德说："治产（财富）有两种方式，一种是同家务管理有关的部分（农、牧、渔、猎），另一种是指有关贩卖的技术（经商）……前者顺乎自然地由植物和动物取得财富，事属必需，这是可以称道的；后者在交易中损害他人的财货以牟取自己的利益，这不合自然而是应该受到指责的。"③

以上思想传统一直延续到中世纪，并在中世纪教会代表人物托马斯·阿奎那那里得到较详细的证明。门罗说道："他从不单对经济问题作抽象论述，而总是和较大的伦理学或政治学的问题联系着一并研讨。"④由此可见，道德问题与经济问题的历史性关联在西方古代思想家那里已经得到一定的表达，只不过这种表达是以经济问题服从甚至跪倒于道德问题之前为代价。总的来说，这时的思想家

---

① 须说明的是，当时经济活动同时隶属于政治活动与宗教活动。而且，从某种意义上说，当时伦理道德活动也可归结为更大范围的宗教活动与政治活动。比如，亚里士多德就公开主张："伦理学属于政治学。"
② [奥]约瑟夫·熊皮特：《经济分析史》第1卷，朱泱等译，商务印书馆1991年版，第87页。
③ [古希腊]亚里士多德：《政治学》，吴寿彭译，商务印书馆1965年版，第31页。
④ [美]门罗：《早期经济思想——亚当·斯密以前的经济文献选集》，蔡百受等译，商务印书馆1985年版，第43页。

理论努力的方向是：致力于为人们的经济活动与经济行为筑起一道牢不可破的道德栅栏，而不是寻求人们道德活动与道德行为的经济向度。

至此我们基本上可以做出这样的判断：在古代西方，对经济活动与经济行为的研究纯粹是出于道德的"应然"性要求而存在的。

随着宗教改革、文艺复兴和资本主义在近代西方的兴起，经济活动摆脱了道德活动的束缚，每个人都获得了追求自身利益的自由，也获得了改善自己物质生活的权利。到这个阶段，西方道德文化的经济向度转变为"经济活动与道德文化'非对称性合体'阶段"。于是，研究经济活动与经济行为的经济学作为一个独立的学科登上历史舞台。从此，人们各自的经济活动与经济行为不再跪倒在统一性的伦理、政治与宗教等活动脚下，而是获得了独立性。

当然，我们必须看到的是，一方面，经济活动与经济行为获得了独立性；另一方面，经济活动与经济行为并没有脱离道德的视野。罗宾斯说道："把经济现象作为一个内部互相联系的整体进行分析研究的内容——现代称之为经济学的研究工作；同时，也可在其中找到有关经济政策的规范和规定——即我们理解的政治经济学的内容，并到那时才开始形成一个理论体系。"[①] 这充分揭示出古典经济学与伦理学之间的双重关系，即既想摆脱伦理学对经济学的传统意义上的统治，以便将经济学变成对经济现象进行不同于规范要求的实证分析的学科，又想对经济现象进行规范式研究，以使社会的伦理道德要求同样在经济领域得以体现。

事实上，众多的古典经济学家自始就致力于研究经济活动的"应当"问题，寻找经济学和道德哲学之间的内在联系。熊彼特说："他们之中没有一个人真正怀疑这样一些价值判断的正当性：这些价值判断依据的是'哲学上的'理由，不仅适当考虑到了某一情形的经济因素，而且还适当考虑到了非经济因素。"[②] 可以这样说，在

---

① ［英］罗宾斯：《过去和现在的政治经济学》，陈尚霖等译，商务印书馆1997年版，第8页。
② ［奥］约瑟夫·熊彼特：《经济分析史》第2卷，杨敬年译，商务印书馆1992年版，第251页。

资本主义发展初期的很长一段时期，经济学尽管获得了独立性，但它同时也确实作为道德哲学的分支而存在着。因此，在这个阶段，经济活动与道德文化还处于"联姻"关系，尽管经济活动还没有取得与道德活动相对等的地位。所以，我们可以将此阶段称为"经济活动与道德文化'非对称性合体'"阶段。

这个阶段的经典表达从西方学术史的角度看，可以以亚当·斯密为代表。亚当·斯密一生有两本标志性著作，一本为著名的《国富论》（即《国民财富的性质和原因的研究》），另一本是更花费心血的《道德情操论》。

在《道德情操论》一书中，亚当·斯密努力要完成的证明是：作为利己主义的个人（主要指逐利的广大资本家），如何在资本主义生产关系中控制自私自利的感情和行为，从而在社会关系中为建立一个符合规范的、有确定性行为准则的社会（即道德的社会）而合乎规律地进行生产活动与社会活动。亚当·斯密反复申明，《国富论》中建立的自由经济理论体系必须有一个前提，那就是以《道德情操论》的相关论据为道德前提。为此，他直言说道："毫无疑问，每个人生来首先和主要关心自己。"① 在他的学说中，人生的伟大目标就是改善自身生活条件，并由此开展各自的经济活动。亚当·斯密说："我们每天所需要的食料和饮料，不是出自屠夫、酿酒家或烙面包师的恩惠，而是出于他们自利的打算。"②

亚当·斯密对《道德情操论》和《国富论》两部标志性著作不仅交替写作和修订，而且在思想体系以及核心观点等方面从一开始就是两个有机组成部分。从内容上看，《国富论》主要论述经济问题，《道德情操论》主要论述伦理道德问题；从学科分野的角度看，它们应该分属两门不同的学科，前者属于经济学，后者归于伦理学。然而在本质上，亚当·斯密事实上是将经济问题与伦理道德问题视为内在本质合一的统一性问题，二者不但不是一种二律背反的

---

① ［英］亚当·斯密：《道德情操论》，蒋自强等译，商务印书馆1998年版，第101—102页。
② ［英］亚当·斯密：《国民财富的性质和原因的研究》上卷，郭大力等译，商务印书馆1972年版，第14页。

关系，恰恰是高度统一的关系。不但如此，在他看来，《国富论》仅仅只是《道德情操论》的延续。

在西方思想史上，真正将道德文化的经济向度彻底抛弃的时代是实证主义泛滥的时代，其标志就是新古典经济学的产生。新古典经济学是一种"不讲道德"的经济学，它有三个基本设定：一是理性经济人假定；二是"应然"与"实然"之间的不可跨越，即实证研究和规范研究的"二分法"；三是"价值中立"或"价值无涉"。这三个假定将西方传统道德文化中的经济向度完全剔除，从而使经济学成为与"价值无涉"的纯粹科学。

当然，我们有必要指出的是，西方道德文化对经济向度的抛弃，主要不是道德哲学家们主动的结果（尽管道德哲学家也有一部分责任①），而恰恰是经济学作为一门独立学科，其在独立过程中努力摆脱道德束缚的结果。

以上判断可以从当时主流经济学家那里得到确证。凯恩斯说道："关于经济学方法争论的要旨，可以通过对两个存在广泛差别的学派的大略比较来描述。一个学派把政治经济学看作是一门实证的、抽象的和演绎的科学，另一个学派则把它看成是一门伦理的、现实的和归纳的科学。"② 罗宾斯也说："经济学涉及的是可以确定的事实；伦理学涉及的是估价与义务。这两个研究领域风马牛不相及……我们的方法论原则并不禁止经济学家有其它兴趣！我们只是主张经济学和伦理学这两者之间没有逻辑关系，求助于一方来加强另一方的结论是于事无补的。"③ 弗里德曼则公开宣称："在实证研究和规范研究之间有一条明确无误的逻辑鸿沟，任何聪明才智都无法掩盖它，任何空间或时间上的并列也无法跨越它。"④ 在《经济学

---

① 这点可以从现代元伦理学得到说明。自摩尔、罗素、维特根斯坦、维亚纳学派到史蒂文森所发展起来的现代元伦理学，主张"伦理学只是情感的表达，而不是科学事实的陈述"，这无疑为新古典经济学抛弃道德与价值开了方便之门。

② ［英］凯恩斯：《政治经济学的范围与方法》，党国英等译，华夏出版社2001年版，第7页。

③ ［英］罗宾斯：《经济科学的性质和意义》，朱泱译，商务印书馆2000年版，第120—121页。

④ 《弗里德曼文萃》上册，胡雪峰等译，首都经济贸易大学出版社2001年版，第121页。

家应该做什么》一书中，布坎南认为，经济学家在追求真理时应当与价值无涉，应该坚持做纯粹的经济学家。对此，布坎南说："经济学家要保持他的自尊，就应当加强下述信念：在他的学科中是存在着一种独立的真理实体，应当将真理视作与价值判断无关的。"①

由此可知，新古典经济学家已经彻底地忘掉了斯密的传统，坚决将价值判断和伦理道德排除在经济学之外，只满足于对人们的经济行为、相应的经济体系进行所谓纯客观的描述。可以这样说，新古典经济学家们为了保证经济学的独立地位，总是想方设法地要与"道德""价值"或"应然"等"绝缘"。

但是，随着西方实证主义的式微，价值问题重新回到西方学术文化中心，由此经济学与伦理学再次联姻也就不足为怪。反过来说，已经被抛弃了的西方道德文化中的经济向度也就此得到了"复活"，从而在更高程度上开辟出经济活动与道德文化"对称性合体"阶段。

从学术发展角度看，这种更高程度上的"复活"来自两方面的同时"转向"。一种"转向"来自哲学伦理学从"元伦理学"向"规范伦理学"的转向，另一种则来自经济学从"实证经济学"向"规范经济学"的转向，二者共同为西方道德文化构筑起经济的栅栏。

哲学伦理学从"元伦理学"向"规范伦理学"的转向，突出地以美国"三驾马车"为代表，即罗尔斯、诺齐克和德沃金。

罗尔斯在《正义论》中就明确地对元伦理学的逻辑分析提出批评，认为它不应在伦理学方法中占据主导地位。他说："无论如何，仅仅在逻辑的真理和定义上建立一种实质性的正义论显然是不可能的。对道德概念的分析和演绎（不管传统上怎样理解）是一个太薄弱的基础。必须允许道德哲学如期所愿地应用可能的假定和普遍的事实。没有别的途径可以解释我们在反思的平衡中所考虑的判断……所以，我希望强调研究实质性道德观念的中心地位。"②

德沃金则从法律伦理学的角度重新寻求法律科学的价值问题。

---

① ［美］布坎南：《经济学家应该做什么》，罗根基等译，西南财经大学出版社1988年版，第117页。
② ［美］罗尔斯：《正义论》，何怀宏等译，中国社会科学出版社1988年版，第50—51页。

他在世界性经典名著《法律帝国》中就旗帜鲜明地写道:"法律的帝国并非由疆界、权力或程序界定,而是由态度界定……从最广泛的意义来说,它是一种谈及政治的阐释性的、自我反思的态度,它是一种表示异议的态度。每个公民都应知晓社会对原则的公开承诺的要求是什么及在新的情况下这些承诺的要求又是什么……总之,这就是法律对我们来说是什么:为了我们想要做的人和我们旨在享有的社会。"①

诺齐克则坚持权利优先于善(利益)。他完全否认这样的观点,即可以通过产生善或最大限度的善(利益)来定义正当或某人应当做什么。在《无政府、国家与乌托邦》一书中,诺齐克说:"个人拥有权利。有些事情是任何他人或团体都不能对他们做的,做了就要侵犯到他们的权利。这些权利如此有力和广泛,以致引出了国家及其官员能做些什么事情的问题。"② 在他看来,个人权利就是"伦理应当",即使是以某种社会或国家利益的名义也不能侵犯。

对于经济学从"实证经济学"向"规范经济学"的转向,我们以1998年诺贝尔经济学奖获得者阿马蒂亚·森的理论为例证。森为推动现代经济学回归到斯密的传统那里,公开否定主流经济学所确立的所谓"价值中立"原则。为此,他一生都致力于建立经济学和伦理学之间的实质联系,并指出伦理学与经济学的分离必然带来经济学与伦理学的双重贫困和缺陷。

讲到经济学和伦理学的复兴时,维维安·沃尔什称赞道:"长久以来对任何(公开承认的)道德概念进入经济学而设置的反锁的门被打开了。人们所假定的阻碍经济理论和伦理学、政治哲学以及法律哲学之间富有成效地进行交流的种种逻辑壁垒降低了,而完全涉及伦理学的这些问题的实际对抗,可能会将经济学家从伦理中性的可耻矫饰中解救出来。"③

---

① Ronald Dworkin, *Law's Empire*, Cambridge, Masschusetts, 1986, p. 413.
② [美]诺齐克:《无政府、国家与乌托邦》,何怀宏译,中国社会科学出版社1991年版,第1页。
③ [英]约翰·伊特韦尔等编:《新帕尔格雷夫经济学大辞典》第3卷,经济科学出版社1992年版,第930页。

三 中国道德文化历史演进中的经济向度考察

中国道德文化历史演进中的经济向度,从理论表述上看,没有西方那样清晰的理论线索。中国道德文化历史演进中的经济向度问题主要是围绕"义"与"利"二者关系而展开的,且大体可以分成以下阶段:几千年来的"重义轻利"阶段;新中国成立后直至改革开放前的"舍利取义"阶段;改革开放初期的"见利忘义"阶段;今天的"义利兼顾"阶段。

从先秦至清末,传统中国道德文化在"义利"关系上基本属"重义轻利",这点可以从儒家思想中得到解释。要了解儒家"重义轻利"的思想,我们有必要回到春秋战国时期,因为正是此时确立了儒家思想的精神气质。

早在我国春秋时期,人们就有了"义利之辨"。在当时的典籍中,"义"的基本含义就是"合乎礼","义"通"宜",与某种既定的礼仪或礼俗相宜的行为就是"义"。可以看出,"义"属伦理学中的道义论,是一种伦理道德要求。"利"在春秋典籍中则为"事利",即言有所益,行有所利。

人们在春秋战国时期之所以对"义利"关系展开激辩,其根本原因在于"周文疲惫、礼崩乐坏"。也就是说,过往的社会秩序陷于崩塌,原有的社会价值统合功能几于崩溃,周天子已成为"虚主",天下处于一种"无主"状态。吴进安说:"(春秋战国时代)是中国古代社会伦理价值与文化和新观念遭遇重大挑战与变化的时代。天下之重心遽失,所谓篡盗之人列为侯王,诈谲之国兴立为强,遂相吞灭,并大兼小。暴师经岁,流血满野,亦屡见不鲜。从上层的政治动乱开始,影响所及造成了各种伦理体系的松动与崩溃。道德沉沦不彰,社会秩序的瓦解。此为明显事实。"[①] 就此,如何重构、处理道德与利益的关系?这是当时知识分子以及各诸侯国统治者重构价值秩序与社会秩序时不得不面临的核心问题。

先秦儒家倡导"义以导之,利以从之"的"重义轻利"观,这

---

① 吴进安:《墨家哲学》,五南图书出版公司2003年版,第112页。

在孔子思想中可以得到解证。孔子讲"周监乎二代，郁郁乎文哉，吾从周"①。当年孔子提出"从周"，目的有二：其一，恢复周的各种典章制度；其二，恢复这些典章制度背后的伦理道德。要实现这种"重整秩序、收拾人心"的伦理目标，急切需要构建一套普适性的伦理原则。于是，孔子对"义"进行了加工改造。其实，自西周以来，"义"主要包括适宜、适当或正当三种含义。比如，为了饮酒尽兴，齐桓公命属下以火继之，对此大臣劝谏他说："酒以成礼，不继以淫，义也。"②这方面的例子举不胜举，充分说明"义"在春秋战国时期解释为"恰当与适宜"已是常识。

孔子则对"义"这一概念进行了改造，使之上升到价值层面，并最终变成每个人安身立命的一种伦理道德要求。孔子讲：君子义以为质；君子喻于义，小人喻于利。在孔子看来，只有"喻于义"的君子，他们才具有普适性的德性，或道德上的合理性，而对于"喻于利"的小人，其本身不但不具有普适性的德性，而且只能算是小人的个体性的"私货"。

一言以蔽之，在孔子看来，"义"与"利"之关系，是普遍与特殊的关系。如果不改变大家追求私人之利的行为模式，那么必然对孔子构建的整体性的秩序体系产生实质性损害。"仅具有特殊性的利与具有普遍性的义是不能互相化约的；而在实际运作上，两者则是构成此长则彼消的不相容关系。"③为此，孔子设想要用君子小人之分来改造、引导小人。"君子之德风，小人之德草，草上之风，必偃。"④须指出的是，在"义"面前，孔子并不一概排除"利"。其实，"儒学思想对待伦理的物质基础是非常现实的"⑤。在孔子这里，某种合理的、特殊的"利"是可以接受的，特别是对于"公利"更是如此。

后来的孟子、荀子一路下来，直至宋明清等儒家知识分子，基

---

① 《论语·八佾》。
② 《左传》。
③ 王中江主编：《中国观念史》，中州古籍出版社2005年版，第335页。
④ 《论语·颜渊》。
⑤ 牟复礼：《中国思想之渊源》，北京大学出版社2009年版，第37页。

本上都秉承"重义轻利"这一基本理路,来阐释各自的义利观,尽管他们的论述更为时代化、复杂化和体系化。①

如果说儒家伦理还给"利"保留了一定地盘的话,那么新中国成立后直至改革开放前,中国人基本上进入了"舍利取义"阶段。当然,这里的"舍利取义"包含两阶含义:较低一阶是"舍私利取公利",因为公利相对于私利便称为"义";较高一阶是"舍利益(包含公利)取道义",因为利益相比于道德,道德便理所当然属于"义"。此种"舍利取义"观的产生,主要基于如下两点:一是受到传统儒家伦理思想的影响,这不必再言;二是片面地理解马克思对资本主义私有制的批判。

事实上,相当长一段时间以来,我们对马克思对资本主义私有制的批判的理解是建立在"道德与经济"康德意义上的"二律背反"基地上。在康德看来,实践理性的二律背反在于:虽然在实践的至善中必须把道德与幸福统一起来,但事实不是如此,道德与幸福并不能统一。我们既不能用幸福来成就道德,也不能将道德看作幸福的源泉。因此,在德与福的关系问题上,要么牺牲道德追求幸福,要么牺牲幸福追求道德。康德这种形而上学意义上的德福观,其现实根据就在于他的伦理学说是一种纯粹的"道义论"。该学说从根本上讲是一种以否定利益特别是个人利益为代价的伦理表达方式。马克思看到了康德问题的难处,看到了个人利益与道德要求之间的内在紧张。他为此论述道:"资产阶级在它已经取得了统治的地方把一切封建的、宗法的和田园诗般的关系都破坏了。……它使人与人之间除了赤裸裸的利害关系,除了冷酷的'现金交易',就再也没有任何别的关系了。它把宗教的虔诚、骑士的热忱、小市民的伤感这些情感的神圣激发,淹没在利己主义打算的冰水之中。它把人的尊严变成了交换价值,用一种没有良心的贸易自由代替了无

---

① 比如,孟子就专门论证了"义"的来源问题。他明确指出"义"的根源在"心"。所谓"(浩然之气)是集义所生者,非义袭而取之也。行有不慊于心,则馁矣,我故曰告子未尝知义,以其外之也"(《孟子·公孙丑上》)。董仲舒倡导"正其谊不谋其利,明其道不计其功"。朱熹也认为,"义利之说,乃儒者第一义","学无深浅,首在辨义利",等等。

数特许的和有竞争力的自由。"①

马克思确实深刻地洞见到经济向度对道德发展的内在张力,但我们不能就此认为马克思主张以取消经济来成就道德要求。重复马克思在《1844年经济学哲学手稿》中所说的一句话是有益处的,那就是"自我异化与自我异化的扬弃走的是同一条道路"。也就是说,马克思不是通过取消问题的办法来解决问题。相反,马克思不但没有取消道德的经济向度,而是将意识形态上的道德立基于经济之上。他明确指出:"既然正确理解的利益是整个道德的基础,那就必须使个别人的私人利益符合于全人类的利益。"② "'思想'一旦离开了'利益',就一定会使自己出丑。"③

可见,相当长一段时期以来,由于我们受到传统儒家"重义轻利"思想的影响,加之对马克思主义做了教条理解,因此我们在道德文化的经济向度上陷入"舍私利取公利、舍利益(包含公利)取道义"这样一个怪圈中而"自我旋转"。于是,"狠斗私字一闪念"便成为时代的道德要求。至此,此时期的道德文化将个人利益完全排除在外就成为必然,完全变成康德意义上的纯粹道义论了。因此,每个人的必然结局就是事实上的"德福"不统一。

改革开放后,特别是确立社会主义市场经济以来的初期,被道德压抑了几千年的利益表达终于获得国家层面的肯定,"见利忘义"便喧嚣一时。最典型的理论表达方式就是20世纪90年代理论界提出的"市场经济与道德划界"说。该学说的核心主张是将道德文化中的经济向度彻底根除,认为市场经济中人们的商业行为"处在道德范围之外",要为商业行为与道德行为"严格划界",以防止它们相互"僭越"。唯其如此,"就可通过它们二者的互斥和互约来限制对方,既避免金钱尺度的独断化,也避免道德尺度的独断化,使整个社会日益走向完善和健全"④。

与上述理论的"划界说"所造成的流毒相比,更令人揪心的

---

① 《马克思恩格斯选集》第4卷,人民出版社1972年版,第263页。
② 《马克思恩格斯全集》第2卷,人民出版社1957年版,第167页。
③ 同上书,第103页。
④ 何中华:《试论市场经济与道德的关系问题》,《哲学研究》1994年第4期。

是社会生活实存领域的"见利忘义"行为，因为"物质生活的生产方式制约着整个社会生活、政治生活和精神生活的过程。不是人们的意识决定人们的存在，相反，是人们的社会存在决定人们的意识"①。一段时间以来，跳槽下海经商之风盛行大江南北。诸多国民仿佛一夜之间从"不屑谈利"迅速完成"竞相逐利"的价值观转变。"利益驱动"与"等价交换"等市场经济的法则迅速扩充到社会生活的方方面面，能赚钱、会赚钱成为成功者的符号，成为引导社会群体的行为准则。幸福与否、成功与否用金钱来衡量，"一切向钱看"成为许多人的人生基本价值取向，传统"重义轻利"的道德伦理在市场经济面前洗涤得荡然无存。出于对金钱的诱惑与贪婪，有些人不惜以身试法，假冒伪劣产品充斥市场，坑蒙拐骗、贪污受贿大行其道。一些消极腐败观念沉渣泛起，"人不为己，天诛地灭""有钱能使鬼推磨"等观念大有市场，并事实上造成一定范围内的社会道德失范、信仰迷失、价值标准紊乱。

好在这样的阶段不长，有着悠久"重义轻利"传统的国人在"见利忘义"喧嚣一阵后，再次开始重新审视道德与经济之关系，并自此开启了"义利并举"的新阶段。当然，必须清醒认识到，目前呈现的"义利并举"更多的是表现在学术层面，具体来说就是经济伦理学成为一时之显学便是例证。在社会实然层面，我们还刚刚起步。

第二节　现代中国道德文化经济向度的重构

对经济活动方式的考察，既是个知识性的问题，又是个伦理价值的问题。从根本上讲，什么样的经济样式造就什么样的道德文化。正是在这个意义上说，为道德文化搭建经济向度当属必要。现代中国道德文化重建的关键在于"道德的生活世界"的再造，而不是道德观念的革新。因此，在市场社会的今天，我们相当多的道德

---

① 《马克思恩格斯选集》第4卷，人民出版社1972年版，第82页。

问题既然源自经济命题，那么重构现代中国道德文化的经济维度就成为题中应有之义，即重构我国道德文化的经济基础或经济生活世界。

一 市场经济——现代中国道德文化的经济样式

构建合乎道德性的经济生活世界是构建现代中国道德文化的基础性条件。只有存在合乎伦理要求的经济活动，道德文化的重建工作才不属概念王国的范畴，因为道德是植根于现实的生活世界之中的。纵观人类历史，到目前为止，世界上还没有找到哪种经济活动样式在道德性上超越于市场经济活动样式。因此，现代中国道德文化经济向度的考量，其基础性的条件就在于如何构建符合我国国情的市场经济活动样式，而摒弃已经证明不太成功的传统计划经济样式。

市场经济之所以成为现代社会普遍的经济活动样式，从伦理道德视域看有其历史合法性与必然性。问题在于：现代市场经济的道德合理性是指什么？我国在这个问题上过去很长一段时间（甚至直至今日）并没有形成一致性认识。几乎可以肯定地说，人们对市场经济的整体性认识还存在巨大的局限，不管是在经济学界还是伦理学界都是如此。其中，一个全局性局限就是，人们一般都理所当然地只将市场经济看成一种纯粹市场逐利的人类活动方式，而没有深层次指明这种经济活动样式同时也是现代人要过一种道德生活的必然性要求。

斯密在《国富论》中就已经深刻地揭示了经济活动样式与伦理道德需求之间的匹配问题。笔者以为，斯密《国富论》的立论主旨就在于阐述这样一个道理：经济人的市场行为，名为追求一人之私利，实则实现天下之公利。[①] 换言之，在斯密看来，只有符合现代道德文化要求的经济样式才是真正的现代经济样式，否则就是不道德的经济样式。市场经济能够成就"一人之私利"，所以也唯有市场经济才能造就"天下之公利"。这就是斯密在《国富论》中论及

---

① 参见［英］亚当·斯密《国民财富的性质和原因的研究》上卷，郭大力等译，商务印书馆1972年版。

的现代道德文化与现代经济学之间的匹配问题。无独有偶，曼德维尔在《蜜蜂的寓言》一书中也对现代经济样式与伦理道德要求之间的匹配关系做出同样的隐喻。①

市场经济对于近现代以来道德文化的合理性主要不在于"经济人"假定②，而在于对完成人的自由解放创造出现实性的经济条件。没有个人在市场意义上的经济解放，就不可能有个人在道德意义上的自我解放。

狄骥说道："所有权已不再是个人的主体权利，而趋向于成为动产及不动产。在现代社会，为什么只有市场经济才能真正成就现代道德文化呢？"这主要取决于市场经济自身的现代品格。如果拿市场经济与传统自然经济、计划经济对比，更能说明以上观点的正确性。

与传统自然经济对比，市场经济在道德上的合理性以及价值上的优越性都具有明显优势。传统自然经济属自发型、孤立型和封闭型的经济生产生活样式，马克思把这种经济称为小农经济。马克思说道："小农是一个广大的群众。其成员生活在相同的条件下，但是彼此并不发生繁杂关系。他们的生产关系，不是使他们互相交往而是使他们互相隔离……每一单个农民差不多都是自给自足的，都是直接生产着自己消费中的大部分，因而多半是在自然交换中而不是在与社会交往中取得自己借以维持生活的资料的一小块土地，一个农民和一个家庭，旁边是另一个农民和另一个家庭。一群这样的单位就形成一个村子；一群这样的村子就形成一个州区。这样法国的广大群众是由一些同名数简单相加而成的，好像一袋马铃薯是由袋中一个个马铃薯所集成的那样。"③ 自然经济大多以家庭为单位进行生产活动和生活活动，通过土地把人与人之间捆绑在一起，并形

---

① 参见［荷］曼德维尔《蜜蜂的寓言》，肖聿译，中国社会科学出版社2002年版。
② 当前国内专家、学者之所以欢迎市场经济的"到场"，其理据基本上都归结于"经济人"假定的合理性。本书对此仅表示有限赞同。一方面，笔者确实认为，"经济人"假定对于确立市场经济是必要的人性预设；另一方面，市场经济样式在现代社会中的"到场"，并不是为了证明"经济人"假定的正确，而是为了最终使人的道德主体资格得以现实性确立。这才是问题的要害。
③《马克思恩格斯选集》第4卷，人民出版社1972年版，第102页。

成牢不可破的依附关系,这是它的最大属性。在这种经济样式中,"主人道德"与"奴隶道德"的产生似乎具有某种天然合法性。

与现代计划经济相比,现代市场经济对于构建现代道德文化的合理性也非常清楚。社会主义发展史与生产史已经充分表明社会主义计划经济是一种不成功的经济活动样式。其不成功既表现在经济活动领域,更表现在伦理价值建设领域,尤其在对人道德意义的解放领域表现得尤其失败。何以如此?原因有种种,但根本的一条就是计划经济满足不了现代道德文化的本质需求,过于追求一种缺乏现代经济维度支撑的伦理理想主义。与社会主义计划经济相比,社会主义市场经济在构建现代道德文化过程中有以下两方面的比较优势。[1]

第一个比较优势是前提意义上的。从建构角度看,社会主义计划经济样式本质上属理性建构主义的经济样式。社会主义计划经济如要成功,必须满足如下前提假设:人的理性可以通达一切,包括通达纷繁复杂的所有经济活动。[2]也就是说,人可以借助自己独特的理性来绝对地把握所有真理(至此,人也就成了神,成了上帝)。所以,计划经济中进行计划的合法性取决于计划者(或设计者)的万能理性,如果计划者不具备上帝般的全知全能,其完整的计划经济肯定充满缺陷,现实情况是,人只能是人。对比而言,市场经济的前提假设更为合理,因为它是建立在对人有限性(即人既有缺陷,也很自私)的承认基础之上的,所以主张整体性的经济活动应更多地交由市场去自由选择,而不能交给有限性的人来计划。因此,与计划经济比,市场经济对人的假设无疑更为优越。

第二个是伦理意义上的比较优势。市场经济与计划经济对前提的不同假设,直接看是经济价值取向上的差异,间接看则表现为在伦理价值追求上的巨大差异。基于"经济是社会生活的基础"这一马克思的唯物史观洞见,计划经济必然需要从上到下等级式的不同设计者,等级式设计者必然导致经济活动普遍等级化,随之而来的

---

[1] 可参见万俊人教授所著《义利之间》(团结出版社2003年版,第44—47页)一书中的相关观点。

[2] 其实,康德早就为理性进行过划界,哈耶克更是进一步限定了理性的范围。

是，社会的伦理关系与价值秩序也必将等级化，"主奴道德"再次上演也就不可避免。市场经济讲求的市场主体的公平竞争与自由选择，市场主体之间是一种横向的平等关系，经济活动的普遍平等化，其逻辑结果必然导致社会生活整体伦理关系与价值秩序的普遍平等化。平等作为道德文化具有的现代品格，是大家承认的。此外，由于计划经济会导致社会关系的普遍等级化，并有可能形成专制或威权，所以说它是一种非民主（甚至是反民主）的经济样式是能成立的。至于市场经济，由于它寻求市场平等竞争与自由选择，天然具有某种平等性，其价值大概率地会指向民主与自由。

不难发现，与传统自然经济和社会主义计划经济相比，市场经济的合理性非常明显，比较容易造就更为合理的现代道德文化。当然，在所谓文本道德学家那里，他们是看不到经济活动本身的道德意义的。一些激进的左派伦理学家不但看不到经济活动的伦理意蕴，而且视市场经济为反道德的东西。笔者以为，我国道德文化建设的根本性困境就在于此。万俊人教授的如下观点，笔者深表赞同。万教授说："完全不承认市场经济的道德合理性是不正确的。"[①]不过，市场经济的道德合理性不但与生俱来，而且我国社会主义道德在现代社会要获得真正进展，必须立基于现代市场经济之上。具体来讲，表现在以下方面。

其一，从价值的目的性上看，经由自我直接的手段性价值[②]，市场经济对于人类目的性价值的实现大有裨益，而"过好的生活，而不是过坏的生活"的目的性价值，正是现代道德文化所追求的价值。之所以这样说，就在于市场经济与以往所有经济样式相比，其在实现人类生活的好或人类过上好的生活[③]方面具有无可比拟的优

---

① 万俊人：《义利之间》，团结出版社2003年版，第47页。
② 这主要表现为通过市场手段来实现资源的配置与使用，可以使效率或效用最大化。
③ 其实，自伦理学作为一门独立的学科产生那一天起，它就关注这个根本性问题。事实上，亚里士多德伦理著作中就蕴含着这方面的论述思想。亚里士多德伦理学著作（包括政治学著作，因为在他这里，二者是相通的）论述的问题是两个：一个是什么样的生活是好的生活；另一个是好的生活在现实社会中如何得到制度性安排。前者，亚里士多德称为伦理学，后者则称为政治学。

越性。

其二，从社会公平正义角度看，确保市场主体在经济活动中平等是市场经济的逻辑起点，依此起点，每个人的道德主体资格才得以实质性确立。市场经济一视同仁地把大家摆在同一起跑线上，是一种不论性别、出身血统、文化程度的平权经济样式，真正在伦理道德上树立起平等的价值观。

其三，从制度建构角度看，市场经济对于建构具有现代道德文化的民主制度发挥出基础性功用。马克思一生都将人类经济生活的解放视为人类政治生活解放的基础，这是马克思唯物史观的基本原则和立场。人权是现代道德的核心要义，但它不是道德空洞，需要在社会经济生活中得到落实。要在社会经济生活中实现人权，又必须推进民主制度。民主制度的现代进展，则必须通过自由平等的经济活动与经济基础来背书。

二 产权清晰——现代中国道德文化经济向度的逻辑起点

构建现代中国道德文化的经济向度，或者说市场经济要成为一种道德文化的经济向度，其逻辑起点在于产权明确清晰。只有产权明确清晰，市场经济才是一种可能的经济样式。当然，并不是说产权明确清晰了，就必然是市场经济。[①] 话又说回来，如果产权不清晰，那一定不是市场经济。

产权涉及法学、经济学、政治学等诸多学科，是一个集合概念。正确理解和把握市场经济中的产权概念，必须牢牢把握如下两方面：其一，产权是市场经济进行资源配置的前提和基础。没有产权就不需要市场，没有市场也就无法进行市场交易，而没有市场交易行为当然也就谈不上有市场经济了。其二，产权是包括所有权、财产权、使用权、用益权、邻接权、抵押权等诸多权利在内的集合，是包含各种权益和利益的一组权利。产权明晰就是在以上一组权利都能在国家立法层面得到解决，否则就不是真正意义上的完整市场

---

① 在现代市场经济之前的经济活动中，如中国封建私有制社会，尽管产权是明晰的，产权的界限是清楚的，但它并不是市场经济。可见，产权明晰只是市场经济的必要条件，而不是充分条件。

经济，属伪市场经济，也是不够格的市场经济。

可以这样说，由于市场经济的全部活动必须以产权为基础、以产权为中心来展开，所以产权制度必须清晰明确，这是市场经济的本质规定和基本要求。要言之，市场主体对利益的追求本质上属对产权的获得。获得产权，并用产权来获取其他更广泛的经济收益和其他收益，这是市场经济得以持续发展的不竭动力，也是市场各类主体（包括所有市场经营者和市场劳动者）积极开展生产经营活动、参与市场竞争的不竭动力。但是，市场主体经济开展市场经济活动是有条件的，那就是在产权制度方面必须有明晰的产权制度安排。明晰的产权制度至少应该满足以下条件：其一，产权归属清晰。各类产权的归属必须得到准确的制度性界定与承认，这是一切市场合法行为得以开展的产权基础。其二，产权权责明确。市场经济活动更多地体现为动态而不是静态。就产权而论，产权在具体实现过程中必须确保各相关主体权利到位、责任落实，不管它是以产权售卖、租赁、转让、合并还是其他形式都是如此。例如，在股份制这种市场主体经营活动中，作为投资者的股东会权责必须明确，投资者代表的董事会的权责必须明确，作为经营管理者的权责也必须明确。其三，产权保护严格。产权归属具有排他性，一旦经过法律进行了产权界定，产权归属就严格受到法律的同等保护，包括国家在内的其他任何主体都不得随意侵犯。如果允许以各种名义来侵犯产权，市场经济的根基就必然动摇。其四，产权流转顺畅。只有有了产权的高效流动，市场经济的高效率才是可能的。因此，为实现产权效用最大化，产权主体可以根据市场需要用不同方式实现产权的各项权利。

在资本主义私有制社会，建立与资本主义市场经济相匹配的产权制度，路径比较清楚，也比较成熟。然而，在我国，由于所有制实行公有制为主体，所以在产权问题上有其特殊性与复杂性。可以这样说，构建符合我国现代道德文化的经济向度——中国特色的社会主义市场经济——所需要的中国特色的产权制度，在时下中国依然是个亟待解决的课题，并集中表现在如何保护私有产权的问题上。之所以这样说，是因为在公有产权依然强势的现代中国唯有为私有产权划定清晰明确的界限，中国特色社会主义市场经济真正的逻辑起点才能得以厘清。为此，对比分析中西方在私有权保护方面的历史沿革、根本差异，并从中获得客观理性的认识，就显得非常有必要。

在保护私有产权方面，西方走过的道路大体为从绝对保护到相对保护之路。

"绝对保护"属自由资本主义阶段。所谓"绝对保护"，就是私有财产权神圣不可侵犯。在天赋人权和自然法等思想直接影响下，自由资本主义对私有财产实行绝对保护制度。因此，西方近代法治史基本上就是保护私有财产权的捍卫史。为论证私有财产权的神圣不可侵犯性，18世纪中叶，英国首相威廉·彼得在演讲时说道："即使是最穷的人，在他的寒舍里也可以对抗国王的权威。风可以吹进房子，雨可以打进房子，风雨可以吹垮房子，但是国王不能随意踏进这间房子，国王的千军万马也不能跨入这间已经破损了门槛的房子。"① 可以看出，在资本主义自由竞争阶段，私有财产权获得了绝对性，属天赋人权。必须清醒地看到，西方资产阶级对私有财产权的绝对保障，一举打破了封建主义对经济的历史桎梏，为西方市场经济法律秩序以及市民社会的形成奠定了坚实的基础，促进了私人财富的激增以及西方资本主义国家的迅速崛起，迎来了西方灿烂的近代文明。

对私有权采取"相对保护"的法律安排要归结为西方垄断资本主义阶段。何谓"相对保护"，是在私有财产不可侵犯原则的基础上，出于社会公益的需要对私有产权给予必要的限制，以增加私有财产所负的社会义务以及持有者的社会职能。狄骥说道："所有权对所有社会财富持有者来说包含了利用所有者增加社会财富的义务和由此引出的社会相互依存。他所做的只是完成某种社会工作，只是通过让其支配的财富发挥价值来扩大社会财富。"② 私有财产权不再是神圣不可侵犯的，如果公益需要，私有产权是可以被限制的。第二次世界大战后，随着社会经济体系与经济结构连带和融合程度

---

① 刘军宁：《共和·民主·宪政》，上海三联书店1998年版，第38页。
② ［法］狄骥：《宪法学教程》，王文利译，辽海出版社1999年版，第238页。

的加深，基于公益需要，各国都对征收征用私有产权进行了限制。亨金说："即使信奉财产权的强概念及其不可剥夺性的制度，也会出现必须限制财产权的情形，因为市场失灵会阻碍社会福利目标的实现。"①

总而言之，现代社会以来，私有产权绝对保护已逐步退出历史舞台。将私有产权视为天赋人权，逻辑上并不必然导致私有产权具有无限权利。尽管各国在国内法以及国际公约层面都明确了私有产权的不可侵犯性，但作为一种超国家、超社会的"自然权利"的私有产权已不复存在，而是必须在国家权力的约束规制下才能存在，也就是说，根本不存在不受国家规制的私有产权。虽然古典自由主义的私有产权神圣观念在现代法治国家得到相当大的扬弃，但也绝不意味着可以任意地限制或剥夺私有产权，而是在承袭近代私有产权绝对保障制度合理内核的基础上，建立起一套对私有产权既保障又制约的法律体系与制度体系。

从绝对不保护到相对保护，这是我国在私有产权保护上走的一条独特道路。

经过漫长封建社会的浸染，加之传统文化根深蒂固的影响，歧视、排斥、打压私有产权一直为历代封建统治者所倡导，并作为一种道德要求与道德冲动。在这种封建价值观支配下，皇权拥有完全的、不受任何制约的绝对性与神圣性，不存在皇权不能踏入的所谓神圣不可侵犯的私有产权。"普天之下，莫非王土；率土之滨，莫非王臣"的思想大行其道。说到个人私利，要么羞羞答答，要么遮遮掩掩；偶尔有人为个人私利正名辩护，一定会遭到大家的口诛笔伐。由于受社会主义教条思想的影响，新中国成立后近半个世纪，我们对社会主义财产所有制的理解极端狭隘，以消灭私有制为己任，主张从根本上否定私有制，将私有产权的保护与实行资本主义制度直接等同，私有财产的正当性荡然无存。特别是1956年后，追求"一大二公"，建立高度集中的计划经济体制，视私有财产为资本主义的毒草，粗暴地将私有财产与自私自利、损人利己等同起

---

① [美]亨金：《宪政与权利》，郑戈译，生活·新知·读书三联书店1996年版，第155页。

来。正如刘静仑所说:"在计划经济下,国家通过对生产资料的支配,对个人劳动和个人生活资料的支配,最终实现了对社会的支配和对个人命运的支配。"[①]

"一大二公"的计划经济导致国民经济处于崩溃边缘,最终促成我国的改革开放,封闭僵化的中国经济重新获得生机活力。1982年12月4日,第五届全国人大五次会议审议通过了新修改的《中华人民共和国宪法》,首次在宪法层面确立了"个体经济"作为社会主义公有制经济的补充,将公民私有财产的保护扩大到合法财产所有权的范围。1988年通过的宪法修正案,规定私营经济是公有制经济的补充,尽管在宪法层面与公有制经济地位还做不到同等重要,但毕竟完成了对私有财产权保护方面的历史性跨越,并首次确立了私营经济的合法地位。要保护私有财产,必须先解决私有经济的法律地位问题,因为没有私有经济的独立,私有财产的获得就没有产权意义上的来源。1999年通过的宪法修正案,进一步将个体经济和私营经济界定为"社会主义市场经济的重要组成部分",在思想观念方面消除了对私有产权的一切偏见,也意味着私有产权跟共有财产获得了宪法意义上的平等保护。随着社会主义市场经济的发育壮大,2004年通过的宪法修正案明确规定:"公民合法的私有财产不受侵犯;国家依照法律规定保护公民的私有财产权和继承权;国家为了公共利益的需要,可以依照法律规定对公民的私有财产实行征收或者征用并给予补偿。"这就彻底突破了我国过去产权理论对私有产权的界限,从而迈入我国私有产权"相对保护"的历史新阶段。

通过以上梳理可以发现,西方资本主义国家与社会主义中国尽管走过了不同的私有产权保护之路,但殊途同归,最后都形成了共同的趋势,即如何为私有产权划界并进一步在私有财产权与其他权利之间寻求合理的平衡。

就我国来说,由于是以公有制为主导的社会主义市场经济,所以其产权制度除了确保私有产权清晰明确外,还必须确保对各级各

---

① 刘静仑:《私人财产权的宪法保障》,商务印书馆2004年版,第243页。

类公有产权进行清晰明确的界限划分，以制度（特别是法律制度）的方式建立起相应的现代产权制度。为建立公有财产的现代产权制度，我们必须通过制度性安排理顺如下关系。

其一，国家财产所有权和法人财产权（特别是企业法人财产权）的关系。马克思将产权界定为两种基本形态：一种是马克思所说的"法律上的所有权"，解决的是财产的法律归属问题，即法律形态；另一种是马克思所说的"经济上的所有权"，解决的是财产使用权（或经营权）的法律问题，即产权的实现形态。正是基于马克思产权两种形态理论，我国创造性地将国家财产所有权和法人财产权进行分离。在我国，公有制在国民经济体系中占有支配性地位和比重。长期以来，公有经济的产权都集中在国家和各级政府部门手中，造成产权主体在生产经营活动中的虚为，很难适应社会主义市场经济的发展。因此，在借鉴国外现代产权制度成功经验和有效做法的基础上，必须建立既符合中国特色社会主义市场经济发展要求又符合中国产权制度特点的现代产权制度，这十分必要，也非常重要。根据我国国有所有制经济相对占比较大，且不利于统一管理等诸多情况，因此，在国家层面理顺财产所有权和企业法人财产权的关系，建立具有我国特色的现代产权制度，关键环节在于理顺国家所有权与企业产权之间的关系。国家财产所有权是指其资产不属地方所有，也不属部门所有，而归属国家统一所有，也就是说，国家拥有国有企业产权的终极所有权或原始所有权。一般来说，产权主体与所有权主体是统一的，但也可以分离。从产权法来说，企业等单位注册的资本形成企业产权，产权关系的发生源自投资或出资等行为，谁投资（或谁出资），谁就是产权的主体（或产权拥有者）。在我国，国有产权的终极所有权主体属于中央人民政府——国务院，但限于国情所致，国务院亲自对其所有的财产进行经营管理既不可能，也不现实，而是必须对不同类型的财产采用不同的方式，分别授予不同类型的产权主体进行多样化生产经营，国务院只是代表国家所有权主体行使财产的终极所有权而已。可见，产权不属经营权，而是从所有权中分离出来的法人财产权。总之，从现实选择角度看，要建立起中国特色的现代产权制度，必须理顺法人财产权与国家终极所有权之间的关系，必须反映我国公有制为主体的产权制度的基本特征。

其二，建立中国特色的现代产权制度，关键是落实公有制法人单位（特别是公有制企业法人）的法人财产权。法人财产权是指法人拥有的对法人财产的独立支配权。从归属意义上讲，法人财产属于投资者（或出资者），但所有权的实际支配者却是法人。作为独立权利主体的法人，享有对其法人财产独立行使的法律规定的全部权利。对公有制企业法人来说，企业法人财产权的最佳实现方式就是采用公司制的企业经营模式。在西方现代企业制度中，公司制也是普遍实行的企业经营模式（或组织形式），它主要包括有限责任公司和股份有限公司。由于公司制具有政企分开、产权明确等明显优势，因此我国将国有企业改制为公司，事实上就是要将其变成实质性的公司制企业法人。在实践中，我国国有企业刚开始都是改制成有限责任公司，但随着现代产权制度的逐步完善，很多国有有限责任公司正在向更大规模的股份有限公司过渡。

其三，中国特色现代产权制度建立必须与国有资产管理体制改革配套进行。我国现行的国有资产管理体制是国家财产所有权、国家财产管理权和法人财产权相统一的管理体制。为建立具有中国特色的现代产权制度，在国有资产管理体制上，必须将国家财产管理权和法人财产权进行分离，明确国有财产管理权的责任主体，实现法人财产权的独立运转。

综上所述，在公有制领域，建立具有中国特色的现代产权制度，关键是要改变高度集中的计划经济，尤其是要对国有资产管理体制进行根本性改革，从产权法层面在国家的财产所有权、管理权和法人财产权之间确定明确界限，真正建立中国特色社会主义市场经济所需要的现代产权制度。

三 效率优先，兼顾公平——现代中国道德文化经济向度中的分配正义

奥肯说过："我要为市场喝彩，但是，我至多只能给它喝两次彩。以金钱为码尺这一虐政遏制了我的热情。一有机会，它就会排

挤掉所有其他的价值标准，建立一个就像售货机一样的社会。金钱不应该买到的权利和权力，必须用详细的规章和法令加以保护，必须用补助低收入者的办法来加以保护。一旦这些权利得到了保护，一旦经济剥夺宣告结束，我相信我们的社会将更愿意让竞争市场有它的地位。……它能够取得一些进展。自然，它决不会解决这个问题，因为平等和经济效率之间的冲突是不可避免的。"①

奥肯的上述观点表明，效率不但是经济学命题，也是伦理学命题。因此，我们不能仅从经济学方面来考察效率与公平及其关系问题，而且要从"伦理应当"的视域来思考经济领域中的分配正义问题。

一方面，分配决定着人们对各种资源（含自然与社会资源）的占有，属重要的经济活动；另一方面，分配还属重要的社会活动，决定着人们的社会地位和拥有的各种权利，体现出一种伦理的向度和要求。在古希腊，亚里士多德确定性地提出"分配正义"，并与"矫正正义"一起构成正义理论的基本问题。在现代语境下，按效率分配还是按公平分配，体现了分配正义的现代伦理意蕴，同时也关乎现代经济伦理的价值指向问题。

过去，人们习惯性地简单将效率问题视为经济问题来对待。今天看来，效率问题也是伦理问题，反映了人们对资源使用方面的伦理要求。因此，讲"效率"的伦理意蕴，不是简单地从伦理应当上追问："谁的财富？效益是对谁而言的？"②而是说"效率"本身就是伦理问题。在现代社会，讲效率的伦理要求，原因在于：地球资源面临着日益短缺与枯竭，人类从伦理责任上必须提高对地球资源的利用效率，否则就没有尽到伦理责任。因此，提高资源的利用效率是现代伦理在资源使用方面的道德要求。

---

① ［美］奥肯：《平等与效率——重大的权衡》，王忠民等译，四川人民出版社1988年版，第156页。

② 万俊人在《义利之间》（团结出版社2003年版，第58—59页）一书中，就是将"效率问题"当作经济伦理学问题。在万俊人教授看来，如果通过效率而带来财富是为一部分人的，那么就不道德，反之则是道德的。本书则不这样认为，甚至相反，我是将该问题当作伦理经济学问题来看待。能不能有效配置与使用资源，在资源越来越有限的现代社会，其本身就是伦理问题。如果资源的配置与使用是有效的，就是道德的，反之就是不道德的。

当然，作为伦理要求的"效率"问题，它必须通过经济问题来显现，也只能通过解决经济问题的方式来实现。一般来说，效率首当其冲是经济学范畴，它是指资源的有效使用与有效配置。之所以资源配置与使用要求有效，其根本原因在于资源的有限性、不充足性。为此，自古以来，经济学家们一直将效率问题当作经济学研究的主题之一，即如何更有效通过资源配置与使用，以更好更快地发展经济，增加国民财富。可以看出，效率思想始终伴随着经济思想的发展而发展。

以西方经济学为例，其效率思想大致经历了古典政治经济学的自由竞争效率论、新古典经济学的价格均衡效率论、凯恩斯主义的国家干预效率论、新自由主义的"三化"效率论四个阶段。①

在古典政治经济学的自由竞争效率论中，经济学家们主要从专业化分工、自由竞争与国际贸易三方面来论述效率问题。在这三方面，斯密都有过确定性的表达。他说："劳动生产力上最大的增进，以及运用劳动时所表现的更大的熟练、技巧和判断力，似乎都是分工的结果……有了分工，同数劳动者就能完成比过去多得多的工作量。"②"一切特惠或限制制度，一经完全废除，最明白最单纯的自然的自由制度就会树立起来。每一个人，在他不违反正义的法律时，都应听其完全自由，让人采用自己的方法，追求自己的利益，以其劳动及资本和任何其他人或其他阶级相竞争。"③

以马歇尔为代表的新古典经济学继承和发展了古典经济学自由竞争产生效率的思想，又进一步提出一些新的效率思想。马歇尔运用局部均衡的分析方法，将那些不规则出现的、不便于处理的干扰因素都归结到"其他条件不变"，并综合了古典经济学的供给分析和边际效用学派的需求分析，在此基础上提出均衡效率的思想。④

---

① 参见侯平松《西方经济学中效率思想的演变》，《广西经济管理干部学院学报》2008年第1期。

② [英]斯密：《国民财富的性质和原因的研究》（上卷），王亚南译，商务印书馆1974年版，第5页。

③ 同上书，第252页。

④ 李松龄：《均衡规则、效率优先——新古典经济学的公平、效率和分配观》，《吉首大学学报》2002年第3期。

在均衡效率理论方面,最典型代表应属"帕累托效率"。"帕累托效率"即包括收入再分配在内的任何方式的资源重新配置,都不能在使至少一个人受益的同时,而不使其他任何人受到损害。它是指资源配置的一种理想状态,要达到这种状态,需要通过帕累托改进来实现。假定固有的一群人和可分配的资源,从一种分配状态到另一种状态的变化中,在没有使任何人境况变坏的前提下,使得至少一个人变得更好,这就是帕累托改进。帕累托效率的状态就是不可能再有更多的帕累托改进的余地;换句话说,帕累托改进是达到帕累托效率的路径和方法。帕累托最优是公平与效率的"理想王国"。

20世纪30年代,世界性经济危机在西方爆发,逼得新古典经济学走投无路。凯恩斯主义经济学适应时代潮流,应运而生,并导致"国家干预效率"理论的产生。凯恩斯认为,资本主义经济之所以出现经济危机,主要原因在于有效需求不足。因此,解救危机的办法必然是刺激有效需求增长,实现充分就业。然而,由于工资、价格和利息的"刚性",自由放任的市场经济不能保证社会资源的充分就业,而"要达到离充分就业不远之境,其唯一办法,乃是把投资这件事情,由社会来总揽"①。为此,他进一步提出,唯有实行国家干预经济运行,才能熨平经济波动,保证经济持续增长。

新自由主义是相对于老自由主义即古典经济学而言的,它包括众多学派,影响较大的是以英国的哈耶克为代表的伦敦学派和以美国的弗里德曼为代表的货币学派、卢卡斯为代表的理性预期学派等。新自由主义是依据新的历史条件对古典自由主义加以改造而来的,可以将其在效率方面的理论主张概括为"三化",即"市场化""自由化"和"私有化"。在哈耶克看来,市场是"使我们的活动得以相互调节适应而用不着(政府)当局的强制的和专断的干涉的唯一方法"②。在"自由化"方面,他们主张:"政府干预常常成为不稳定与低效率的根源。"③ 在"私有化"方面,他们几乎都主张实

---

① [英]凯恩斯:《就业、利息和货币通论》,高鸿业译,商务印书馆1977年版,第321页。
② [奥]哈耶克:《通向奴役的道路》,滕维藻等译,商务印书馆1962年版,第39页。
③ [美]弗里德曼:《资本主义与自由》,张瑞玉译,商务印书馆1986年版,第38页。

行全面的私有化。科斯认为，只要（私用）产权清晰，无论初始权利怎样分配，资源的配置总是最优的、最有效率的。张五常也认为，"私有产权是真正的市场的先决条件……如果你想让市场价格分配资源，你只能选择私有产权"①。

从西方经济学史不难看出，尽管时代在不断变迁，经济活动中效率问题的伦理寻求也在不断演化。但无论怎样演化，它们本质上都具备一个共同特点：追求效用最大化，没有走出功利主义的范畴。

在分配正义理论中，既有分配公平问题，又有分配效益问题。而且，这两个问题属于"一而二，二而一"的问题，即既要追求分配过程中的公平性，又要追求分配结果的公平性。

一般地说，按效率分配是指"按生产要素提供者提供的生产要素的数量、质量及其被市场所需要的程度而取得收入，所以这体现了公平的竞争和机会的均等。人与人之间处于同一条起跑线上竞争，差距是竞争的结果，而出发点则是平等的。这表明按效益分配体现了公平……问题依然在于：不同的人在市场竞争中的条件各不相同，例如，家庭背景不同、居住地区不同、天赋不同等等，这将会引起实际上的机会不平等……于是按效益分配的结果很可能掩盖了实际上的机会不均等，而把表面上的机会均等突出了。不仅如此，由于市场竞争的现实条件与市场竞争的未来条件不可分割，上一轮市场竞争的结果必将成为新一轮市场竞争的起点，于是已有的实际上的机会不均等又为今后的实际上的机会不均等准备了条件"②。

可见，无论是从过程抑或是结果来看，按效益分配对于分配正义来说都有相当的局限，"公平还是不公平"作为问题依然存在。事实上，它很可能会以表面、形式上的机会平等来掩盖问题的实质，造成实质上的机会不平等。

因此，让公平问题在分配正义中"到场"就属当然。实际上，公平问题在分配正义中一直是作为一个伦理问题而存在的。

马克思主义认为，人们的经济关系和财产关系决定人们的公平

---

① 程恩富等：《11位知名教授批评张五常》，中国经济出版社2003年版，第27页。
② 厉以宁：《经济学的伦理问题》，生活・读书・新知三联书店1995年版，第10—11页。

观念。在《资本论》中,马克思深刻揭示了在市场分配中所追求的原始公正所遮蔽掉的不公平。马克思在批判资本主义制度时尖锐地指出,资本主义社会存在两种不平等:起点与结果均不平等。对于无产者来说,除了出卖自己的劳动力之外一无所有。在马克思那里,私有财产权不但不能当作正义的前提,而且恰恰是不平等产生的根源。因为资产者正是依靠自己的私有财产权来实现对无产者的经济剥削与压迫,进而将这种不平等变成了世袭。万俊人教授在《义利之间》一书中也专门分析了这一问题。他认为,市场效益分配所带来的不公平性根源在于市场竞争过程中的"不确定性、无均衡性和偶然性"。①

谁也不会否认,公平与效率关系的伦理属性存在一致性的地方。它们的一致性表现在两方面:其一,效率既是公平的物质基础,也是公平的发展动力。没有相当的社会财富积累,分配公平的实质性意义不大(事实上普遍贫穷),而社会财富的积累必须通过高效率来完成。换言之,只有提高了效率,真正的公平才是可能的,且有实质意义。因此,必须以提高效率的方式来创造丰富的社会财富,把社会财富这个蛋糕做大,为社会成员积累丰富的社会财富,人们才能在更高水平上实现实质性的公平。其二,公平是效率的前提和保证。从生产关系看,提高效率其实就是优化生产要素。人是最重要的生产要素,只要有一个公平的制度性环境,人的主观能动性就能发挥出来,效率就能大幅度提高。

必须看到:在分配正义理论中,分配结果的平等远比分配过程的平等更为重要,尽管分配过程中的平等也很重要。② 这样一来,分配正义中就存在"效益与公平何者优先"的问题。③ 尽管我们可

---

① 参见万俊人《义利之间》,团结出版社2003年版,第81—87页。
② 尽管分配结果的公平离不开分配过程的公平,但它又有相对独立的伦理意义。
③ 厉以宁在《经济学的伦理问题》(生活·读书·新知三联书店1995年版,第12—41页)一书中专门探究了该问题,论证缜密。但厉先生探究的语境是这样的:不把公平解释为收入分配的均等或财产分配的均等,而把公平理解为获取收入或财产的机会的均等。先生在此语境中得出"效益优先,兼顾公平"的观点。本书要说的则是:作为一种结果来理解的公平,其与效益何者优先? 在此意义上,依然主张,在社会主义初级阶段的现代中国,其分配正义应贯彻"效益优先,兼顾公平"这一原则。

以在一般意义上讲分配正义既要追求效益，又要追求公平，但有个最终性的问题必须回答，那就是，效益与公平何者具有优先性？

在当代中国发展的历史阶段，笔者主张分配正义应首先体现"效益优先"原则，原因在于：通过经济发展把蛋糕做大，依然是当代中国面临的最大问题。效益优先解决的是把中国经济蛋糕做大的问题。可以毫不夸张地说，中国特色的社会主义事业的核心主题就是经济发展问题。

作为改革开放总设计师的邓小平，对中国经济发展的重要性与必要性尤其重视，深刻懂得在效益原则指导下把中国经济蛋糕做大的极端重要性。1986年，他接见外宾时就明确指出："我们所做的工作可以概括为一句话：要发展自己。"（《人民日报》1986年12月15日）后来，小平同志多次强调："中国的主要目标是发展。"[1]"我们要利用机遇，把中国发展起来。"[2]"发展才是硬道理。"[3] 历史已经证明，小平同志上述论断无比正确，它既是对历史经验教训的科学总结，也是对中国现实问题的科学解决。自1840年鸦片战争以来，中国之所以遭受西方列强的不断侵略，之所以接受丧权辱国的各种不平等条约，之所以滑向半封建半殖民地的深渊，根本原因就在于：步入封建晚期的中国，社会发展停滞，国家经济贫穷。停滞必然导致落后，必然导致贫穷，落后与贫穷必然导致挨打，这是中华民族在近代史上所遭遇的惨痛教训。新中国成立后，尽管我们全面建立起了崭新的制度——社会主义制度，但发展问题依然是社会主义面临的首要问题。在南方谈话中，邓小平指出："社会主义的本质是解放生产力，发展生产力，消灭剥削，消除两极分化，最终达到'共同富裕'。"[4] 正如邓小平所说："社会主义的优越性归根到底要体现在它的生产力比资本主义发展得更快一些、更高一些，并且在发展生产力的基础上不断改善人民的物质文化生活。"[5]

---

[1] 《邓小平文选》第3卷，人民出版社1993年版，第244页。
[2] 同上书，第359页。
[3] 同上书，第377页。
[4] 同上书，第373页。
[5] 同上书，第67页。

"搞社会主义,一定要使生产力发达,贫穷不是社会主义。我们要坚持社会主义,要建设对资本主义具有优越性的社会主义,首先必须摆脱贫穷。"① 邓小平强调:"中国解决所有问题的关键是要靠自己的发展。"②

与此同时,基于社会主义国家的制度本性,在强调效益优先的同时,必须充分兼顾公平。邓小平认为,需要"鼓励一部分地区、一部分人先富起来,也是为了带动越来越多的人富裕起来,达到共同富裕的目的"③。为什么必须追求共同富裕,即追求结果平等,因为这是社会主义制度区别以往一切社会制度的本质要求。"社会主义不是少数人富起来,大多数人穷,不是那个样子。社会主义最大的优越性就是共同富裕,这是体现社会主义本质的一个东西。"④"社会主义与资本主义的不同特点就是共同富裕,不搞两极分化。"⑤

与此同时,小平同志还说:"共同富裕,我们从改革一开始就讲,将来总有一天要成为中心课题。"⑥ 小平同志以上论断事实上包括两方面:一方面,当前发展问题还是我国第一要务,因此追求效益是第一原则,尽管在追求第一要务过程中需要兼顾公平;另一方面,等将来蛋糕做大了,发展问题解决好了,公平问题就应该上升为第一原则,成为社会的第一要务和中心课题。当然,从时间上看,小平同志认为至少要到 21 世纪中叶,发展问题才能真正解决,公平问题才可能成为第一位的问题。

---

① 《邓小平文选》第 3 卷,人民出版社 1993 年版,第 255 页。
② 同上书,第 265 页。
③ 同上书,第 326 页。
④ 同上书,第 155 页。
⑤ 同上书,第 364 页。
⑥ 同上书,第 142 页。

第六章

多元主体：现代中国道德文化建设的主体构建

有没有以及谁①可以成为道德文化的主体，这是一个必须在此先行解决的问题，否则我们的理论论述无法进行下去。事实上，讨论道德文化的主体问题是再自然不过的事情，因为我们讲道德文化问题，毫无疑问总是要讲"谁的道德？谁应该具有道德上的应当"。也就是说，所谓道德文化的主体就是讲"什么样的主体（即组织或个人等）应该具有道德德性"的问题。

第一节 道德文化的道德主体问题

一 解读道德文化的道德主体：以亚里士多德伦理思想为例证

关于"谁应该讲道德，谁应该具有德性"的问题，事实上在伦理学作为一个独立学科从其诞生之日起，亚里士多德不但提出了该问题，而且初步回答了该问题。

在亚里士多德那里，道德文化的主体问题贯穿在其伦理学与政

---

① 目前流行的观点是，道德的主体只能限于人，而不能进行任何拓展。因为在他们看来，只有人才能进行目的性的道德行为，才可以进行道德判断与道德评价（参见《北京大学研究生学志》2007年第2期刊登的一篇讨论王海明教授《新伦理学》一书后发表的《谁是道德主体》的文章）。这点笔者不能赞同。不但个人，包括社会组织、各种团体与单位，乃至政府与国家都可以且必须成为道德主体，因为它们的行为同样具有目的性，都可以进行道德上的追问，都存在道德合理性问题，而且比个人的道德性更为优先，也更为重要。

治学著作中。① 其中，伦理学主要探究个人善，政治学则探究城邦善。也就是说，在亚里士多德看来，"讲道德"应该分成两方面：一方面是个人讲道德的问题，即个人德性问题；另一方面则属城邦（或社会）讲道德的问题，即城邦的德性问题。② 由此，道德文化的主体也就包括个人与城邦两种，且"个人善"与"城邦善"③ 二者完整性地构成一个人的幸福生活。④ 之所以这样，因为在他看来，一个人的幸福生活包括两个内涵：一是每个人都应该知道什么样的生活是好的，并努力去过好的而不是坏的生活，这就是"个人善"的问题；二是好的生活必须在现实社会中得到制度性的落实与安排，这便是"城邦善"的问题。

同时，亚里士多德明确指出，尽管善分成"个人善"与"城邦善"两种（即道德文化的主体有个人与城邦两个），但它们不是孤立的关系，而是"城邦善"对于"个人善"具有优先性。⑤ 因为在他看来，人必须过一种城邦生活（或社会生活），即人必须在社会生活中才能"成就自我"，反之，人也同样是在社会生活中"毁灭自我"的。在他这里，一方面，"道德的社会"与"道德的人"从本源上说属"一而二、二而一"的原初关系，但就人作为一个社会人的生成意义上讲，他却认为"道德的社会"对"道德的人"无疑具有优先性。

人们有理由问：作为道德主体的"城邦"为何比同样作为道德主体的"个人"具有优先性？亚里士多德从人的存在方式或实存状态进行了论证与说明。

---

① 因为在亚里士多德这里，伦理学是从属于政治学的。因为政治学探讨城邦善（或道德的社会），伦理学探讨个人善（或道德的个人），而个人又从属于城邦，即"人天生是政治动物"。可参见亚里士多德《尼各马可伦理学》第1卷（廖申白译注，商务印书馆2003年版）以及《亚里士多德选集》（政治学卷）（颜一编，中国人民大学出版社1999年版）。

② 亚里士多德在其著作中将二者称为"个人善"与"城邦善"。

③ 在亚里士多德那里，由于城邦与社会没有明确的分野，所以他讲的"城邦善"事实上也等同于"社会善"。

④ 这点可以从伦理学界普遍将亚里士多德伦理思想判定为"幸福论"中得到证明。

⑤ 这里的"优先"，仅指逻辑上的而非实存意义上的"优先"。事实上，在亚里士多德这里，"城邦善"与"个人善"是一种"共存共生"的关系。

亚里士多德在《政治学》中对此有过精彩论述。他没有重复柏拉图将道德（或善）的问题引向先验形而上学思辨的老路上去，而是在日常的生活世界中，通过探讨伦理学与政治学的关系来探讨"道德的社会"（或城邦善）与"道德的人"（或个人善）之间的关系。

亚里士多德认为，不仅人，而且许多动物（如蜜蜂）和植物的本性都是倾向于"共同生存"。尽管人离群索居从肉体上看毫无疑问可以活着，但这显然是反人性的，因为"所有人的天性之中就有趋于这种共同生活的本能"①。正是在此意义上，亚里士多德判定"人天生是一种政治的动物"②。既然人必须过城邦生活（这里不存在选择问题），即政治的、社会的生活，那么"政治学"就必须探讨"何种制度"下的社会生活才是善的、道德的。所以，他认为城邦的善是最根本的善，社会的道德是根本的道德。这种"善"或"道德"是伦理学的最高问题。亚里士多德把伦理学从属于政治学，从而提出了个人善从属于城邦善。之所以如此，根本原因就在于，人在本质上就是共存。亚里士多德正确地看到，城邦化的"共存"不是某种可供个人选择的生存方式，而是出于人的本性。亚里士多德认为，每个人道德德性的获得和实现同整个城邦的活动联系在一起。他论述道，人如果离世绝俗，就无法实践其善行（勇敢、节制、正义、明哲），诸善德实际上就包含在社会的公务和城邦的活动中。人如果不是从青年起就在正直的法律下长成的话，他很难向着德性。

可见，在个人善与城邦善之间，亚里士多德更强调城邦善的优先性和重要性。在他眼中，"道德的社会"比"道德的人"更为根本，因为"道德的人"是从城邦的共同生活习惯中养成的，如果城邦本身不善，个人也就无法养成好的道德德性。

在《尼各马可伦理学》中，他也提到："尽管这种善于个人和于城邦是同样的，城邦的善却是所要获得和保持的更重要、更完满的善。因为，为一个人获得这种善诚然可嘉，为一个城邦获得这种

---

① 《亚里士多德选集》（政治学卷），颜一编，中国人民大学出版社1999年版，第1253a29—30页。

② 同上书，第1253a3页。

善则更高尚，更神圣。"① 正是从这个意义上，美国人 2007 年在悼念韩国人制造的惨烈校园枪杀案②时将韩国凶手一并悼念，因为"道德的社会"比"道德的人"来得更为重要。当然，土壤即使肥沃，水分也足够充足，并不能保证每个种子都发芽、成长并结果，这是必须在此指出的。"因为发动他的肢体去行动的那个始因是在他自身之中的，而其始因在人自身中的行为，做与不做就在于人自己。"③

可见，伦理学作为一门独立学科自诞生之日起，道德文化的主体就不是单一的个人，而是多元的。即在古希腊，伦理学的问题域自始就没有将自己局限在个人道德养成问题上，而是一并考察社会或城邦的德性问题，且将后者看得比前者更为优先，也更为重要。

以亚里士多德伦理思想为例证来诠释西方道德文化的主体问题时，有两点是必须予以特别说明的。首先，尽管亚里士多德伦理思想中包含将道德的主体分成"个人"与"城邦"这种思想，但他自己并没有明说。此外，即使在古希腊，道德的主体毫无疑问不限于"个人"与"城邦"，而应包括更广泛的主体，比如当时的行会组织、其他团体等，而亚里士多德对此没有进行清晰明确的讨论。虽说如此，亚里士多德还是为我们指出了正确的方向，即讲道德不能仅局限于个人，还应拓展到其他领域，特别是城邦。其次，更为重要的是，尽管基于个人与城邦的共生性，"个人善"与"城邦善"事实上不可能截然分开，但亚里士多德还是对不同道德主体的道德性要求进行了异质性区分，这点可以从它们分殊于伦理学与政治学这两个不同的学科明显地看出来。也就是说，不管是作为道德主体

---

① ［古希腊］亚里士多德：《尼各马可伦理学》，廖申白译注，商务印书馆 2003 年版，第 1094b6 页。

② 2007 年 4 月 16 日，美国弗吉尼亚理工大学发生美国校园历史上最血腥的一幕：在短短两个多小时里接连发生两起枪击案，致使包括凶手在内的 33 人死亡，另有至少 15 人受伤。美国弗吉尼亚理工大学 17 日证实，制造震惊全球枪击案的凶手是该校英语学院的 4 年级一名为赵承辉（音译）韩国籍学生所为。这起枪击案已经震动了美国社会各界。然而，令人奇怪的是，在全国上下为在枪杀事件中死亡的人员哀悼时，凶手赵承辉居然也在被悼念者之列。

③ ［古希腊］亚里士多德：《尼各马可伦理学》，廖申白译注，商务印书馆 2003 年版，第 1110a59 页。

的个人还是作为道德主体的社会,它们获得道德德性的途径是有差异的。亚里士多德认为,个人的道德德性只有通过习惯才能获得。他说:"正是由于在危境中的行为的不同和所形成的习惯的不同,有人成为勇敢的人,有人成为懦夫……简言之,一个人的实现活动怎样,他的品质也就怎样。所以,我们应当重视实现活动的性质,因为我们是怎样的就取决于我们的实现活动的性质。从小养成这样的习惯还是那样的习惯决不是小事。正相反,它非常重要,或宁可说,它最重要。"① 具体来说,就是行为要"适度",既不"过度",也不"不及"。即通过"在适当的时间、适当的场合、对于适当的人、出于适当的原因、以适当的方式"② 进行行为来获得个人的道德德性。至于"城邦善",则主要通过立法(或法律)来达致,政治学就是一门这样的学科。他认为,必须有一个共同的制度(法律)来关心公民的成长,因为一个人的德性获得主要通过公共制度来实施、完成的。不但如此,我们还需要健全的良法法律,而健全的良法必须对那些趋向德性、追求高尚、受过良好教育的公道的人能带来鼓励,对那些不服从者和没有受到良好教育的人进行惩罚和管束,对那些无可救药的人进行完全驱逐。③

今天,在思考现代中国道德文化建设时,我们必须立基于亚里士多德的思想基础之上,创造性地开拓出我国道德文化在主体方面的多元维度,并对这些多元道德主体的道德性问题开展深入持久的研究,从而为造就完整性的道德文化提供实质性的智力资源。

二 现代中国道德文化中的道德主体问题④

现代中国道德文化中的道德主体问题,存在以下几个问题需要

---

① [古希腊]亚里士多德:《尼各马可伦理学》,廖申白译注,商务印书馆2003年版,第1103b36—37页。
② 同上书,第1106b47页。
③ 参见[古希腊]亚里士多德《尼各马可伦理学》(第十卷中的第九章)(廖申白译注,商务印书馆2003年版)以及《亚里士多德选集》(政治学卷)(颜一编,中国人民大学出版社1999年版)。
④ 现代中国道德文化中,道德主体问题基本上根源于传统中国带给我们的历史包袱。鉴于对儒家伦理精神特质的整体性分析,前面已经做了充分的论述,这里不再赘述,而只出于论述完整性需要做一点提纲式的梳理。

认真对待：一是对道德主体理解的"局限性"问题；二是制度伦理的"缺失"问题；三是个人德性的"坍塌"问题。在这三个问题中，前两个主要与我们的道德文化传统息息相关①，而后一个则更多的是现代中国社会转型所导致的。

可以这样说，现代中国对道德主体理解方面的局限性主要受制于传统儒家伦理的影响，且主要表现为对道德主体的同构性。这显然与亚里士多德主张的道德主体多元是不同的。

我们基本上可以得出这样的论断：尽管儒家伦理表面上也基于个人与国家的双重存在而隐含着不同的道德主体，但细究下去不难发现，原本应作为个人与作为国家的不同道德主体，它们在本质上却又是混同的。可以说，在几千年的中国道德文化传统中，个人的道德性与国家的道德性是一体的，个人道德与国家道德不但没有异质的区分，而且应努力追求二者的合一，讲求"忠孝并举，忠孝两全"。儒家讲的"诚心正意，修身齐家治国平天下"其实就是将个体性的道德与国家层面的道德连成一片，混同一体。之所以如此，因为传统中国社会基础属"家国同构""家国一体"。

由于作为道德主体的个人与同样作为道德主体的国家在传统儒家伦理中没有实质意义上的分野，所以一方面导致不讲求"个人善"与"国家善"之间的差别；另一方面却事实上形成而以牺牲独立性的国家伦理为代价、以成就个人伦理为核心的一种伦理文化样式。

传统中国道德文化中道德主体的"同构"，必然带来独立意义上制度伦理②的天然性"缺失"。传统中国之所以是"人治"而不是"法治"，也由此可以得到相当的证明。中国正是由于一直以来没有形成独立意义上的制度伦理，所以法律从来都只能是"天下之公器"，即人（具体地说是掌握公权力的人）手中的工具而已。法

---

① 尼采对此有过精彩的论述。他认为，人类既在跟历史搏斗中前行，又无时不在历史的局限中。

② 本书论述的制度伦理是针对公权力而言的，也就是一种对公权力提出的、与个体道德要求迥异的异质的道德要求。

律的道德性与个人的道德性不但没有分开，而且法律的道德合法性问题完全取决也来自掌握公权力的人的道德性。换言之，没有基于对公权力的道德要求的独立性的制度伦理，就不可能有真正意义上的"法治"，有的只是不同版本的基于人的道德性基础之上的"人治"。

以上判断可以通过传统中国的"礼法文化"①予以说明。瞿同祖先生在《中国法律和中国社会》一书中仔细考量了儒法合流、以礼入法之过程。两千年的传统中国社会，尽管礼法之间有增损之互动，然而作为整体礼法观则是一以贯之的。在传统中国，"礼"与"法"其实是一回事，是一枚硬币的两面，脱礼说法与脱法说礼均无从捕捉传统中国社会"礼法文化"的实质。礼法已纯然为一体，"出礼入法，法出于礼"。也就是说，传统中国没有西方意义上自古以来就独立的制度伦理——法伦理，有的只是个人德性伦理。

现代中国道德文化中道德主体方面的第三个问题则在于个人德性的"坍塌"。如果说前面两个道德主体方面的问题主要来自历史的包袱，那么现时代中国人道德德性的"坍塌"问题则更多来自社会生活的巨大变迁，即自1840年起的由传统向现代的转型。具体来说，就是原来一整套对个人行之有效的伦理价值观念、体系与秩序土崩瓦解，而一套新的、与时俱进的伦理价值观念、体系与秩序却迟迟没有建立起来。这点与当年孔子面临的历史困境以及发出的感慨是惊人的相似。

其实，传统中国道德文化的最大特色在于对个人德性的造就，这可以从中国文化发展史中两个著名的辩论主题获得相当的显现。这两个辩论主题是：人禽之辨与义利之辨。不管是"人禽之辨"还是"义利之辨"，它们要立论的都是如何让一个人能以人的方式"立起来"。可以自豪地说，以儒家伦理为主的传统中国道德文化对于成就每个人的道德德性无疑获得了巨大成功，它为一代代中国人奠定了"安身立命"的道德根本。

---

① 制度伦理主要表征为法律伦理，所以以传统中国的"礼法文化"为例证，其合法性可以得到保证。这点在后面再予以详述。

然而，时也易也。转型期的现代中国人面临的巨大挑战就是个人道德德性的"坍塌"，尤其在市场化的今天，这点得以加倍放大。在市场社会中，由于每个人对于物质利益追求的欲望无限膨胀，善恶标准、是非观念越来越混乱与模糊。在工具理性的支配下，人们盲目追求利益的最大化，而最基本的道德与伦理价值却普遍性缺失。可以看出，现代中国人在社会转型时期，特别是在市场化过程中缺乏充分的精神准备和道德文化准备，人们的行为更多意义上受制于物质力量的推动，个人德性与物质力量相比毫无疑问处于"弱势"状态。所以，当人们面对现实生活中不断上演的小悦悦事件①时，才"观照式"地发现我们的社会已经不是个别性的某个人德性精神的缺乏、沦丧乃至堕落，而是越来越获得了普遍性。

陈根法教授对此忧心忡忡。在《德性论》一书的序言中，陈教授说道："仔细思量，我们便不难发现，现代中国人在道德的精神生活中，承受着自近代以来就一直存在的分裂的、两极世界的拉扯和煎熬的痛苦，左脚站在现代世界，右脚却在传统社会中徘徊。时至今日，我们依然有理由问，在民族的与世界的，在传统的与现代的，在普遍的与特殊的，在德性的与规范的等等理论和实践的考量中，究竟需要多长时间我们才能解除心态上的左顾右盼，从而确立伦理的自信：因民族而世界，因传统而现代？同样地，无论是出于理论的自觉还是出于实践的需要，我们都有责任追问，在好的生活与生活的好之间，在行之无违与学以至圣之间，在尽道德的分与尽道德存在物的分之间，究竟应当采取何种时代的辩证与综合，我们才能在意义的了解与有效性之达成问题上皆能得其恰当的照管与落实。"②

为什么现代中国人在传统意义上道德德性会出现历史阶段性的

---

① 2011年10月13日，2岁的小悦悦（本名王悦）在佛山南海黄岐广佛五金城相继被两车碾压，7分钟内，18名路人路过但都视而不见，漠然而去，最后一名拾荒阿姨陈贤妹上前施以援手，引发网友及社会广泛热议。2011年10月21日，小悦悦经医院全力抢救无效，在零时32分离世。

② 陈根法：《德性论》，上海人民出版社2004年版，序言第10页。

"坍塌"？原因可能有多种，但就道德理论自身而言，其最大的原因在于现代道德文化自身由"义务型道德"向"权利型道德"的"翻转"。传统意义上讲的个人道德德性，不管东西方社会，都可归之为"义务型德性"。也就是说，在东西方传统社会中，个人道德讲到底其实都是在说个人应承担的义务，而绝非个人应享有的道德权利。

然而，自近代西方启蒙运动以及文艺复兴以来，包含道德文化在内的整个西方文化话语体系都或明或隐、或多或少地在诉诸权利这样一个命题。它们几乎都是通过权利概念来解构"过去"，同时也正是通过"权利"概念来建构"当下"以及"未来"。由此，"义务"不但不再是德性的全部内核与边界，取而代之的是"道德的权利"。可见，"权利"已成为近代以来所有人安顿身心的"护身符"。

现代中国道德文化由于自1840年中国社会开始转型以来，一直受到欧风美雨的长时期浸染，其必然性地走向了"权利道德"的时代。对此，陈教授说："但问题恰恰在于，一个人的道德品质或德性（行为）原本并不依傍于相应的权利，德性原本也不是一种权利，而仅仅只是以义务的形式出现。在这种情况下，那种在传统社会中为人们所珍视的诸如慷慨大方、乐于助人、仁善友爱等等道德品质，在当今社会，便不再是人之为人所当尽的义务，而仅仅成为现代社会中公民手里可以酌情决定的自由裁量权（discretion）。的确，在现代社会，某一被要求的德性，对具体的人来说可以是一种义务，但却没有与此义务相对应的权利。然而，要求一个人一时一地，去尽某一义务的行为固然可能，但要求所有的人在任何时候都去尽那些没有权利只有义务的行为，却几乎是不可能的，尤其在个人的权利意识被激情撩动的今天。这大概就注定了传统的德性理论在现代社会中必然要遭受被遗落的历史命运。"[①]

---

① 陈根法：《德性论》，上海人民出版社2004年版，序言第3页。

第二节　法律伦理：制度伦理的构建

就现代中国道德文化建设中道德主体问题而言，由于我们有悠久深厚的个人道德德性传统，但与此同时又缺乏独立性的制度伦理传统，因此，首要的问题是让独立性的制度伦理"到场"，以确保"制度善"。这是现代中国道德文化建设能否成功的决定性因素。

一　"制度伦理"概念释义

从哲学上看，"是什么"的问题是一个哲学本体论问题。苏格拉底的伟大之处之一就在于知道事物（即"是"）的不可定义性。[①]在《哲学导论》中，文德尔班说："当你试图定义它的内容时，你会发现是哲学家让你失望。根本不存在得到普遍接受的哲学定义，重复那些寻找这种定义的无数尝试是毫无意义的。"[②]尽管如此，我们还是要知难而进，努力寻求"制度伦理是什么"之解。因为就道德文化中的制度伦理构建而论，回答"制度伦理是什么"的问题既有先在性，又有本质的重要性。

事实上，20 世纪 90 年代中后期，"制度伦理"在中国学术界获得广泛讨论，尤其在伦理学界关注得更为热烈。自此，学术界围绕"何为制度伦理？制度伦理是什么？"展开了热烈的讨论。

方军的《制度伦理与制度创新》一文发国内制度伦理讨论之先声，并尝试对"制度伦理"进行定义，产生了较大学术影响。方军认为："从概念上分析，制度伦理不外乎两种：制度的伦理——对制度的正当、合理与否的伦理评价和制度中的伦理——制度本身内蕴着一定的伦理追求、道德原则和价值判断。"[③]该定义突出的一点

[①] 参见［美］斯东《苏格拉底的审判》，董乐山译，生活·读书·新知三联书店 1998 年版。

[②] ［美］卡多佐：《法律的生长》，刘培峰等译，冯克利校，贵州人民出版社 2003 年版，第 15 页。

[③] 方军：《制度伦理与制度创新》，《中国社会科学》1997 年第 3 期。

是，方向性地判断了"制度伦理"关乎制度的"善"或"好"，是从伦理学维度研究制度本身的伦理属性，并进一步引发出对现有制度的价值分析与价值判断。后来，人们在《制度伦理与制度创新》相关观点基础之上进行过不同的定义，但就总体而言没有太多实质性进展。而且，较为遗憾的是，在对制度伦理的热烈学术讨论中，遗忘掉了关于制度的价值分析批判这一核心观点和核心内容，并逐步将"制度伦理"简化为"伦理的制度化"与"制度的伦理化"两方面的统一性问题。①

随后，高兆明在《制度伦理与制度"善"》一文中，对将"制度伦理"理解为"'伦理的制度化'和'制度的伦理化'的统一"这一观点提出质疑。他认为，以上提出的"制度的伦理化"与"伦理的制度化"这两个概念都相当模糊，且在这种模糊背后蕴含着思想的混乱。

首先，高兆明质疑了"制度的伦理化"概念。他发问："制度的伦理化"这一提法，其实质性想表达的内容是什么？是说我们必须实行一种合乎正义、合乎人性，而不是非正义、反人性的善的制度，还是主张实行一种具有人情味、能够权变的制度，而不是冷冰冰的、严酷无情的制度，抑或是将在制度之外的伦理统一性纳入制度中来，并统一使它具有某种伦理性？进一步的追问是：制度可以伦理化吗？如若可以，还存在独立性制度吗？如果说是要将伦理纳入制度，那么，制度与伦理就可能变成一而二、二而一的关系了，可能就会纠缠不清。如果仅仅是主张实行一种正义的、合乎人性的"好"的制度，那么，这是在以某种特殊方式提出"制度正义"的问题。如果是这方面的含义，以上观点则是合理的诉求。然而，问题在于："制度正义"与"制度的伦理化"是两个有实质性差别的问题。"制度善"并不能通过"伦理化"来获得本质性表达。更何况，任何制度都具有伦理属性，问题的要害在于具备什么样的伦理

---

① 施惠玲的《制度伦理研究述评》（《哲学动态》2000 年第 12 期）、覃志红的《制度伦理研究综述》（《河北师范大学学报》2002 年第 2 期）以综述的形式概述过这种"普遍"的认识。另参见高兆明《制度伦理与制度"善"》，《中国社会科学》1997 年第 6 期。

属性。如果说"制度的伦理化"是主张制度应当具有"人情味",那么,这恰好是制度伦理应该警惕的。制度的本质就是无差别。无差别地一视同仁就是正义的制度,制度具有的不容挑战权威性就来自无差别。如果将私域中的"人情"植入公域,不仅会导致大量潜规则的盛行,而且会导致公权力的腐败。对"制度的伦理化"来说,"制度的合伦理性"可能是另一种解释。然而,"制度的合伦理性"提法并不能消除混乱,甚至是新的混乱之源。因此,所有问题的症结在于:问题不在于制度合不合伦理,而在于合乎哪种伦理的问题。对制度的"合伦理性"进行泛泛而谈,会导致既含混不清又空洞无物。当然,如果是主张为制度建立一个导向性的伦理价值标准,并在这种导向性伦理价值标准指导下进行制度创新,那就简单明了地指出:制度伦理的本质是制度正义,制度应当具有善的伦理价值。①

其次,高兆明还质疑了"伦理的制度化"这一概念,认为它同样模糊。在高兆明看来,"伦理的制度化"本质上是将伦理道德法律化,以立法的方式使伦理道德获得法律意义上的权威性与现实有效性。如果是这样,这个命题就不是所谓"伦理的制度化",而应是"道德规范法律化"了。如果这样实行的话,不仅会在理论上取消法律与道德的本质性差别,而且在实践上也是断不可通的,因为没有哪个社会将道德与法律混同在一起,唯一可行的只是将极重要的伦理道德规范上升为法律规范。②

由此,高兆明总结道:"制度伦理"既不是"伦理的制度化",也不是"制度的伦理化",而是对制度本身进行的伦理判断与伦理分析,目的在于揭示制度的伦理属性与功能,主题是"一个正义的制度是怎样的""什么样的制度是正义的""正义制度何以可能""正义制度具有何种伦理价值"等问题。这些都构成当代中国"制度正义"的问题域。③ 就此,高兆明自认为解决了"制度伦理"的语义释义问题,即"制度伦理是什么"的哲学本体论问题。

---

① 参见高兆明《制度伦理与制度"善"》,《中国社会科学》1997年第6期。
② 同上。
③ 同上。

然而，问题远没有这么简单。我们在此需要追问的是：要破译"制度伦理是什么"的问题，首先必须破译的是"何谓制度"的问题，因为"制度"在"制度伦理"中属于主词范畴，不解决主词问题，何谈"是什么"的问题。换言之，"制度伦理"中的"制度"，其有没有边界？如有，其边界在哪里？

所以，制度应该具有何种伦理固然非常重要，但更为重要的是，什么样的制度应该具有伦理问题。由此，我们必须追问制度伦理中的"制度"是什么的问题。即谁之正义？何种合理性？可见，"制度伦理"释义应该包括两个向度。其一，制度伦理中的"制度"是什么？即谁之正义？其二，该"制度"应该具有什么样的伦理属性？即何种合理性？正是在这个意义上说，"制度伦理"既不是将一般意义上的伦理"制度化"，也不是将一般意义上的制度"伦理化"，而是有其各自独特的且固定的边界与内涵。

笔者在制度伦理方面的主张非常明确，概括起来就是两点：一是制度伦理中的"制度"不涉及一切制度，只涉及与国家公权力有关的制度；二是在构建制度伦理时，主要的不在于伦理的"制度化"问题，而在于制度的"伦理化"问题。

同时，笔者并不主张将"制度"概念"泛化"，因为这不但不利于理论上对"制度伦理"进行学理梳理与阐释，而且在实践中也容易导致将制度伦理建设中的核心内涵被枝节问题所湮没或遮蔽。正如休谟所说的那样："在我们的哲学研究中，我们可以希望借以获得成功的唯一途径，即是抛开我们一向所采用的那种可厌的迂回曲折的老方法，不再在边界上一会儿攻取一个城堡，一会儿占领一个村落，而是直捣这些科学的首都或心脏……而这个基础也正是一切科学唯一稳固的基础。"①

尽管休谟以上论述针对的是人性问题，且没有最终通过人性的阐释来完成人文社科体系的牛顿式的构建，但笔者赞同休谟"直捣科学的首都或心脏"式的思考问题的方法。由此，笔者主张亚里士多德意义上的"制度"概念，即亚里士多德是从立法学的意义上来

---

① ［英］休谟：《人性论》，关文运译，商务印书馆1996年版，第7—8页。

界定与诠释制度，制度的边界只限于公共权力范围之内。因此，所有与公权力无关的制度都不在本书讨论之列，因为它们的重要性远不如公权力制度来得重要。

之所以如此，理据在于：在国家机器日益发达的今天，每个人（其实还包括一切社会组织与单位）最大的压迫与威胁不是来自他人，也不是来自社会或其他任何组织与单位，而是来自以政府为代表的国家机器。① 当然，这里要做如下声明：笔者丝毫不否认，而且极力肯定，与公权力无关的其他制度不是不需要，而是同样需要具备现代伦理品格。这里之所以为制度伦理划界，只是想将问题相对简化而已，以免在一些问题上纠缠不清而遗忘了本质重要的问题。

同时，为什么本书主张在构建我国制度伦理时，主要的不在于伦理的"制度化"问题，而在于制度的"伦理化"问题？这主要出于两方面的考量。其一，制度伦理的核心问题不在于将一些相对柔性的伦理道德规范"刚性化"，即"制度化"或"法律化"，而在于追问国家权力、公权力自身的合法性问题。也就是说，我们必须拷问黑格尔"凡是存在的就是合理的，凡是合理的必将存在"这句话在制度伦理领域中的真理成分。其二，过去传统中国制度伦理之所以没有获得独立性，原因之一就在于将一般适用于个人的伦理道德规范也"制度化"了，从而事实上模糊了个人道德与制度道德之间的异质界限，并直至最终将二者等同。这是中国道德文化传统带给我们的深刻教训，有些至今仍存在并影响着人们的道德认知与道德情感。

二 法律伦理：现代中国制度伦理构建的核心

既然现代中国制度伦理建设的核心问题在于解决公权力的道德合法性问题，那么，应运而生的就是现代意义上的法律伦理②必须

---

① 霍布斯将国家机器比之为"利维坦"，有巨大的合理性。
② 有没有法律伦理学，目前还存在争议。虽然法律伦理学在学界还没有获得普遍认可，但我个人以为对于缺乏法治传统的中国有承认其存在的必要。其实，法律伦理的问题域与法哲学、政治哲学的问题域大致相同。

"到场"。

何谓法律伦理？顾名思义，法律伦理就是追问法律的道德合法性。要追问法律的道德合法性根据，我们有必要检视一下西方自然法传统。因为就法律与道德之间的"历史官司"而言，西方自然法传统可以给我们一个比较清晰的路线图。

自然法是西方法律思想史上最为古老，亦最为争论不止的法律思潮，其源远流长、几经波折，一直延续至今，屈指数来历时几千载。法律与道德的关系问题则自始至终孕育于自然法这一学脉之中。大体来看，法律的道德合法性问题，其演化大致分为古代、中世纪、近代和现代四个历史阶段，由此大体形成古代自然法学说、中世纪自然法学说、近代自然法学说和现代自然法学说。

古代自然法始自古希腊斯多葛学派，直至古罗马。他们认为，法律的道德基础就在于人的理性，自然法就是理性法，是现实法合法性的根据，是法律正义的基础。对此，哲学家罗素云：斯多葛学派的伦理观、知识观、自然法和自然权利说在西方影响深远，"像16、17、18世纪所出现的那种天赋人权的学说也是斯多葛学派的复活，尽管有许多重要的修正"①。英国法学家亨利·梅因说："我找不出任何理由，为什么罗马法律优于印度法律，即使不是'自然法'的理论给了它一种与众不同的优秀典型。"②查士丁尼在《法学总论》中用"自然法"来证明人类平等和自由，指出"根据自然法，一切人生而自由"③。

中世纪自然法理论最显著的特征在于，它是绝对的神学主义的自然法。在此，人间一切法律的道德根据均必须追溯至基督教教义那里，而基督教教义既是宗教教义，也是道德律令。神学主义自然法的典型代表人物、集大成者当属托马斯·阿奎那。阿奎那关于法的道德根据源于上帝的思想，最典型地反映在《神学大全》的第二部分关于人和上帝的关系的论述中。他认为人是万事万物的主人，

---

① [英]罗素：《西方哲学史》上卷，何兆武等译，商务印书馆1963年版，第340—341页。
② [英]梅因：《古代法》，沈景一译，商务印书馆1984年版，第45页。
③ [古罗马]查士丁尼：《法学总论》，商务印书馆1989年版，第13页。

人有自由意志，但上帝是人的最终目的，人必须趋归于上帝，人的一切思想和活动均须以上帝为准则。那么，上帝给人类所定的准则是什么呢？那就是《圣经》中上帝向摩西宣谕的"十诫"①。诚如恩格斯所言："中世纪只知道一种意识形态，即宗教和神学。"②

现代国际法鼻祖、伟大的荷兰法学家格劳秀斯为世俗的、理性主义的自然法观奠定了基础。他认为："自然法是真正理性的命令，是一切行为的善恶的标准。"③ 在近代自然法中，理性、人性在此就成为法律合乎道德的内在根据和理由，成为评判是非善恶的根本标准。正如恩格斯在评论法国启蒙思想家的理性主义时指出的那样，"在法国为行将到来的革命启发过人们头脑的那些伟大人物，本身都是非常革命的，他们不承认任何外界的权威，不管这种权威是什么样的。宗教、自然、社会、国家制度，一切都受到了无情的批判；一切都必须在理性的法庭面前为自己的存在作维护或放弃存在的权利"④。

然而，到了近代，实证主义一路高歌并逐步泛滥，大家越来越只限于满足法律自身的完满性，而有意识地对法律与道德进行彻底的"划界"。休谟、边沁、米尔、奥斯汀等分析法学家以及萨维尼等历史法学家对自然法理论不断发问和责难。进入19世纪，随着人类对实证知识的确信，认为人类需要研究的是"确实存在"的东西，追求的是"确实"的知识，于是法学等领域的研究就与价值无涉，将价值问题排除在研究之外。根据《不列颠百科全书》，法律实证主义或实证主义法学的主要意义和基本特征是："如何将法自身与法区分开来；着重分析法的概念；根据逻辑推理来寻求可行的法；否认道德判断有可能建立在观察和理性证明的基础之上。"⑤

从"二战"结束伊始，鉴于纳粹与法西斯暴政时期假借种族优

---

① 摩西十诫是指：不许拜别的神；不许制造和敬拜偶像；不许妄称耶和华之名；须守安息日为圣日；须孝敬父母；不许杀人；不许奸淫；不许偷盗；不许作假见证；不许贪恋他人财物。
② 《马克思恩格斯选集》第4卷，人民出版社1972年版，第231页。
③ 倪正茂：《法哲学经纬》，上海社会科学院出版社1996年版，第82页。
④ 《马克思恩格斯选集》第3卷，人民出版社1972年版，第56页。
⑤ 张文显：《20世纪西方法哲学思潮研究》，法律出版社1996年版，第79页。

越意识，通过法律和法令对数以百万计的无辜百姓屠杀和对人类道德与文化规范恣意践踏的事实，人们开始对法律自身的道德合法性进行深刻、全面、坚决的反思。"难道真如实证主义者所主张，只要是人类的法律，不论它的道德内容究竟如何，都有效力且应该被人遵从？它要求我们的行为，和世人接受道德与文明究竟冲突到什么地步？"①

对实在法自身道德合法性反思的直接结果是现代自然法的复兴。人们认为，只有接受一种超越专横权力之上的自然法，才能防止今后再出现这种法的衰败。②拉德布鲁赫认为，"为了使法律名符其实，法律就必须满足某些绝对的要求。他宣称，法律要求对个人自由予以某种承认，而且国家完全否认个人权利的法律是'绝对错误的法律'"③。也就是说，非正义的法律必须让位于正义，正义对实在法具有优先性。

由西方自然法历史的检视可以看出，寻求道德对法律的强制，以确保法律自身的道德性根基不可动摇，是西方法哲学的一贯传统。

在21世纪初，国内学者开始频频从理论上构建法律伦理学，并努力从学理上为法律搭建一个伦理的维度。在国内明确主张法律伦理学，且相关著述比较多的要数曹刚博士。

通过阅读曹刚博士的相关文献资料，发现他对法律伦理的阐述主要归结为这样一个中心话题：如何让法律走出近代以来实证主义法学的泥潭，并成功地与道德联姻。一方面，我们必须承认，曹刚博士等学者在法律伦理学方面的理论努力对于推进现代中国以法伦理为核心的制度伦理建设无疑是有益的；另一方面，他们还没有切中问题的全部，甚至没有切中问题的要害。因为对今天的人们来说，问题的关键不在于法律要不要有道德，而是如何让法律具备道德合法性以及具备什么样的道德合法性。

---

① 李道军：《法的应然与实然》，山东人民出版社2001年版，第110页。
② 张文显：《20世纪西方法哲学思潮研究》，法律出版社1996年版，第51页。
③ [美]博登海默：《法理学：法律哲学与法律方法》，邓正来译，中国政法大学出版社1999年版，第177页。

由此，法律伦理学应该主要包括三个问题：其一，法律自身的道德合法性问题，即法律要不要接受道德强制的问题。其二，法律如何获得道德性？其三，法律应该具备怎样的道德性？对于第一个问题，以往的法哲学、政治哲学已经给出答案，在此不再赘述。对于第二、第三个问题，则属于本书要论述的对象。

现代中国，如何让法律具有道德合法性？现代中国要使法律具有现代意义上的道德合法性，其必由之路在于彻底实现现代意义上的"民主"与"依宪治国"。换言之，如果不能用法律来解决国家权力的来源、运行等问题，法律永远只能停留在执政者手中的工具这个低水平阶段，其必然结果就是现代意义上法律的道德合法性终究只是"空中楼阁"。据此，在现代社会的今天，法律道德性只能通过对公权力的牢牢掌控来获得。

有一种幼稚的想法必须破除。该想法认为，法律要想获得道德合法性，就必须确保个人权利广泛，且最大限度地免受各种外在与内在力量的侵犯，特别是来自政府公权力的侵犯。其实"公权力"和"私权利"是一枚硬币的正反两面，从一定意义上来讲，它们只不过是各自的别名而已，犹如德沃金所言，"权利（指人的私权利）是针对政府的"①，是对政府公权力提出的伦理诉求。因此，人们在竭力捍卫私人空间这一"自留地"时，其实就是在为"公权力"划定界限，提出一种制度伦理的诉求。没有对"公权力"的牢牢掌控（即现代意义上的法治），"私权利"这块"自留地"永远处于风雨飘摇中。中国历史已经反复证明并将继续证明这一点。可见，解决"公权力"和"私权利"截然分野的支点不在于划出私权、确保私权，而在于划出公权、管住公权。

可见，如何让法律具有现代道德德性的问题，其实可以归结为如何通过法治的方式实现对"公权力"的完全驾驭的问题，这一切又可归为"民主"与"宪法"的问题。

法律的道德合法性基础首当其冲的就是来自"民主"，因为具备现代道德合法性的法律只能是民主的制度化或法律化的结果。即

---

① 详细论述可参见［美］德沃金《认真对待权利》，信春鹰等译，中国大百科全书出版社1998年版。

所谓现代意义上的法律，无非就是在言说"人民主权"。也就是说，如果法律没有成就"主权在民"这一民主原则与精神，没有使"主权在民"的法律制度在理论与实践层面得到原则性的获得，它的道德合法性是值得怀疑的。

马克思、恩格斯对此有过经典论述。他们谈及民主制度的巨大历史进步意义时说道："民主制是一种具有楷模性质的理想的国家制度。"① 在马克思、恩格斯看来，人民主权是民主制的本质。对此，马克思考证过民主这个词，认为在德语中民主就是人民当权。② 马克思说："在民主制中，国家制度本身就是一个规定，即人民的自我规定。在君主制中是国家制度的人民；在民主制中则是人民的国家制度。民主制是国家制度一切形式的猜破了的哑谜。在这里国家制度不仅就其本质说来是自在的，而且就其存在、就其现实性说来也是日益趋于自己的现实的基础、现实的人、现实的人民，并确定为人民自己的事情。国家制度在这里表现出它的本来面目……民主制独有的特点，就是国家制度无论如何只是人民存在的环节……不是国家制度创造人民，而是人民创造国家制度……因为国家制度如果不再真正表现人民的意志，那它就成有名无实的东西了。"③

马克思、恩格斯进一步认为，"主权在民"离不开选举权，因为在现代国家，人民实现其主权的基本方式是：通过选举产生国家权力机关（包括立法机关），通过立法活动来间接实现自己的权利。所以，"以选举权为基础"是民主共和国的根本。选举是现代民主的本质与标志。同时，对资本主义普选权的虚伪性，马克思也进行了专门的批判。马克思说："资产阶级口头上标榜是民主阶级，而实际上并不想成为民主阶级，它承认原则的正确性，但是从来不在实践中实现这种原则。"④ 就公民的选举权而言，法律的道德合法性不但要承认选举权的"原则正确性"，更要践行选举权的"实践正确性"。

所以，没有民主就没有法治，没有法治就没有法律的道德合法

---

① 李延明等：《马克思、恩格斯政治学说研究》，人民出版社2002年版，第104页。
② 《马克思恩格斯选集》第3卷，人民出版社1995年版，第312页。
③ 《马克思恩格斯全集》第1卷，人民出版社1956年版，第281、316页。
④ 《马克思恩格斯全集》第7卷，人民出版社1959年版，第589页。

性；而没有法律的道德合法性，也就谈不上现代制度伦理。

论及法律伦理，除了民主以外，还必须探究宪法问题。宪法是近代资产阶级反对封建专制的产物。马克思讲道，"宪法是人权法典"。可以这样说，宪法是第一次以法律的形式公开、集中确认了人的各种基本权利。但必须指出的是，宪法与依宪治国是紧密相连而又互不相同的两回事。也就是说，宪法只是从理论上解决了公权力的道德合法性问题，要在实践层面解决公权力的道德合法性、践行公民的基本权利则有赖于依宪治国。事实上，理论上的清晰界定与实践中的一体践行有时并不是一回事。有宪法不一定有依宪治国，有依宪治国则必有宪法。宪法可以写在纸上，依宪治国则不仅为一理论，更是社会生活，尤其是政治生活之实践。

"徒法不足以自行"这句谚语，充分说明人类不但要有写在纸上的法，更要有能保证法贯彻执行的制度安排。宪法之于依宪治国可谓形式之于内容，所以现代法治国家不但要有宪法，更须依宪治国，以保障写在纸上的宪法能通过制度安排予以真正贯彻实施。要让纸上的宪法变成社会实践中的依宪治国，其核心问题就是解决现代国家权力的来源以及行使等问题。这就是讲的从宪法到依宪治国的问题。依宪治国就是要从法律上厘清现代国家权力关系的配置，从某种意义上说，依宪治国就是要使宪法成为政府行使其法定职权的"营业执照"。

此外，依宪治国丰富的思想资源至少告诉人们这样几个尽管常被人们有意无意遗忘却又有着本质重要性的、关于公权力方面的常识。[1]

首先，依宪治国反对将公权力"一元化"的任何形式与企图。因此，国家权力必须肢解，必须分权。没有国家权力的肢解与分权，就不会有真正意义上的民主与法治，也就不会有依宪治国，有的只能是各种形式的（或变种的、包装好的）独裁或专制。

---

[1] 当今一些社科理论工作者有时过于将简单问题复杂化，过于追求一些远离生活的所谓高深理论，而恰恰遗忘了对生活具有实质意义的"常识"自身。就此意义上，笔者非常赞同李泽厚先生提出的"回归常识道德"的主张，因为"常识"在今天往往成为大家最为陌生的东西。纵观人类历史可以发现，人类犯过的所有重大过错、人类遭受的所有重大人为性灾难，其实基本上都是源自对"基本常识"的漠视与违背。这不得不令人深思。

其次，被肢解、被分权后的国家权力之间要形成一种既相互竞争又相互制衡的权力关系。也就是说，多元化的权力之间要在法律的框架下形成一种制度化的机制，以确保权力之间不会走向彻底的分裂与对抗。

再次，公权力的制约只能来自公权力自身，而不可能来自个人权利。我们不要幻想可以通过确立个人权利的方式来限制公权，因为个人权利与公权力相比，其力量悬殊不可同日而语。正确的思路是"限公权以保私权"，而不是"确私权以限公权"。

最后，须着重指出的是，依宪治国实际上就是"法治主义"。在提倡"依法治国"方略的今日之中国，有关"法治"的文章和著作可谓汗牛充栋，如风云乍起不可胜数。其实，"法治主义"的要津不在于有没有法，依不依法治理国家，而在于要求政府的权力（广义政府）要有边界并受限制，不管是行政权力还是立法权力都是如此。尤其是政府的立法权要受限制，即便在法治国家也是如此。因为如果立法机构可以通过制定法律的方式授权政府做超出应有权力边界的任何事情，不论如何伟大或荒诞、仁慈或暴戾。事实上，如果不承认包括立法权在内的所有公权力的有限性，谈论宪法和依宪治国都是不够的，谈论法治也只有描述的意义，而不是规范的意义。可以这样说，依宪治国正是宪法的主要目的，亦是法治主义的本质要求。所以，依宪治国意义上的法治，法律事实上是政府头上的一把利剑，而不是政府手中的一条鞭子。

由此可见，我们可以通过"民主"与"依宪治国"在国家社会生活中的制度性建构，使现代法律具备道德合法性，从而解决法律伦理的第二个问题。法律伦理的第三个问题是：法律伦理应该具有什么样的道德德性？自由、平等，抑或是公平正义？

在西方法治传统中，"自由与平等"是法律具备德性的两个牢不可破的尺度。伟大的启蒙思想家卢梭说道："如果我们探讨，应该成为一切立法体系最终目的的全体最大的幸福究竟是什么，我们便会发现它可以归结为两大主要的目标：自由与平等。"[①] 对平等与

---

① [法]卢梭：《社会契约论》，何兆武译，商务印书馆1980年版，第69页。

自由的含义及其相互关系，历代思想家有着种种不同的阐释，但究其总体，人们更注重自由这一价值目标，认为整个法律伦理应以自由观念为核心而建构起来。例如，约翰·洛克宣称，"法律的目的并不是废除或限制自由，而是保护和扩大自由"。杰斐逊确信，自由乃是人生来就享有和不可剥夺的一项权利。卢梭痛苦地疾呼，"人人生而自由，但却无往而不在枷锁之中"。康德宣称说，自由乃是"每个人据其人性所拥有的一项唯一的和原始的权利"①。以赛亚·柏林的"两种自由概念"，即消极自由和积极自由概念，更是将人们对自由的理解和颂扬推进了一大步。② 罗尔斯在《正义论》中两大原则之首要原则便是自由原则，极端自由主义者诺齐克更是将自由的范围推广到其逻辑的极端。

马克思、恩格斯也明确指出："自由是人所固有的东西，连自由的反对者也在反对实现自由的同时实现着自由……没有一个人反对自由，如果有的话，最多也只是反对别人的自由。"③ "法律不是压制自由的手段，正如重力定律不是阻止运动的手段一样……哪里的法律成为真正的法律，即实现了自由，哪里的法律就真正的实现了人的自由。"人类社会，尤其是法律制度的"每一进步，都是迈向自由的一步"④。

其实细究下去不难发现，近代以来，整个西方的制度设计，尤其在法律制度的设计上，几乎都是围绕"自由"这一中心目标来着力，平等则由最初启蒙思想家所构想的一种与自由并驾齐驱的理想沦为程序或机会上的一种期待可能性，甚至变成为自由的必要妥协。

孟德斯鸠在资本主义前期凭借敏锐的历史洞察力就发出过一番感叹："虽然在民主政治下，真正的平等是国家的灵魂，但是要建

---

① [美]博登海默：《法理学：法律哲学与法律方法》，邓正来译，中国政法大学出版社 1999 年版，第 279 页。
② 参见 [英] 以赛亚·柏林《自由论》，胡传胜译，译林出版社 2003 年版，第 186—247 页。
③ 《马克思恩格斯全集》第 1 卷，人民出版社 1956 年版，第 63 页。
④ 同上书，第 71—72 页。

立真正的平等却是很困难。"① 西塞罗也尖锐地指出:"确实没有什么比自由更美好,然而如果不是人人平等的,那自由也就不可能存在,然而自由又怎么能做到人人均等呢?且不说在奴隶制公然存在,毋庸置疑的王政制度下,甚至在那些被宣称人人自由的国家里。"② 康德对此难题进行了专门的解答,说道:"他以法的公正设想为对所有人机会均等的观念。这种机会均等恰如这一观念本身所示的那样,没有丝毫人为或外部的障碍。换言之,他在正义观念之下构筑了一个新的哲学基础,即最大限度的个人自由权利主张。这个观念随同宗教改革运动一同出现,因此能够在 19 世纪的法律中获得其最终的逻辑发展。"③ 黑格尔也论述道:"人们当然是平等的,但他们仅仅作为人,即在他们的占有来源上,是平等的。从这意义说,每个人必须拥有财产。所以我们如果要谈平等,所谈的应该就是这种平等。但是特殊性的规定,即我占有多少的问题,却不属于这个范围。由此可见,正义要求各个的财产一律平等这种主张是错误的,因为正义所要求的仅仅是各人都应该有财产而已。其实特殊性就是不平等所在之处,在这里,平等倒反是不法了。"④ 现代自由主义大师哈耶克指出,"法律面前人人平等与物质的平等不仅不同,而且还彼此相冲突,自由所要求的法律面前人人平等会导向物质的不平等"⑤。美国前总统尼克松在谈及美国建国时期的立宪者时由衷感叹:"尽管他们对平等观念推崇备至,但是,他们却摒弃任何压制个人自由为代价来强制推行平等的制度,因为个人自由对于激发人类的创造力来说至关重要。"⑥

现代西方著名的道德哲学家、法哲学家德沃金,试图将法律伦理中的自由与平等这两大价值目标统一起来,且统一于平等之中。

---

① [美]庞德:《普通法的精神》,唐前宏等译,法律出版社 2001 年版,第 102 页。
② [德]黑格尔:《法哲学原理》,范扬等译,商务印书馆 1961 年版,第 58 页。
③ [法]孟德斯鸠:《论法的精神》(上册),张雁深译,商务印书馆 1961 年版,第 45 页。
④ [德]黑格尔:《法哲学原理》,范扬等译,商务印书馆 1961 年版,第 58 页。
⑤ [英]哈耶克:《自由秩序原理》,邓正来译,生活·读书·新知三联书店 1997 年版,第 104—105 页。
⑥ [美]尼克松:《1999——不战而胜》,谭朝洁等译,中国人民公安大学出版社 1988 年版,第 362 页。

为此，他提出并建构了现代自由主义式的平等观。德沃金认为，一切个人的具体的基本自由都是从抽象的平等权利中派生出来，因而"在一个假设是自由主义的平等概念所支配的国家里，政治理论的最高问题是：在这样一个国家里，在利益、机会和自由等方面，什么样的不平等是允许的以及为什么？"① 换言之，平等要求的是什么？德沃金给出的答案是：政府必须对其域下公民表示同等的关心和尊重，即平等观对政府的最终逻辑要求是：政府对于什么样的人生才是理想的人生应采中立态度。它的主要任务不是去教化公民，而是为其域下的公民可以自由地建立及追求他们认为是理想的人生提供场所和机制。政府对于各种各样的人生一视同仁，不能歧视任何人，必须给予同等的尊重。②

在德沃金这里，自由对于平等之所以必不可少，不在于人们是否看重自由，而在于自由对于使平等得到界定和保证的过程是至关重要的。平等之所以能在人们拥有充分的自由条件下得以界定和保证，其本质在于反映了伦理个人主义在分配公正中的核心概念——真实的机会成本。他反复声明：自由与平等只是政治美德的两个方面；自由与平等不是相互独立的美德，而是政治合作组织的同一理想的两个方面。我们既借助自由来定义平等，又在一个更抽象的层次上借助平等来定义自由；不是把自由当成手段和工具，而是诉诸自由在塑造一个社会的整体性质，恢复它在平等关切信念上发挥的作用；通过真实的机会成本使自由与平等两种美德合为一体，因为真实的机会成本这一关键性概念，处于传统上所说的平等主义关切和自由主义关切的交汇点。真实的机会成本是一个有着两

---

① [美]德沃金：《认真对待权利》，信春鹰等译，中国大百科全书出版社1998年版，第357页。

② 在西方启蒙思想运动之前的传统社会里，由于价值客观主义盛行，个人的主体性没有得到应有的发展，政治理论家们几乎一致性地认为政府对于教化人民，使人们成为道德的人一直肩负着不可推卸的责任。因此，政府对于什么样的人生是理想的必然有一定的标准和设定，并努力践行之。今日之中国，从某种意义上说，是昨日之中国的继续，传统中国所倡导的"作之君、作之师"的传统依然以某种方式"活着"，所以梁漱溟先生才会发出"认识老中国，建设新中国"之感叹。参见梁漱溟《中国文化要义》，学林出版社2000年版，自序第5页。

面性的概念，它一张面孔朝向平等，另一张面孔朝向自由。①

　　基于自由与平等之间未了的历史性官司这一困境以及中国社会主义的国家属性，在现代中国，法律伦理的道德合法性表征为公平正义，以取代自由平等范畴。因为公平正义自古以来就是人类追求的普遍价值，更是社会主义的本质要求。历史上，社会主义之所以有如此强大的号召力，就是因为它承诺要创造切实的经济和政治条件，使社会变得更加公平正义，使全体人民都能享受更加平等的政治经济权利。因此，没有公平正义，就没有社会主义；坚持社会主义，就必须坚持公平正义。

　　罗尔斯在《正义论》第一章"作为公平的正义"中开门见山地讲道："正义是社会制度的首要价值，正像真理是思想体系的首要价值一样……某些法律和制度，不管它们如何有效率和有条理，只要它们不正义，就必须加以改造或废除……使我们忍受一种不正义只能是在需要用它来避免另一种更大的不正义的情况下才有可能。作为人类活动的首要价值，真理与正义是决不妥协的。"②

　　现代中国法律伦理的道德合法性来自其公平正义性。由此，笔者对罗尔斯主张的"正义是社会制度的首要价值"表示有限赞同。笔者赞同他的是对制度伦理的实质性道德主张（即正义是社会制度的首要价值），笔者反对他的是构建制度伦理时通过依靠纯粹理性所采用的契约论方法。

　　之所以如此，是因为罗尔斯的正义理论属现代普遍主义的自由主义伦理学范畴，而现代普遍主义的自由主义伦理理论的一个致命性缺憾是：作为伦理主体的自我是一个没有任何身份规定的自我，这种自我"不具备任何必然社会内容和必然社会身份"③。"在他们理论的内在格局中，个人的基本目标和价值在前社会的状

---

　　① ［美］德沃金：《至上的美德：平等的理论与实践》，冯克利译，江苏人民出版社2003年版，第200—201页。
　　② ［美］罗尔斯：《正义论》，何怀宏等译，中国社会科学出版社1988年版，第3—4页。
　　③ ［美］麦金太尔：《德性之后》，龚群等译，中国社会科学出版社1995年版，第42页。

态下就已经拥有了,社会至多只是供个人利用的一个'协会'而已。"① 正如社群主义伦理学家所指出的那样,人总是处于特定时空、特定的脉络与社群中,我是我的家庭、我的国家、我的社群,除了这些特定的身份规定之外,我就什么也不是。由此而建构出的以正义为核心价值取向的制度伦理,包括法律伦理,其合法性自然值得怀疑。

既然现代中国法律伦理的道德合法性应当归属立基于具体社会情境而非"原子式"的个人之上的"公平正义",那么,我们有理由继续追问这是"何种意义上的公平正义?"

首先,公平正义是制度意义上的公平正义,而不属个人主义的公平正义。根据正义探究对象究竟是制度还是个人,可将正义分为制度正义和个人正义两种,正如魏德士(德国法学家)划分的规则正义与美德正义一样。② 在《理想国》中,柏拉图把做应当做的事视为公正,这种正义就属个人正义的范畴。在柏拉图这里,正义其实要求不在外面,而在个人自身,即每个人都按照道德的要求,实实在在地做好自己分内的事情,完成自己所担任的社会角色的任务。在古希腊,直至古罗马时期(甚至直至今天的西方社会),公正是个人的四个主要德目之一。到了中世纪,基督教道德依然继承了古希腊视公正为美德的道德传统,把公正继续列为七个主要德目之中。③ 在西方,公正虽只是美德之一种,但却是最重要的德目,是个人的道德之基。亚里士多德说道,公正在各种德性中最重要。法律伦理属"现代性"公共事业。正义在现代社会已经成为社会制度的首要价值,并且越来越多地作为评价社会制度的道德标准。④ 其实,将正义与法律制度链接在一起,并将正义作为法律制度的基础其来有自。自亚里士多德和奥古斯丁开辟西方法治传统以来,正义一直成为欧洲所有合法统治的基石。由此可以看出一个实质性转换,正义已不仅属个人美德,也是法律的道德之基,是法的

---

① 陈根法:《德性论》,上海人民出版社2004年版,序言第5页。
② [德]魏德士:《法理学》,丁小春等译,法律出版社2003年版,第161页。
③ 程立显:《伦理学与社会公正》,北京大学出版社2001年版,第54页。
④ 何怀宏:《公平的正义》,山东人民出版社2002年版,第16页。

道德标准。古罗马法学家公开主张法正义是分不开的。魏德士说："法是实现善与公正的艺术……法来源于正义，正义如法之母；因此正义先于法诞生。"① 鲍桑葵也说："法律本身就意味着有某种值得加以维护的东西，而且这种东西是得到公认的；违反它们不仅不得人心，而且是违背公共利益和毁约的罪恶行为。法律必然涉及主持正义的企图、维护正当的行为并含蓄地指出错误的行为，从而要求据此去理解它和评价它。法律的理想的一个主要方面即在于承认正义。"②

其次，在我国，这还是一种基于公共利益的公平正义，而非基于个人自由与权利的公平正义。

之所以如此主张，原因有两条：其一，个人自由权利之主张及其实现，必须在现实社会中才是可能的，由此现实社会的公平正义对于个人自由权利来说具有基础性与先在性。"皮之不存，毛将焉附？"正是在这个意义上，笔者赞同亚里士多德的有关论述，尽管他的相关论述涉及的是城邦整体性"善"的问题。但在他那里，城邦善的核心实际在于法律善。在《政治学》第一卷中，亚里士多德开宗明义地指出，一切社会团体建立的目的都在于完成某种"善业"，求得某种"善果"。城邦则是"至高而广涵的社会团体"，因而城邦建立的目的是为了达到最高而最广的"善业"，谋求至高而广泛之"善果"。③ 城邦的善即正义，而正义"以公共利益为依归"④，"以城邦整个利益以及全体公民的共同善业为依据"⑤。其二，这由我国的国情决定的。我国属社会主义国家，不属个人主义之国家。社会主义本质属性就在于追求有机的社会，而非孤立的个人。就此而言，笔者比较赞同社群主义的一些主张，因为他们的主张与我国国情有某种"家族相似性"。社群主义（Communitarian-

---

① ［德］魏德士：《法理学》，丁小春等译，法律出版社2003年版，第159页。
② ［英］鲍桑葵：《关于国家的哲学理论》，汪淑均译，商务印书馆1995年版，第73—74页。
③ 《亚里士多德选集》（伦理学卷），苗力田译，中国人民大学出版社1999年版，第3页。
④ 同上书，第148页。
⑤ 同上书，第153页。

ism）主要代表人物是麦金太尔（Alasdair MacIntyre）、桑德尔（Michael Sandel）、泰勒（Charles Taylor）及华尔兹（Michael Walzer）等人。社群主义坚持社会优先性原则，主张以社会及其权利为本位。在社群主义者看来，社会纽带不仅是一个情感问题，更是一种构成性力量。个人乃是社会的个人，脱离了社会，个人就失去了自己的本质。社会因素绝不是被人选择追求的附加成分，也不只是人们的欲望和情感的对象。它们还是构成人格同一性的内容，只有这种构成性的社群观才能为合理的政治哲学和道德哲学奠定坚实的基础。①

最后，我国法律伦理追求的公平正义不是纯粹的起点平等，也不是事实上的结果平等，而是一种"兼顾起点与结果"的新型平等。

作为社会主义国家，其本质要求就是取消一切不合理的不平等，在制度层面最大限度地确保人人尽可能平等。起点平等并不是追求个体之间事实上的无差别，而是指法律等制度必须视每个个体都具有同样的重要性，应得到相同的法律等制度的安排或保护。每个人一出生，就在其天赋、社会给定的条件和所处地理环境等方面区别于他人。就天赋而言，有身心如种族、智力、体力、性别等方面的差异；就社会给定的条件而言，有父母的地位，家庭的经济条件、社会关系等方面的差异；就所处地理环境而言，有出生于城市或乡村、内陆或沿海、经济发达或不发达地区的差异。因此，在起点上，人与人之间就已存在着不均等、非势均。所以，起点平等只能是通过法律确定出来的形式上的平等，而不可能通过法律制度的安排来消除事实上的个体差异。

作为社会主义国家的法律制度，尽管我们反对平均主义，但确实有必要兼顾实质意义上的结果平等。因为正如马克思讲过的那样，"每个人的解放是自我解放的前提"，没有大家在结果方面的大致平等，就不是社会主义。由此，我们当然性地反对自由放任所产生的结果，而主张通过法律等制度参与其中，以对此"自由放任"

---

① 应奇：《自自由主义到后自由主义》，生活·读书·新知三联书店2003年版，第63页。

所导致的结果进行某种程度的"矫正"，以实现某种程度的结果平等。也就是说，我们追求结果平等的程度受到诸多客观条件限制。事实上，结果平等的程度问题是经济社会特别是生产力有所发展又发展不充足而产生的问题，是有了蛋糕而蛋糕又不足够大时产生的问题。

第三节　权利伦理：德性伦理的复兴

以法律伦理为核心的制度伦理的现代构建，本质上属构建普遍性的规范体系，尽管它能为人走向道德提供制度性的环境与土壤，但并不当然地为个体注入道德德性。也就是说，制度伦理只是为德性伦理提供了可能的必要条件，但它还没有提供充分条件。为此，我们必须构建现代意义上的德性伦理。同时，基于东西方社会德性传统遭遇现代性"没落"之困境，我们将现代德性伦理的构建称为"复兴"。

一　德性伦理何以要复兴

相对而论，尽管在现代中国以法律伦理为核心的制度伦理的构建具有基础性与优先性，但并不等同于说，个人德性伦理可有可无。恰恰相反，制度伦理的真正到场，丝毫离不开每个人的道德德性。因为制度总是属人的，没有人的道德德性的同时到场，制度伦理最终也没办法"立起来"。

可见，德性伦理的复兴并不是对制度伦理的"排斥"，也不是"补充"，而是一种出于道德主体多元的"必要"。除此之外，现代中国德性伦理之所以需要复兴，还源自存在论理据、现实理据以及理论理据这三种因素。

首当其冲的理据在于：人是一种伦理的存在，即德性的存在。因为德性是人异于禽兽的关键所在，是人类文明的基石。[①] 这点在

---

① 可参见陈根法《心灵的秩序——道德哲学的理论与实践》，复旦大学出版社1998年版，导言部分。

东西方道德传统中有过详细表述。传统中国道德在某种意义上就是建立在德性的基础上,并将人直接性地理解为道德的存在。

古语云:"富润屋,德润身。"事实上,没有德性的人只剩下动物的本能,正因德性的渗入,人才具备异于禽兽的人性,也才成为真正意义上的人。因此,传统中国人那里,"成己成物"的根本标志在于德性。所谓成己,就是道德人格的自我完成,真己得到了完全实现。所谓真己就是真我,即脱离兽性的自我。这种"真我",既是人的本质性存在,也是人的本真存在。

在中国伦理史上,以德性论为理论根据来构建伦理学说,孔子属第一个。他以"仁"为核心,提出"孝、礼、悌、忠、恕、恭、宽、信、敏、惠、温、良、俭、让、诚、敬、慈、刚、毅、谦、克己、中庸"①等具体德目,并以此为基础建立了自己的德性伦理思想体系。

后来的儒家将以上德目化约为"仁、义、礼、智、信"五种美德(即"五主德")。这"五主德"在历史的演进中逐渐成为整个传统中国德性伦理的核心要素。可以这样说,整个儒家伦理从根本上看就是德性伦理理论。在儒家看来,个人道德德性的生成,说到底就是人对自己全部的生存和生活事件的历练。

在西方,德性伦理传统发端于古希腊,中间经历了古代以亚里士多德为代表的古典德性论和现代以麦金太尔为代表的社群主义德性论两个主要阶段。

亚里士多德的伦理学著作,特别是《尼各马可伦理学》其实就是德性伦理理论方面的专著。他在该书中明确将德性界定为使人成为人而具有的一种"品质"。亚里士多德说:"正是由于在危境中的行为的不同和所形成的习惯的不同,有人成为勇敢的人,有人成为懦夫……一个人的实现活动怎样,他的品质也就怎样……我们应当重视实现活动的性质,因为我们是怎样的就取决于我们的实现活动的性质。"② 亚里士多德还指出,道德德性的研究不是思辨的,而有

---

① 樊浩:《伦理精神的价值生态》,中国社会科学出版社2001年版,第181页。
② [古希腊]亚里士多德:《尼各马可伦理学》,廖申白译,商务印书馆2003年版,第1103b36页。

一种实践①的目的，因为我们不是为了了解德性，而是为了使自己有德性。

麦金太尔《德性之后》著作的产生，开启了社群主义德性伦理学的全面复兴。他公开宣称"我的德性论是亚里士多德主义的"②。为此，他对个人自由主义和情感主义进行了深入、持久而深刻的批判。在麦金太尔看来，现代西方社会道德败落的根本原因在于阻断了由亚里士多德所开辟的德性传统，导致西方现代性道德呈现出一种没有道德传统，只有彼此冲突的历史道德碎片的混乱局面。因此，麦金太尔致力于追寻由亚里士多德开出来的西方古典德性传统，以德性伦理来实质性取代自由主义的规范伦理，从而促进德性伦理学的现代复兴。

事实上，东西方传统社会之所以重视德性伦理，其最终的逻辑在于人是希望，也愿意过一种幸福美满的生活。成就各自的德性正是对"什么样的生活是幸福生活"的一种实践性解答。正是在此意义上说，追求德性就是追求幸福美满人生，成就个人德性就是成就个人幸福生活本身。

德性伦理复兴的第二大理据在于：个人精神世界遭遇的现代性道德困境。在当今社会，表面上看，道德危机是秩序、规则的失范，本质上是现代人精神信仰方面的深层危机。自人类进入以工业文明为标志的现代社会，特别是西方社会进入资本主义社会以来，人在精神上走向无依无靠乃至绝望，因为支持其精神世界的原有的"宗教——形而上学体系"脱魅了。原有价值观倾覆了，而新的精神家园又遥遥无期。于是，这种绝望促使人将自己的精力无止境地向外倾泻，而不是向内下功夫以提升自我。正如舍勒所描述的那样，"现代人的宗教形而上学的绝望恰是产生向外倾泻精力的无止境活动渴望的根源和发端……他们由于内在的、形而上学的无依靠

---

① 亚里士多德的"实践"概念不同于我们今天一般含义，而是有特定的意义。在他这里，实践活动仅指道德的、政治的（伦理的）活动。因此，实践活动体现一个人整体的道德德性。

② ［美］麦金太尔：《德性之后》，龚群等译，中国社会科学出版社1997年版，第237页。

感而投身外部事物的洪流……宗教——形而上学的绝望以及对世界和文化的日益强烈的憎恨和人对人的根本不信任具有强大的心理力量……人对人的不信任以纯然'孤寂的灵魂及其与上帝之关系'为口实摧毁了一切团契共同体，最终把人的一切连接纽带引向外在的法律契约和利益结合"①。

现代社会不但改变了以往的社会经济、政治结构，其更深刻的影响在于解构了原来的人的心灵的秩序。韦伯说："寻求上帝的天国的狂热开始逐渐转变为冷静的经济德性，宗教的根慢慢枯死，让位于世俗的功利主义。"② 经济上的逐利活动演变成赤裸裸的功利行为。自私自利、尔虞我诈等行为比比皆是，人与人之间变成一种赤裸裸的金钱交易关系。在萨特看来，在现代社会中，人独立了（在西方社会主要指人从上帝那里解放出来了），却也孤独了；自我同他人的关系，不是互为主体的关系，而是互为客体的关系，他人是一种异在，是自我的地狱。

在现代中国，西方社会所遭遇的这些现代性困境日益显现。因为在市场社会的今天，功利主义盛行，社会物质化趋势日益明显，价值信仰和内在德性培育精神世界的追求成为一种奢侈，现实生活中道德困境与失序现象不断涌现，对金钱权力的崇拜比比皆是，人际矛盾与人际冲突与日俱增，理想信念日益贫乏等。

德性伦理复兴的第三大理据在于：德性伦理自身的独特优势。作为一种伦理存在的个人，在遭遇现代性道德困境时，不管是功利主义伦理学，还是以规则为核心的道义论，基本上都属形式伦理学范畴（康德就是形式伦理学的典型代表）。它们要么关注功利的计算，要么关注普遍性、规则性的道德规范，而忽视对道德主体——人——的真正思考。如此，这样的伦理学也就因此丧失了对道德主体的实质性的关切，成了苍白而无说服力的"徒见规，不见人"的僵死理论。由此，形式伦理学只能从外在的角度为人们的行

---

① ［德］舍勒：《资本主义的未来》，罗悌伦等译，生活·读书·新知三联书店1997年版，第60—61页。
② ［德］韦伯：《新教伦理与资本主义精神》，于晓等译，生活·读书·新知三联书店1987年版，第138页。

为划定规则意义上的边界，它无法也不关心每个人的具体人生体验。因此，人们对它日益不满，在这种情况下，以成就行为者自身为对象的德性伦理自然成为人们的选项。

德性伦理对于现代性道德困境的纾解有两方面的独特优势。其一，理论自身的优势。有学者说："美德伦理的吸引人之处在于它提供了对道德动机自然而有吸引力的说明，而其他道德理论在这方面似乎有所欠缺。"① 德性伦理不是以行为而是以道德主体为中心的伦理，它关注的不仅是行为，更是行为后面的行为者自身（含行为者行为时的动机、愿望和情感等诸多问题），这有助于使道德主体的主体性得到张扬。与形式伦理学拘泥于规则、规范本身不同，追求现实的规则规范以及追求道德的超越性是德性伦理的价值目标，这无疑对人起到一种精神性的提升作用。其二，德性伦理具有实践优势。20世纪末期，西方人文主义思潮不断涌动，德性伦理顺应了这一潮流。在此之前的20世纪大部分时间，人们坚信科学可以解决所有问题，科学主义成为新的意识形态。但20世纪80年代后，人们逐渐认识到：科技的飞速发展尽管能带来物质财富的巨大成功，却不能带来人类对于伦理道德、精神世界的基本需求和保证，缺乏对人的情感满足和道德约束的科学主义则给人类造成深重灾难。环境污染、生态失衡、道德沦丧、科技犯罪等问题的普遍化趋势，正是科学主义意识形态主导下的恶果。站在人类何去何从的十字路口，人类必须扭转这种道德沦丧、人文精神衰败的发展势头，以人类生存和发展的需要重新审视古典德性伦理的现代价值。正是在此历史发展的逻辑演进中，人们开始呼唤德性，关注人文精神。所以，德性伦理的现代复兴，既是对科学主义的时代扬弃，又是重建道德文化精神的时代要求。

二 权利伦理：德性伦理复兴的价值指向

在价值多元的当今社会，伦理道德困境日益增多，因此，如何挖掘传统德性伦理资源，续构新的符合时代需要的现代德性伦理已

---

① Rachels, *The Elements of Moral Philosophy*, Singapore, McGraw-HillBook Co, 1999, p.187.

成为一种趋势。事实上，英美社会最早开启了德性伦理的复兴事业，并一跃成为当代西方伦理学研究领域中的一个中心主题。

自西方德性伦理复兴以来，我国也在大体同步的时间开始关注德性伦理学知识及其相关讨论，并赋予中国式的参与性理解。20世纪80年代以来，我国在道德生活和道德理论两方面都出现了危机，伦理学界分别对这两方面的危机展开热烈的讨论。我国德性伦理研究复兴的现实机理与社会呈现的以功利主义为建制的道德危机紧密相关。

如今，德性伦理复兴已是事实，然而具体到德性伦理复兴究竟要复兴什么？怎样复兴？这些都是我们在提倡德性伦理复兴时不得不面对的问题。

伴随现代社会对人存在本身的关注以及启蒙运动开启的人们对权利的关注，人类历史确实走到了这样一个阶段，即权利的时代。因此，现时代的德性伦理学探讨问题的中心应从"人应该做什么"，实质性转向"人有权成为什么、人可以成就什么"。也就是说，传统德性伦理讲"人应该做什么或人应该是什么"，我们要复兴的德性伦理则应该是"人可以成为什么或人可以是什么"。

尽管传统德性伦理与复兴的德性伦理都以人为中心，但其逻辑出发点以及归属不同。前者事实上属义务型伦理，后者则属权利型伦理。由此，在现时代，德性伦理复兴的内涵是每个人的道德权利，而不是每个人所应该承受的道德义务。在权利伦理看来，人们之所以要承担道德义务，那是由于拥有道德权利。相反，人们之所以有道德权利，那绝不是承担了道德义务的结果。在权利伦理这里，道德义务是作为道德权利的伴生物而存在的，而不是相反。一句话，在今天，复兴后的德性伦理应该属于以"道德权利为立论中心及其价值旨归"的一种权利伦理。

自然，提及权利伦理，我们首先恐怕要对权利自身进行一点理解。权利严格地讲主要与西方文化联系在一起，尤其是文艺复兴和启蒙运动以来的西方文化。从一定意义上说，西方近代以来的文化当属"权利本位"的文化，而东方文化，特别是中国传统文化更多意义上属"义务本位"文化。尽管现代汉语里面包含自由与利益含义的权利这个词，但那是西学东渐的产物，而非国产货。

在古汉语中，"权利"一词虽然有，但其义与现代"权利"一词相去甚远，它主要是合"权力"与"私利"二者之义，即应用权力谋取私利。所以，它主要是一种贬义，属打击、排斥的对象，为人所不齿，如"贵仁义、贱权利、上笃厚、下佞巧"（《汉书》严安传）；"以权利合者，权利尽而交疏"（《史记》郑世家）。至于现代意义上的"权利"概念是如何入主中国的，即由何时何人带来的，余涌先生对此有过考证。① 在他看来，现代意义上的"权利"一词由康有为、梁启超二人从日本带入我国。刚开始，包括中国、日本在内的东方文化圈中，找不到与"权利"相对应的词，因为历史地看，东方文化讲求的是服从与义务。难怪川岛武宜感慨地说道："在生活的根本原理只是服从的社会中，没有发生权利概念的余地。"②

由以上"权利"一词语义上翻译的困境不难看出，我国以儒家伦理为主导的传统德性伦理毫无疑问是一种"义务型伦理"。所以，在传统中国，讲道德跟尽义务是同一回事。时至今日，权利概念登陆中国之后，是不是已经本土化了，还是正在进行时以及进展到什么样的程度，这些都需要我们进行知识性的考察。

确实，自清末始，特别自20世纪新文化运动以来，一代代中国知识分子不遗余力地对传统道德进行理论与实践上的双重批判和再造。梁启超当年就大声疾呼："凡人之所以为人者有两大要件：一曰生命，二曰权利。二者缺一，时乃非人。""义务和权利，对待者也，人人生而有应得之权利，即人人生而有应尽之义务，二者其量适相均。……苟世界渐趋于文明，则断无权利之义务，亦断无义务之权利。"③

新文化运动的闯将陈独秀更是将伦理之觉悟看成国人之最后觉悟。为此，他说道："自西洋文明输入吾国，最初促吾人之觉悟者

---

① 参见余涌《道德权利研究》，中央编译出版社2001年版，引论第3—4页。
② ［日］川岛武宜：《现代化与法》，王志安等译，中国政法大学出版社1994年版，第18页。
③ 余涌：《道德权利研究》，中央编译出版社2001年版，引论第5页。

为学术，……其次为政治，……继今以往，国人所怀疑莫决者，当为伦理问题。此而不能觉悟，则前之所谓觉悟者非彻底之觉悟，盖犹在惝恍迷离之境。"①

一个不争的事实是，尽管我们有一百多年来对以儒家为代表的封建道德的猛烈批判，以及对西方权利概念盲目性的热情讴歌，但权利文化在今日中国依然没有完全立起来。为何？原因可能是多方面的。我们不能仅仅依靠观念来战胜观念，尽管思想解放对于推动历史的车轮有着重大的动力。所以，除了我们进行观念的革新外，更基础的任务在于革新观念赖以生成的经济基础与社会基础。没有经济基础与结构以及社会基础与结构两方面的根本性变革，我们的权利观念就始终无法在本土扎根，更免谈开花、结果。

须进一步说明的是，我们讲到权利，是不是就只意味着法律上的权利，而与道德无涉？其实不然，讲权利不是只讲法律权利，同样包括其他权利，如道德权利、政治权利、经济权利、文化权利等；讲义务，也不只是讲法律义务，它也指涉道德义务、政治义务、经济义务、文化义务等。

可见，不管是权利概念还是义务概念，它们都是一个集合体，是复数不是单数，是多维不是单向度。在我国，最荒唐的做法是将权利归之于法律，而将义务归之于道德。于是，法律与道德的关系就变成权利与义务的关系。所以，必然的结果就是：法律学属"权利学"，伦理学就是"义务学"，尽伦理就是尽义务。

既然伦理学可以以道德权利为中心来立论，那么接下来的问题是：这是一种什么样的道德权利？什么是道德权利？这确实是个"千人千说"的话题。

余涌先生在他的《道德权利研究》一书中进行了比较详细的罗列②，没必要再重复罗列一遍。道德权利可以从两个方面来讲。首先，是从私域视角，即个人、个体意义上来讲；其次，是从公域角度，即政府角度来讲。

就个人或个体而言，笔者赞同资格论，即主张道德权利就是一

---

① 余涌：《道德权利研究》，中央编译出版社2001年版，引论第5页。
② 同上书，第1章。

种道德主体资格。这是一种"我可以是什么、我能够是什么;我可以拥有什么、我能够拥有什么;以及我可以拒绝什么、我能够拒绝什么"等的资格。

对此,麦克洛斯基(Macloskey)有过经典阐释(尽管他的阐释是针对一般权利概念而来的,但它对道德权利也同样适用)。他说:"对于我们,权利是去做、去要求、去享有、去具有、去完成的一种资格。权利就是有权行动、有权存在、有权享有、有权要求……我们谈到我们的权利是'对什么享有权利'(比如生命的权利,自由的权利和幸福的权利),而不是如常常错误地主张的那样是'根据什么而享有权利'。"①

依麦克洛斯基的看法,道德权利首先是一种道德资格,其次才是道德要求。换言之,道德资格在前,道德要求在后,不能相反。所以,麦克洛斯基反对将"权力""自由""要求"等内容当作道德权利的内涵,不能把道德权利本身同与道德权利中获得的东西相混淆。

我们还可以从政府角度来界定道德权利。如果说从个人角度看,道德权利是一种"资格"的话,那么从政府角度说,道德权利转换成政府的一种"伦理应当"。即政府有义务通过自我限权的方式来确保个人道德主体资格的获得以及不受损害。正是在这个意义上说,道德权利是针对政府而来的,是个人对抗政府并确保自己道德主体资格不受侵犯与损害的"护身符"。② 换言之,个人道德权利的获得,不是通过政府对个人的确权方式来获得的。相反,它倒是通过对政府的限权方式来达致的。

难怪德沃金强烈主张,道德权利事实上是一种公民可以反对政府的权利,且为一种强硬意义上的权利。对于这种道德权利,德沃金说:"意味着一个个人,有权利保护自己免受大多数人的侵犯,即使是以普遍利益为代价时也是如此。"③ 可见,道德权利事实上是个人手中压倒社会利益或对付集体目标的真正"王牌"。

---

① [美]麦克洛斯基:《权利》,《哲学季刊》1965年第15期。
② 参见[美]德沃金《认真对待权利》,信春鹰等译,中国大百科全书出版社1998年版。
③ 同上书,第198页。

从个人与政府两个角度对道德权利的界定尽管对我们厘清道德权利是必要的，但有一点还可以继续追问，即道德主体资格获得的最终根据是什么？

事实上，自人类进入"权利时代"以来，对于该问题，思想家们一直都进行着对道德权利的"证明"工作。这些"证明"工作在西方主要包括"直觉主义"（天赋人权理论就属该种。在这种理论中，道德权利是与生俱来的，是自明的，凭借人的直觉就能获得一致性肯定）与"契约主义"（包括新旧契约主义。罗尔斯、德沃金等是新契约主义的代表，比如罗尔斯就是通过"无知之幕"的设定以及"反思平衡"的应用，来证明道德权利的最终合法性根据）这两种证明方式。此外，还包括制度主义、利益论、社会生物学等证明方式。

以上这些证明方式，通体而论，它们大体都建立在抽象人性论的基础之上，即简单归结为"人之作为人的存在"这一抽象事实上。这点德沃金就公开坦承过。他说，如果人们一定要追问道德权利的最终根源，那就只能是来自"人类的尊严"。①

马克思批判了抽象人性论，第一次从唯物史观的高度对道德权利进行科学的证明。马克思确立了这样一个原则：权利始终不能走出社会经济结构的范围，始终必须接受经济结构的制约，始终离不开文化的发展。所以，马克思考察人总是从现实的社会的前提出发。马克思说："它的前提是人，但不是处在某种虚幻的离群索居和固定不变状态中的人，而是处在现实的、可以通过经验观察到的在一定条件下进行的发展过程中的人。"② 什么样的人才是现实的人？由此马克思进一步从社会物质生活条件出发来考察"现实的人"，具体地说，主要是从人的需要角度出发来考察"现实的人"。正是人的需要才将"作为主体的人（事实就是抽象的人）与作为对象的自然"联系在一起，从而使人获得了真实又具体的"现实性"。"需要"造就生产活动，也造就精神活动。当然，须点明的是，这

---

① 参见［美］德沃金《认真对待人权》，朱伟一等译，广西师范大学出版社2003年版。
② 《马克思恩格斯选集》第1卷，人民出版社1995年版，第73页。

里讲的"人的需要"并不是个人意志的产物,而是由社会物质生活条件来决定。

复兴的德性伦理学尽管立言宗旨以及逻辑起点、逻辑终点在于道德权利,但并不意味着与道德义务无涉。相反,它无时无刻不与道德义务相缚在一起。道德权利与道德义务是一枚铜板的正反两面,正面是道德权利,反面是道德义务。马克思在《黑格尔法哲学批判》中深刻地指出,以往的法哲学(事实上包括道德哲学),其最大的不道德性就在于将"权利与义务"进行了分割,让一部分人只享受道德权利,另一部分人只有尽道德的义务。为此,马克思在1964年10月起草的国际工人协会《协会临时章程》中明确提出一种新型的权利义务观,即世界上不存在"无权利之义务以及无义务之权利"。

马克思尽管深刻地指出了权利与义务(包括道德权利与道德义务)的"关联性",但这究竟是一种什么样的"关联性"?这里完全可以借用数学中的排列组合概念进行追问。即是一种道德权利(或多种道德权利)就对应一种道德义务(或多种道德义务),还是一种道德权利(或多种道德权利)对应多种道德义务(或一种道德义务),抑或是相反?诸如此类。

对以上这些问题,马克思没有进一步的阐明。也就是说,马克思虽然在权利与义务关系问题上为我们开辟出一条正确的道路,但道德权利与道德义务之间具体的相关性并不意味着对人们的自然显现。对于权利与义务的具体相关性问题,罗斯在《正当与善》一书中有过比较全面的论述。他以为,权利与义务的关系可以包括如下四个独立性的陈述:

1. A 对 B 有权利意味着 B 对 A 有义务。
2. B 对 A 有义务意味着 A 对 B 有权利。
3. A 对 B 有权利意味着 A 对 B 有义务。
4. A 对 B 有义务意味着 A 对 B 有权利。[1]

以上四个独立性的论述,同样适用于道德权利与道德义务之间

---

[1] 余涌:《道德权利研究》,中央编译出版社2001年版,第68页。

的关系。由此，我们可以看出，道德权利与道德义务绝不是简单的一一对应关系，而是具有相当的复杂性。化约地说，一种道德权利可以伴随多种（或一种）道德义务或多个人（或某个人、某个组织、某个单位乃至政府及国家）的道德义务，而一种道德义务也可能是源自多种（或一种）道德权利或多个人（或某个人、某个组织、某个单位乃至政府及国家）的道德权利。形象一点说，道德权利与道德义务可能是"一个点对一个点、一个点对多个点、多个点对一个点以及多个点对多个点"的关系。

从某种意义上说，以道德权利为价值指向的复兴的德性伦理学之所以区别于传统德性伦理学，就探究道德权利与道德义务相关性问题而言，是由于它强调了道德权利在与道德义务的"相关性"关系中，居于本源、主导和优先的地位。

最后，在道德权利问题上，还有一个理论上的难题需要破解，那就是对道德权利确定性寻求的问题。换言之，人们在现实生活中能不能获得确定性道德权利？这牵涉到道德知识与科学知识相区别而显现出来的本性问题。

其实，亚里士多德对这点有过明确表达。在亚里士多德看来，包括道德权利在内的整个伦理学都属实践的范畴，而"实践的逻各斯只能是粗略的、很不精确的"①，由此对"人的世界经验和生活实践"进行不同于自然世界的、独立的"理解"而产生的《尼各马可伦理学》，从一开始就表现出一种超出科学方法论概念所设置的界限本性。亚里士多德在该书中对此进行过直到今天为止依然是最正确也最精彩的论述。由于在亚里士多德这里伦理学从属于政治学，因而他对政治学性质的阐释同样适用于伦理学。亚里士多德说："对政治学的讨论如果达到了它的题材所能容有的那种确定程度，就已经足够了。不能期待一切理论都同样确定，正如不能期待一切技艺的制品都同样精确。政治学考察高尚［高贵］与公正的行为。这些行为包含着许多差异与不确定性……善事物也同样表现出不确定性……所以，当谈论这类题材并且从如此不确定的前提出发来谈

---

① ［古希腊］亚里士多德：《尼各马可伦理学》，廖申白译，商务印书馆2003年版，第1103b37页。

论它们时，我们就只能大致地、粗略地说明真；当我们的题材与前提基本为真，我们就只能得出基本为真的结论。对每一个论断也应该这样地领会。因为一个有教养的人的特点，就是在每种事物中只寻求那种题材的本性所容有的确切性。只要求一个数学家提出一个大致的说法，与要求一位修辞学家做出严格的证明同样地不合理。"①

后来，伽达默尔更是进一步指出，即使在自然现象领域，这种确定性也难以达到。伽达默尔说："其原因仅在于，用以认识齐一性的材料并不是到处可以充分获得的。所以，尽管气象学所使用的方法完全类似于物理学的方法，然而由于它的材料不充分，它的预报也是靠不住的。这点也同样适用于道德现象和社会现象领域……无论有怎么多的普遍经验在起作用，其目的并不是证明和扩充这些普遍经验以达到规律性的认识。"② 可见，道德知识的实践本性决定了它不同于自然科学知识，即道德知识只具有或然性，没有唯一正确之解意义上的确定性。由此，在现实生活中，人们不可能寻求到确定性的道德权利。

为进一步说明道德权利的或然性，我们还可以将道德权利与法律权利放在一起进行"比照与透析"。在道德权利问题上，边沁属极端主义者。他认为，人们谈论道德权利等于是发烧时讲的"胡言乱语"。在他看来，根本不存在道德权利（当然也就不存在道德权利的确定性问题），有的只是法律权利。像边沁这样的极端主义者毕竟属少数。在权利时代的今天，绝大多数人还是愿意像承认法律权利那样承认道德权利的存在，只不过大家把这两种权利看成异质性的权利。即法律权利属强硬意义上的权利，道德权利则属弱意义上的权利。之所以如此，根本原因在于法律权利与道德权利所依赖的规范体系的性质不同，两种权利实现的力量保证不同。由此，人们进一步推断出：法律权利由于源自现实实在法，所以具有比较

---

① [古希腊] 亚里士多德：《尼各马可伦理学》，廖申白译，商务印书馆2003年版，第1094b6—7页。

② [德] 伽达默尔：《真理与方法》，洪汉鼎译，上海译文出版社1999年版，第4—5页。

的确定性,而道德权利则来自"伦理应当",故缺乏更多的确定性。

事实上,根据前面所述,我们已经明白了这样一个深刻的道理:不管是法律权利还是道德权利,它们都不可能获得自然科学意义上的确定性,即唯一正确之解,有的只是或然率(或概然率)。因为不管是法律权利还是道德权利,都属人的经验世界的范围,属实践的领域。问题是:以上法律权利与道德权利之间的差异何以发生呢?即为什么人们会在社会生活的绝大部分领域承认法律权利的确定性存在,而不敢同时承认道德权利的确定性存在呢?这主要是两种程度不同的或然性所导致的。相比较而言,在成文法发达的今天,法律权利的或然率本性上无疑要大大高于道德权利的或然率的。[①]

总括来说,道德权利的具体种类究竟有哪些?每种道德权利的边界究竟在哪里?这些都没办法给出确定性的回答,只能给予方向性的揭示。

---

① 尽管人们对产生法律权利的法律条文同样存在理解上的差异(有时差异不但巨大,甚至会理解相反),但此种差异无论如何也大不过人们基于习惯或约定俗成而产生的道德权利之间的差异。

参考文献

中文文献

北京大学哲学系外国哲学史教研室编：《古希腊罗马哲学史》，商务印书馆1982年版。
陈根法：《德性论》，上海人民出版社2004年版。
陈根法：《心灵的秩序——道德哲学的理论与实践》，复旦大学出版社1998年版。
陈鼓应编：《春蚕吐丝——殷海光最后的话语》，寰宇出版公司1971年版。
陈来：《古代宗教与伦理》，生活·读书·新知三联书店1996年版。
陈序经：《中国文化的出路》，中国人民大学出版社2004年版。
陈晏清主编：《中国社会转型论》，山西教育出版社1998年版。
程恩富等：《11位知名教授批评张五常》，中国经济出版社2003年版。
程立显：《伦理学与社会公正》，北京大学出版社2001年版。
《邓小平文选》，人民出版社1993年版。
樊浩：《伦理精神的价值生态》，中国社会科学出版社2001年版。
费孝通：《乡土中国与生育制度》，北京大学出版社1998年版。
冯亚东：《平等、自由与中西文明》，法律出版社2002年版。
何怀宏：《公平的正义》，山东人民出版社2002年版。
河清：《破解进步论——为中国文化正名》，云南人民出版社2004年版。
贺善侃：《现代中国转型期社会形态研究》，学林出版社2003年版。
《胡适自传》，黄山书社1986年版。

黄光国编:《中国人的权力游戏》,台湾巨流图书公司 1988 年版。
黄俊杰编:《传统中华文化与现代价值的激荡》,社会科学文献出版社 2002 年版。
贾春增:《外国社会学史》,中国人民大学出版社 2000 年版。
李道军:《法的应然与实然》,山东人民出版社 2001 年版。
李延明等:《马克思、恩格斯政治学说研究》,人民出版社 2002 年版。
李佑新:《走出现代性道德困境》,人民出版社 2006 年版。
厉以宁:《经济学的伦理问题》,生活·读书·新知三联书店 1995 年版。
《梁启超集》,中国社会科学出版社 1995 年版。
梁漱溟:《中国文化要义》,学林出版社 2000 年版。
《梁漱溟全集》,山东人民出版社 2005 年版。
梁治平:《寻求自然秩序中的和谐》,中国政法大学出版社 2002 年版。
林端:《儒家伦理与法律文化》,中国政法大学出版社 2002 年版。
刘放桐:《新编现代西方哲学》,人民出版社 2003 年版。
刘静仑:《私人财产权的宪法保障》,商务印书馆 2004 年版。
刘军宁:《共和·民主·宪政》,上海三联书店 1998 年版。
罗荣渠:《现代化新论》(增订版),商务印书馆 2004 年版。
吕乃基:《科技革命与中国社会转型》,中国社会科学出版社 2004 年版。
《毛泽东选集》,人民出版社 1991 年版。
牟复礼:《中国思想之渊源》,北京大学出版社 2009 年版。
倪正茂:《法哲学经纬》,上海社会科学院出版社 1996 年版。
欧阳哲生:《胡适论哲学》,安徽教育出版社 2006 年版。
《瞿同祖法学论著集》,中国政法大学出版社 2004 年版。
唐君毅:《人文精神之重建》,广西师范大学出版社 2005 年版。
万俊人:《义利之间》,团结出版社 2003 年版。
汪丁丁:《市场经济与道德基础》,上海人民出版社 2006 年版。
王安忆:《纪实与虚构——创造世界方法之一种》,人民文学出版社

1993年版。

王潮:《后现代主义的突破》,敦煌文艺出版社1996年版。

王传鸶、王永贵、王曼:《转型期社会学若干问题研究》,国家行政学院出版社1998年版。

王南湜:《从领域合一到领域分离》,山西教育出版社1998年版。

王中江主编:《中国观念史》,中州古籍出版社2005年版。

韦森:《经济学与伦理学》,上海人民出版社2003年版。

韦政通:《伦理思想的突破》,中国人民大学出版社2005年版。

吴进安:《墨家哲学》,五南图书出版公司2003年版。

夏东民:《现代化原点结构:冲突与转型》,中国社会科学出版社2008年版。

夏勇:《人权概念起源》,中国政法大学出版社1992年版。

严存生:《新编西方法律思想史》,陕西人民教育出版社1996年版。

《康有为全集》,姜义华等编校,中国人民大学出版社2007年版。

《严复集》,中华书局1994年版。

殷海光:《中国文化的展望》,上海三联书店2002年版。

尹伊君:《社会变迁的法律解释》,商务印书馆2003年版。

应奇:《自自由主义到后自由主义》,生活·读书·新知三联书店2003年版。

余涌:《道德权利研究》,中央编译出版社2001年版。

张汝伦:《现代中国思想研究》,上海人民出版社2001年版。

张文显:《20世纪西方法哲学思潮研究》,法律出版社1996年版。

赵敦华:《西方哲学简史》,北京大学出版社2005年版。

郑杭生等:《转型中的中国社会和中国社会的转型》,首都师范大学出版社1996年版。

郑杭生等:《当代中国社会结构和社会关系研究》,首都师范大学出版社1997年版。

金耀基:《从传统到现代》,中国人民大学出版社1999年版。

李培林:《另一只看不见的手:社会结构转型》,社会科学文献出版社2005年版。

陆学艺主编:《转型中的中国社会》,黑龙江人民出版社1994年版。

周穗明等:《现代化:历史、理论与反思》,中国广播电视出版社 2002 年版。

《左传·僖公二十八年》。

《孟子·孟子·离娄章句上》。

《诗·北山》。

《论语·颜渊》。

《论语·八佾》。

《左传》。

《庄子·齐物论》。

《新知识词典》,南京大学出版社 1987 年版。

[德] 阿伦特:《人的境况》,王寅丽译,上海人民出版社 2009 年版。

[法] 埃米尔·迪尔凯姆:《社会学方法的准则》,狄玉明译,商务印书馆 1997 年版。

[美] 奥肯:《平等与效率——重大的权衡》,王忠民等译,四川人民出版社 1988 年版。

[德] 奥伊肯:《生活的意义与价值》,万以译,上海译文出版社 1997 年版。

[美] 亨廷顿:《文明的冲突与世界秩序的重建》,周琪等译,新华出版社 2010 年版。

[古希腊] 柏拉图:《理想国》,郭斌和等译,商务印书馆 1986 年版。

[英] 鲍桑葵:《关于国家的哲学理论》,汪淑均译,商务印书馆 1995 年版。

[美] 本杰明·史华兹:《古代中国的思想世界》,程钢译,江苏人民出版社 2004 年版。

[英] 以赛亚·柏林:《自由论》,胡传胜译,译林出版社 2003 年版。

[美] 伯尔曼:《法律与宗教》,梁治平译,生活·读书·新知三联书店 1991 年版。

［美］博登海默：《法理学——法哲学及其方法》，邓正来译，华夏出版社1987年版。

［美］布坎南：《经济学家应该做什么》，罗根基等译，西南财经大学出版社1988年版。

［美］布莱克：《现代化的动力：一个比较史的研究》，景跃进等译，浙江人民出版社1989年版。

［古罗马］查士丁尼：《法学总论》，商务印书馆1989年版。

［日］川岛武宜：《现代化与法》，申政武等译，中国政法大学出版社2004年版。

［法］狄骥：《宪法学教程》，王文利译，辽海出版社1999年版。

［美］杜威：《确定性的寻求》，傅统先译，上海世纪出版集团2005年版。

［美］弗里德曼：《资本主义与自由》，张瑞玉译，商务印书馆1986年版。

《弗里德曼文萃》，胡雪峰等译，首都经济贸易大学出版社2001年版。

［法］福柯：《知识考古学》，谢强等译，生活·读书·新知三联书店1998年版。

［德］伽达默尔：《真理与方法》，洪汉鼎译，上海译文出版社1999年版。

［德］哈贝马斯、哈勒：《作为未来的过去——与著名哲学家哈贝马斯对话》，章国锋译，浙江人民出版社2001年版。

［英］哈耶克：《通往奴役之路》，王明毅等译，中国社会科学出版社1997年版。

［英］哈耶克：《自由秩序原理》，邓正来译，生活·读书·新知三联书店1997年版。

［德］海德格尔：《诗、语言、思》，彭富春译，文化出版社1990年版。

［美］汉姆普西耳：《理性的时代》，陈嘉明译，光明日报出版社1989年版。

［瑞士］汉斯·昆：《世界伦理构想》，周艺译，生活·读书·新知

三联书店 2002 年版。

［德］黑格尔：《哲学史讲演录》，贺麟等译，商务印书馆 1959 年版。

［德］黑格尔：《法哲学原理》，范扬等译，商务印书馆 1961 年版。

［德］黑格尔：《精神现象学》，贺麟等译，商务印书馆 1979 年版。

［德］黑格尔：《小逻辑》，贺麟译，商务印书馆 1980 年版。

［德］黑格尔：《哲学史讲演录》，贺麟等译，商务印书馆 1997 年版。

［德］黑格尔：《历史哲学》，王造时译，上海书店出版社 1999 年版。

［美］亨金：《宪政与权利》，郑戈译，生活·新知·读书三联书店 1996 年版。

［英］吉登斯：《社会的构成》，李康等译，生活·新知·读书三联书店 1998 年版。

［英］吉登斯：《现代性与自我认同》，赵旭东等译，生活·读书·新知三联书店 1998 年版。

［英］吉登斯：《现代性的后果》，译林出版社 2000 年版。

［美］卡多佐：《法律的生长》，刘培峰等译，冯克利校，贵州人民出版社 2003 年版。

［英］凯恩斯：《就业、利息和货币通论》，高鸿业译，商务印书馆 1977 年版。

［英］凯恩斯：《政治经济学的范围与方法》，党国英等译，华夏出版社 2001 年版。

［意］克罗齐：《历史学的理论与实际》，傅任敢译，商务印书馆 1997 年版。

［法］利奥塔：《后现代性与公正游戏——利奥塔访谈、书信录》，谈瀛洲译，上海人民出版社 1997 年版。

《列宁全集》，人民出版社 1985 年版。

《列宁选集》，人民出版社 1995 年版。

［法］卢梭：《社会契约论》，何兆武译，商务印书馆 1980 年版。

［苏］罗·亚·麦德维杰夫：《让历史来审判》，赵洵等译，人民出

版社1981年版。

［英］罗宾斯：《过去和现在的政治经济学》，陈尚霖等译，商务印书馆1997年版。

［英］罗宾斯：《经济科学的性质和意义》，朱泱译，商务印书馆2000年版。

［美］罗尔斯：《正义论》，何怀宏等译，中国社会科学出版社1988年版。

［美］德沃金：《认真对待权利》，信春鹰等译，中国大百科全书出版社1998年版。

［美］德沃金：《至上的美德：平等的理论与实践》，冯克利译，江苏人民出版社2003年版。

［美］德沃金：《认真对待人权》，朱伟一等译，广西师范大学出版社2003年版。

［英］罗素：《西方哲学史》上卷，何兆武等译，商务印书馆1963年版。

《马克思恩格斯全集》，人民出版社1956年版。
《马克思恩格斯全集》，人民出版社1982年版。
《马克思恩格斯全集》，人民出版社1994年版。
《马克思恩格斯全集》，人民出版社2002年版。
《马克思恩格斯选集》，人民出版社1972年版。
《马克思恩格斯选集》，人民出版社1995年版。

［德］马克思：《1844年经济学哲学手稿》，人民出版社2000年版。

［美］麦金太尔：《德性之后》，龚群等译，中国社会科学出版社1995年版。

［荷］曼德维尔：《蜜蜂的寓言》，肖聿译，中国社会科学出版社2002年版。

［英］梅因：《古代法》，沈景一译，商务印书馆1984年版。

［美］门罗：《早期经济思想——亚当·斯密以前的经济文献选集》，蔡百受等译，商务印书馆1985年版。

［法］孟德斯鸠：《论法的精神》，张雁深译，商务印书馆2002年版。

［德］米歇尔·鲍曼：《道德的市场》，肖君译，中国社会科学出版社 2003 年版。

［英］穆勒：《功用主义》，唐钺译，商务印书馆 1957 年版。

［德］尼采：《悲剧的诞生》，周国平译，生活·读书·新知三联书店 1986 年版。

［德］尼采：《权力意志》，张念东等译，商务印书馆 1991 年版。

［德］尼采：《权利意志——重估一切价值的尝试》，张念东等译，商务印书馆 1993 年版。

［德］尼采：《历史对人生的利弊》，姚可昆译，商务印书馆 1998 年版。

［美］尼克松：《1999——不战而胜》，谭朝洁等译，中国人民公安大学出版社 1988 年版。

［美］诺齐克：《无政府、国家与乌托邦》，何怀宏译，中国社会科学出版社 1991 年版。

［美］庞德：《普通法的精神》，唐前宏等译，法律出版社 2001 年版。

［美］桑德尔：《自由主义与正义的局限》，万俊人等译，译林出版社 2001 年版。

［德］舍勒：《资本主义的未来》，罗悌伦等译，生活·读书·新知三联书店 1997 年版。

［荷兰］斯宾诺莎：《伦理学》，贺麟译，商务印书馆 1997 年版。

［美］斯东：《苏格拉底的审判》，董乐山译，生活·读书·新知三联书店 1998 年版。

［德］韦伯：《新教伦理与资本主义精神》，于晓等译，生活·读书·新知三联书店 1987 年版。

［德］韦伯：《经济与社会》，林荣远译，商务印书馆 1998 年版。

［德］韦伯：《学术与政治》，冯克利译，生活·读书·新知三联书店 1998 年版。

［德］魏德士：《法理学》，丁小春等译，法律出版社 2003 年版。

［美］温伯格：《终极理论之梦》，李泳译，湖南科学技术出版社 2003 年版。

［日］西田几多郎：《善的研究》，何倩译，商务印书馆1997年版。

［英］休谟：《人性论》，关文运译，商务印书馆1996年版。

［德］雅斯贝尔斯：《历史的起源与目标》，魏楚雄等译，华夏出版社1989年版。

［英］亚当·斯密：《国民财富的性质和原因的研究》，郭大力等译，商务印书馆1972年版。

［英］亚当·斯密：《道德情操论》，蒋自强等译，商务印书馆1998年版。

［古希腊］亚里士多德：《政治学》，吴寿彭译，商务印书馆1996年版。

《亚里士多德全集》，苗力田等译，中国人民大学出版社1994年版。

《亚里士多德选集》，颜一编，中国人民大学出版社1999年版。

［古希腊］亚里士多德：《尼各马可伦理学》，廖申白译，商务印书馆2003年版。

［英］约翰·伊特韦尔等编：《新帕尔格雷夫经济学大辞典》，经济科学出版社1992年版。

［美］约翰逊：《社会学理论》，南开大学社会学系译，国际文化出版公司1988年版。

［奥］约瑟夫·熊皮特：《经济分析史》，朱泱等译，商务印书馆1991年版。

［日］滋贺秀三：《中国家族法原理》，李建国等译，法律出版社2003年版。

邓安庆：《西方伦理学概念溯源——亚里士多德伦理学概念的实存论阐释》，《中国社会科学》2005年第4期。

樊浩：《人伦传统与伦理实体的建构》，《中国人民大学学报》1996年第3期。

方军：《制度伦理与制度创新》，《中国社会科学》1997年第3期。

高力克：《儒家传统的调整与整合》，《天津社会科学》2007年第5期。

高兆明：《制度伦理与制度"善"》，《中国社会科学》1997年第

6 期。

郭齐勇:《也谈"子为父隐"与孟子论舜——兼与刘清平先生商榷》,《哲学研究》2002 年第 10 期。

侯平松:《西方经济学中效率思想的演变》,《广西经济管理干部学院学报》2008 年第 1 期。

黄洋:《希腊城邦的公共空间和政治文化》,《历史研究》2001 年第 5 期。

李松龄:《均衡规则、效率优先——新古典经济学的公平、效率和分配观》,《吉首大学学报》2002 年第 3 期。

刘崇顺:《社会转型的历史起点》,《武汉学刊》2008 年第 4 期。

卢风:《道德相对主义与逻辑主义》,《社会科学》2010 年第 5 期。

[美]麦克洛斯基:《权利》,《哲学季刊》1965 年第 15 期。

盛庆来:《对罗尔斯理论的若干批评》,《中国社会科学》2000 年第 5 期。

施惠玲:《制度伦理研究述评》,《哲学动态》2000 年第 12 期。

孙来斌、颜鹏飞:《依附论的历史演变及现代意蕴》,《马克思主义研究》2005 年第 4 期。

覃志红:《制度伦理研究综述》,《河北师范大学学报》2002 年第 2 期。

武天林:《道德的失范与重建》,《陕西师范大学学报》(哲学社会科学版)1999 年第 4 期。

谢遐龄:《中国社会是伦理社会》,《社会学研究》1996 年第 6 期。

于建星:《罗尔斯契约论方法批判——兼论古典契约论与现代契约论》,《社会科学论坛》2010 年第 10 期。

郑家栋:《中国传统思想中的父子关系及诠释的面向》,《中国哲学史》2003 年第 1 期。

杜凡:《转型社会的公正研究》,博士学位论文,首都师范大学,2008 年。

英文文献

Antony G. N. Flew (auth.), Arthur L. Caplan, Bruce Jennings (eds.),

Darwin, Marx and Freud: Their Influence on Moral Theory, Springer US, 1984.

David Alan Shikiar, Freedom as a Normative Concept in Hegel's *Philosophy of Right*.

George E. McCarthy, *Marx and Social Justice: Ethics and Natural Law in the Critique of Political Economy*, Brill, 2017.

George E. McCarthy, *Marx and the Ancients: Classical Ethics, Social Justice, and Nineteenth-century Political Economy*, Rowman & Littlefield Publishers, 1990.

George G. Brenkert, Marx's Ethics of Freedom, Routledge, 2010.

Hegel and the Concepts of Public and Merit Goods, Springer-Verlag Berlin Heidelberg, 2008.

John Maguire, *Marx's Paris Writings: An analysis*, Barnes & Noble, 1973.

John Rawls, *Political Liberalism*, Columbia University Press, New York, 1996.

Leslie A. Mulholland, *Hegel and His Critics: Philosophy in the Aftermath of Hegel*, State University of New York Press, 1989.

Llya Prigogine, *The End of Certainty: Time, Chaos, and the New Laws of Nature*, The Free Press, 1997.

Margaret Alice Fay, *The 1844 Economic and Philosophic Manuscripts of Karl Marx*, Dissertation, Syracuse University, 1971.

Marshall Cohen, *Marx, Justice and History*, Princeton University Press, 1980.

Michael O. Hardimon, *Hegel's Social Philosophy: The Project of Reconciliation*, Cambridge University Press, 1994.

Molly B Farneth, Wilfried Ver Eecke, *Ethical Dimensions of the Economy: Making Use of Hegel's Social Ethics: Religion, Conflict, and Rituals of Reconciliation*, Princeton University Press, 2017.

Philip J. Kain, *Marx and Ethics*, Oxford University Press, 1991.

Rachels, *The Elements of Moral Philosophy*, Singapore, McGraw-Hill Book Co, 1999.

Robert R Williams, *Recognition: Fichte and Hegel on the other*, SUNY Press, 1992.

Ronald Dworkin, *Law's Empire*, Cambridge, Masschusetts, 1986.

Ronald Dworkin, *Sovereign Virtue*, Harvard University Press, 2002.

Samir Amin, *Modern Imperialism, Monopoly Finance Capital, and Marx's Law of Value*, Monthly Review Press, 2018.

Thom Brooks, *Hegel's Political Philosophy-A Systematic Reading of the Philosophy of Right*, Edinburgh University Press Ltd, 2007.

Wendell Kisner (auth.), *Ecological Ethics and Living Subjectivity in Hegel's Logic: The Middle Voice of Autopoietic Life*, Palgrave Macmillan UK, 2014.